NOTIONS GÉOMÉTRIQUES

SUR LES MOUVEMENTS

ET LEURS TRANSFORMATIONS

PARIS. — TYPOGRAPHIE LAHURE
Rue de Fleurus, 9

MÉCANIQUE PRATIQUE

NOTIONS GÉOMÉTRIQUES
SUR LES MOUVEMENTS

ET LEURS TRANSFORMATIONS

OU

ÉLÉMENTS DE CINÉMATIQUE

PAR

ARTHUR MORIN

Général de division d'artillerie, membre de l'Institut

QUATRIÈME ÉDITION

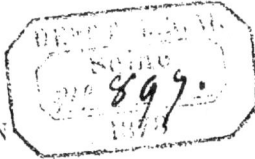

PARIS
LIBRAIRIE HACHETTE ET Cie
79, BOULEVARD SAINT-GERMAIN, 79

1878

PRÉFACE.

En publiant les leçons que j'ai données il y a quelques années au Conservatoire des Arts et Métiers, sur l'étude des mouvements considérés au seul point de vue géométrique, je ne me suis point du tout proposé de donner sur cette matière, qui a reçu de M. Ampère le nom de Cinématique, un traité même incomplet.

Une telle œuvre serait cependant d'un grand intérêt pour la science et pour l'industrie ; mais quand on songe à l'immensité des mécanismes qu'elle devrait comprendre, on reconnaît sans peine que, pour entreprendre un si vaste travail, il faut pouvoir y consacrer beaucoup de temps et d'années.

Mon but unique n'a donc été et n'est encore que de fournir dans un cadre restreint aux jeunes gens, aux élèves des écoles d'arts et métiers, aux ouvriers qui veulent apprendre la mécanique, les éléments et les méthodes pratiques des tracés qu'ils ont besoin de connaître, avant de commencer l'étude proprement dite de la mécanique.

Ces tracés, ces considérations géométriques, constituent la mécanique de l'ouvrier, tandis que ce qui se rapporte aux forces, au travail, aux effets qu'elles produisent, forme plutôt la science de l'ingénieur. La première étude est donc l'introduction de la seconde.

La rédaction de ces leçons a été faite principalement en vue de l'enseignement des écoles d'arts et métiers, et elle a été destinée aux élèves de première et de deuxième année pour les familiariser de bonne heure avec les tracés des divers organes des machines et leur faire connaître les relations des mouvements géométriques qui s'établissent entre eux.

Cette destination toute spéciale explique pourquoi l'étendue donnée à ces leçons a été restreinte aux questions les plus usuelles et limitée, en ayant égard au temps que les élèves des écoles d'arts et métiers, ainsi que ceux du Conservatoire, peuvent consacrer à l'étude de cette branche de la mécanique.

Mais ainsi renfermé dans des bornes étroites, je n'en regarde pas moins cet enseignement préparatoire comme très-utile pour les progrès ultérieurs des élèves. En les familiarisant dès le début avec les considérations géométriques, on leur rend plus facile et plus sûre l'intelligence des effets des forces, des notions sur le travail, et on leur donne, dès l'origine, celle des parties de l'enseignement qu'ils ont le plus souvent l'occasion d'appliquer.

Tels sont les motifs qui m'ont engagé à rédiger ces leçons élémentaires, et à leur conserver le même caractère de simplicité dans cette troisième édition.

NOTIONS GÉOMÉTRIQUES

SUR

LES MOUVEMENTS

ET LEURS TRANSFORMATIONS.

Du temps et de sa mesure.

1. *Du temps.* — On sait que le temps est la succession non interrompue d'événements ou de mouvements identiques; ainsi l'intervalle des battements du pouls, celui des chocs du tic-tac ou babillard d'un moulin à farine, celui des marteaux de forge, etc., peuvent servir à estimer le temps qui sépare un coup d'un autre. Pour mesurer le temps, il suffit donc d'obtenir des phénomènes identiques qui se succèdent à intervalles égaux, et d'en comparer le nombre à la durée des phénomènes à observer.

Tout, jusqu'aux habitudes du geste et de la parole, peut servir à cet usage : c'est ainsi que dans nos campagnes les ménagères estiment le temps nécessaire pour cuire un œuf en disant un certain nombre de *Pater* et autant d'*Ave* ; de même les astronomes, en s'habituant à compter régulièrement depuis *un* jusqu'à *dix*, parviennent à fractionner le temps en très-petits intervalles égaux. Les anciens se servaient d'un instrument fort simple, appelé clepsydre, qui consiste en une bouteille de verre offrant la forme de deux

1

espèces de cônes opposés au sommet, et dont l'intérieur communique par un petit orifice percé à leur point de jonction. Autrefois on y mettait de l'eau, aujourd'hui on y place du sable fin (ce qui lui a fait donner le nom de sablier). La quantité d'eau ou de sable est proportionnée à l'aire de l'orifice, de telle sorte que le fluide passe de l'un des cônes dans l'autre dans un intervalle de temps déterminé. Chez les Grecs cet appareil servait, par la durée de l'écoulement de l'eau, à régler celle des plaidoyers et des discours.

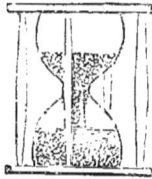

2. *De la mesure du temps.* — On sait que, si par une belle nuit on observe le ciel, on le voit parsemé d'une multitude innombrable de points lumineux, qu'on nomme *étoiles*, et qui paraissent attachés à une sorte de sphère creuse qu'on appelle *voûte céleste*.

En remarquant la position des étoiles par rapport à des objets situés à la surface de la terre, des arbres, des maisons, on s'aperçoit bientôt qu'elles semblent toutes tourner autour d'un diamètre de la sphère. Si l'observateur est dans un lieu élevé ou au milieu d'une plaine, sa vue est bornée par une ligne d'apparence circulaire qu'on appelle l'*horizon*, et il voit successivement certaines étoiles, qu'il n'avait pas aperçues d'abord, s'élever au-dessus de cet horizon, tandis que d'autres disparaissent. Le côté d'où les étoiles s'élèvent s'appelle l'*orient*, le *levant* ou l'*est*, celui où elles disparaissent se nomme l'*occident*, le *couchant* ou l'*ouest*. Le point de l'horizon que l'observateur a devant lui quand l'orient est à sa droite est le *septentrion* ou *nord*, et celui qu'il a derrière lui est le *sud* ou *midi*. Ces quatre divisions se nomment les *points cardinaux*.

Ce mouvement apparent des étoiles est périodique, régulier, et s'accomplit toujours dans le même temps. On l'appelle le mouvement *diurne*, et sa durée est ce qu'on nomme le *jour sidéral*.

Tous les astres participent à ce mouvement général et commun. Le soleil est celui qui produit les alternatives du jour et de la nuit, et au lieu de la durée du jour sidéral, on prend celle de la révolution diurne du soleil, qu'on nomme jour *solaire* ou jour *vrai*. Cette durée est l'intervalle de deux retours consécutifs au méridien du lieu.

Parmi les étoiles on en remarque une assez brillante, située à peu près dans le prolongement de la ligne qui joint les deux dernières étoiles de la constellation appelée *Grande Ourse* ou *Chariot*, et qui paraît immobile, tandis que les autres semblent tourner. On la nomme étoile *polaire*. Elle est à peu près sur le prolongement du diamètre ou axe autour duquel semble tourner la voûte céleste, et indique le nord. Le plan qui passe par le *pôle* et par le lieu qu'occupe l'observateur s'appelle le *méridien du lieu*.

Outre ce mouvement de rotation autour de l'axe de la terre, le soleil paraît aussi avoir un mouvement de transport par suite duquel les points de l'horizon où il se *lève* et se *couche* varient avec continuité pendant toute l'année. Il en résulte que le retour du soleil au méridien ne s'accomplit pas toujours dans le même temps, et que ce temps, qu'on nomme jour vrai, n'est pas toujours de la même durée. Pour les usages de la vie, on lui substitue un jour *moyen* dont la durée est partagée en 24 parties égales appelées heures; chaque heure se divise en 60 minutes, qu'on écrit 60′, et chaque minute en 60 secondes, qu'on écrit 60″. Il y a donc dans le jour 24 heures, $24 \times 60′ = 1440$ minutes, et $1440 \times 60″ = 86\,400$ secondes. Chaque heure contient $60 \times 60″ = 3600″$.

5. *Du pendule.* — Si l'on prend un fil à plomb, et qu'après l'avoir fixé dans la position verticale, en arrêtant le fil à une longueur déterminée, on écarte le plomb de cette position, puis qu'on l'abandonne à lui-même, on le voit décrire un arc de cercle pour se rapprocher de la verticale, la dépasser, s'élever à très-peu près, de l'autre côté, à la

même hauteur que celle de son point de départ, puis s'arrêter, redescendre en sens contraire, dépasser la verticale, revenir à très-peu près à son point de départ, et recommencer ainsi de suite pendant longtemps une série de courses semblables, qu'on nomme *oscillations*.

L'appareil qu'on vient de décrire s'appelle un *pendule*. Quand le fil est très-délié, et le corps qui lui est suspendu très-lourd et de petite dimension, on dit que le pendule est *simple*. Quand le corps est d'une certaine dimension, qu'il a, comme dans les horloges, la forme d'une grosse lentille, et qu'il est suspendu à des tiges solides habituellement en métal, on l'appelle *pendule composé*.

Galilée, philosophe pisan, qui vivait au seizième siècle, observant, dit-on, le mouvement des lustres suspendus à la voûte de la cathédrale de Florence, et qui formaient de véritables pendules, remarqua qu'ils accomplissaient chacun leurs oscillations successives dans des temps égaux, mais que la durée de ces oscillations, constante pour chacun d'eux, variait de l'un à l'autre, et que les plus longs mettaient plus de temps à les accomplir que les plus courts. En comparant les durées de ces oscillations aux longueurs des pendules, il reconnut que, si les longueurs étaient entre elles comme 1 : 2 ; 1 : 3 ; 1 : 4, etc., les durées étaient dans le rapport 1 : 4 ; 1 : 9 ; 1 : 16, etc., et qu'en général les longueurs des pendules sont entre elles comme les *carrés des temps* (on sait qu'on appelle carré d'un nombre le produit de ce nombre multiplié par lui-même).

4. *Emploi du pendule pour la mesure du temps.* — Cette règle simple, déduite de l'observation, permet d'employer le pendule à la mesure du temps. Ainsi l'expérience apprend qu'à Paris et à peu près aussi pour le reste de l'étendue de la France, un pendule simple, composé d'une balle de plomb traversée par un fil, dont la longueur, depuis le centre de la balle jusqu'au point de suspension, serait de $0^m,994$, ferait ses oscillations dans une seconde.

Par conséquent, un pendule d'une longueur réduite au quart ou de $0^m,2485$ accomplira les siennes dans une demi-seconde. Il est donc facile de faire un pendule semblable quand on a des intervalles de temps assez courts à mesurer. Quelle que soit d'ailleurs la longueur d'un pendule de ce genre, on peut, lorsqu'il est fait, compter avec une bonne montre (à secondes, s'il se peut) la durée de 100 oscillations en l'écartant peu de la verticale, et l'on en déduit la durée de l'une de ces oscillations, ce qui sert ensuite pour les observations.

Sachant, par exemple, qu'un pendule fait 100 oscillations en $20''$, on aura, pour la durée d'une oscillation, $\dfrac{20''}{100} = 0'',20$; ainsi, la durée d'une oscillation de ce pendule mesurerait un intervalle de temps égal à un cinquième de seconde.

5. *Manière de régler les horloges.* — Ce que l'on vient de dire de l'influence qu'exerce la longueur des pendules sur la durée de leurs oscillations nous indique ce qu'il faut faire pour régler une horloge qui avance ou qui retarde. En effet, les horloges ont pour régulateur une pièce qui n'est autre chose qu'un *balancier*, ou qu'un pendule. Elle se compose d'une tige, le plus souvent en fil de fer, terminée inférieurement par une masse de cuivre de forme lenticulaire, et supérieurement par un crochet que l'on passe sur un fil de soie; ce fil traverse une plaque de cuivre à laquelle il est arrêté par un nœud en a. L'autre extrémité est enroulée sur un petit cylindre ou treuil, terminé par une tête carrée, qui sort à l'extérieur du cadran au-dessus de *midi*. En tournant ce cylindre ordinairement de droite à gauche, on enroule le fil et l'on raccourcit le pendule; par conséquent on le fait marcher plus vite, et l'on accélère le mouvement

de l'horloge. En le tournant de gauche à droite, on allonge
le pendule, et l'on retarde le mouvement de l'horloge.

Dans cette opération, il faut agir par très-petits mouvements et comparer la marche qui en résulte pour l'horloge
avec celle d'une bonne montre, ou d'une autre horloge
bien réglée; et par des corrections successives et graduées
l'on parvient bientôt à la régler.

Si le pendule est composé de plusieurs tiges comme dans
les horloges soignées, il y a vers le bas en A une vis qui
sert à faire monter ou descendre la lentille,
selon qu'on la tourne de gauche à droite ou
de droite à gauche en regardant le pendule,
et par conséquent elle sert à le raccourcir ou
à l'allonger, et enfin à faire aller l'horloge
plus vite ou plus lentement.

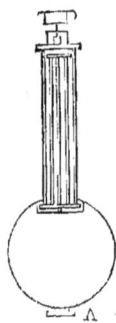

Outre les moyens simples et économiques
que nous venons d'indiquer pour mesurer de
courts intervalles de temps, on sait que l'on
fait des montres qui donnent les secondes, les
demi-secondes et même les *dixièmes* de seconde. Mais l'on
n'a besoin de ces derniers moyens d'observation que pour
des expériences précises.

6. *Appareils en usage pour mesurer le temps dans les expériences.* — Outre le pendule, on emploie pour les observations du temps dans les expériences des appareils chronométriques particulièrement destinés aux observations.
Ce sont les montres à secondes, à demi-secondes indépen-
dantes, qui, au moyen d'un bouton d'arrêt, donnent la
durée du temps à une seconde ou une demi-seconde près;
les compteurs à pointage qui portent une aiguille double
à l'aide de laquelle, par l'action d'un bouton que l'on
pousse, on peut faire marquer sur un cadran les instants
précis des observations. Ces derniers instruments, qui ont
été dans les dernières années simplifiés et perfectionnés
par M. Bréguet, donnent les durées à $\frac{1}{10}$ de seconde près.

On verra plus loin qu'il existe des appareils chronométriques d'un autre genre qui, par des traces continues, fournissent la loi des mouvements que l'on veut observer.

Mouvement.

7. *Des mouvements absolus et relatifs.* — On dit qu'un corps est en mouvement quand il change de position : mais il faut remarquer que ce changement de mouvement peut être absolu ou relatif. On dit que le mouvement est *absolu* quand le corps change réellement de place, et occupe successivement différents points de l'espace, et qu'il est *relatif* quand le corps change seulement de place par rapport aux objets qui l'environnent.

Cette distinction est nécessaire : car un corps peut avoir un mouvement relatif par rapport à d'autres, et être cependant en repos réel, ne pas avoir de *mouvement absolu*. Ainsi, un homme qui est sur le pont d'un bateau à vapeur, et qui marche en sens contraire du bateau et aussi vite que le bateau avance, peut rester à la même place par rapport aux rives, et cependant il se déplace par rapport aux objets qui sont sur ce navire. De même le chien qui fait tourner une roue, dans l'intérieur de laquelle il marche sans cesse, reste toujours à la même place de l'espace, et cependant il court dans la roue ; il a, par rapport à elle, un mouvement relatif.

La quantité dont un corps se déplace se nomme l'espace ou mieux le *chemin parcouru;* ce chemin peut être absolu ou relatif, comme le mouvement qui le produit.

Le repos, comme le mouvement, est absolu ou relatif. Mais pour nous, qui sommes emportés par la terre dans son mouvement de rotation diurne et dans son mouvement de transport autour du soleil, de même que pour le voyageur entraîné dans un bateau à vapeur ou dans un wagon de chemin de fer, il n'existe qu'un *repos relatif.*

8. *Des mouvements rectiligne et curviligne.* — Dans tout mouvement il y a deux choses à considérer, sa direction et sa rapidité. Sous le rapport de la direction, on distingue le mouvement qui s'effectue en ligne droite, qu'on nomme *rectiligne*, et celui qui a lieu en ligne courbe, ou mouvement *curviligne*.

9. *Du mouvement considéré par rapport au temps.* — Lorsqu'il s'agit de questions de mécanique, il est nécessaire de faire entrer en considération les rapports qui s'établissent entre les mouvements produits, les chemins parcourus, et le temps pendant lequel ces effets s'accomplissent : sous ce point de vue l'on distingue plusieurs sortes de mouvement.

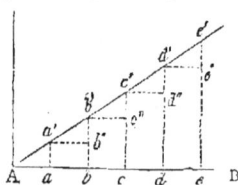

Lorsqu'un corps parcourt en ligne droite ou en ligne courbe des espaces égaux dans des temps égaux, on dit que le mouvement est *uniforme*.

Le rapport entre l'espace et le temps peut se représenter par celui de deux lignes : car on conçoit facilement qu'un temps peut être exprimé par une ligne ; il suffit, pour cela, de convenir qu'une certaine longueur, un mètre, un centimètre, par exemple, exprimera une heure, une seconde : alors 2 mètres ou $0^m,02$ représenteront 2 heures ou 2 secondes. Cela étant entendu, si sur une ligne droite AB, à partir du point A, l'on porte des longueurs Aa, ab, bc..., pour représenter des intervalles de temps égaux, et qu'en chacun des points a, b, c, d..., on élève des perpendiculaires aa', bb'..., etc., qui, à l'échelle adoptée, représenteront les espaces parcourus après les temps Aa, Ab, Ac...; puis que, par les points a', b', c'..., on mène des parallèles à AB, on formera une série de petits triangles Aaa', a'b'b", b'c'c".... qui seront tous égaux entre eux, puisque les côtés qui expriment les temps Aa, a'b", b'c"..., sont égaux, et que les espaces correspondants, exprimés par les côtés aa', b'b", c'c";.., sont égaux d'après la définition. De plus, dans les triangles Abb', Acc', Add'..., les côtés bb', cc', dd'..., sont doubles, triples, quadruples de aa', de même que Ab, Ac, Ad..., sont doubles, triples, quadruples de Aa. Ces triangles, qui sont d'ailleurs tous rectangles, et qui ont l'angle en A commun, ont donc les côtés homologues proportionnels et les angles égaux : donc ils sont tous semblables; de sorte que tous les sommets sont sur une même ligne droite.

Ainsi, les points a', b', c', d'..., déterminés par cette construction, sont tous en ligne droite, et l'on dit que la relation qui lie les espaces parcourus aux temps, relation qu'on appelle la *loi du mouvement*, est représentée par une ligne droite.

10. *Définition des abscisses et des ordonnées.* — Dans cette construction, comme dans toutes celles du même genre que nous indiquerons, la ligne AB sur laquelle on porte les temps égaux, et qui est parallèle au bord inférieur de la feuille ou du tableau, s'appelle la *ligne* ou l'*axe des abscisses.* — Les longueurs Aa, Ab, Ac, Ad..., se nomment les *abscisses*. Les perpendiculaires aa', bb', cc'..., prennent le nom d'*ordonnées*, et la ligne élevée en A perpendiculairement à AB s'appelle l'*axe des ordonnées.* L'ensemble de ces deux sortes de lignes a reçu le nom de *coordonnées*, et le point A en est l'*origine*.

11. *Définition de la vitesse.* — On vient de voir que, dans le mouvement uniforme défini plus haut, la loi qui lie les espaces aa', bb', cc'..., aux temps, est représentée par une ligne droite A$a'b'c'd'$...; or, puisque tous les triangles Aaa', Abb', Acc'..., sont semblables, les rapports des espaces aux temps correspondants $\frac{aa'}{Aa}$, $\frac{bb'}{Ab}$, $\frac{cc'}{Ac}$..., sont tous égaux. Si l'on désigne en général un espace quelconque par la lettre E et le temps correspondant par T, il s'ensuivra que *le rapport* $\frac{E}{T}$ *de l'espace parcouru au temps* *employé à le parcourir d'un mouvement uniforme sera constant.*

La grandeur de ce rapport indique la rapidité du mouvement, car il est clair que, pour un même temps T, plus l'espace sera grand, plus le mouvement sera rapide. Ce rapport constant a reçu le nom de *vitesse*, et se désigne ordinairement par la lettre V, de sorte que l'on écrit $\frac{E}{T} = V$. Ce qui veut dire que *la vitesse dans le mouvement uniforme est le rapport constant de l'espace parcouru au temps employé à le parcourir.*

On remarquera aussi que, si le temps que l'on considère est l'unité de temps, on aura T = 1 et $\frac{E}{T} = \frac{E}{1} = V$, et alors on dit que *la vitesse du mouvement uniforme est l'espace, le chemin parcouru dans l'unité de temps.*

Si, par exemple, on dit qu'une locomotive a parcouru d'un mouvement uniforme 40 kilomètres ou 40 000 mètres en 1 heure ou en 3600 secondes, elle avait une vitesse égale à $\frac{40\ 000^m}{3600''} = 11^m,11$. Ce qui revient à dire qu'elle parcourait $11^m,11$ par seconde.

Un cheval qui, en marchant au pas allongé, parcourt 8 kilomètres ou 8000 mètres en 1 heure ou en 3600 secondes, a une vitesse moyenne ou uniforme de $\frac{8000^m}{3600} = 2^m,22$ en 1 seconde.

La même définition s'applique au mouvement circulaire lorsque des circonférences ou des arcs égaux sont décrits dans des temps égaux. Ainsi une roue d'engrenage qui accomplit toujours 10 tours dans l'espace de 60 secondes, est animée d'une vitesse de $\frac{10}{60} = \frac{1}{6}$ de tour en 1 seconde.

12. *Expression de l'espace parcouru.* — Puisque l'espace parcouru divisé par le temps est égal à la vitesse, il s'ensuit que cet *espace est égal à la vitesse multipliée par le temps ou la durée du mouvement.* A l'aide de cette règle, on peut calculer l'espace parcouru quand on connaît la vitesse et le temps.

Sachant par exemple qu'une diligence marche à une vitesse de 10 kilomètres à l'heure, on voit qu'en 4 heures elle aura avancé de 10 kil. $\times$ 4 ou de 40 kilomètres

13. *Mouvement varié.* — Lorsque le rapport des espaces parcourus aux temps, au lieu de rester constant, change sans cesse de valeur, on dit que *le mouvement est varié.*

14. *Mouvement accéléré.* — Quand les espaces parcourus dans des temps égaux vont sans cesse en croissant. *le mouvement est dit accéléré.* Il est alors évident que, si l'on représente de même que précédemment les temps par des lignes d'abscisses Aa, Ab, Ac..., et les espaces parcourus par des ordonnées aa', bb', cc'..., les points a', b', c'..., ainsi déterminés, formeront une ligne courbe qui s'éloignera de plus en plus rapidement de la ligne des abscisses vers laquelle elle tournera sa convexité.

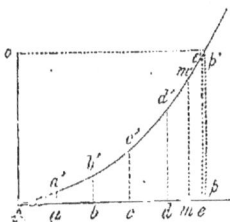

Le mouvement de la chute des corps dans l'air nous offre un exemple journalier d'un mouvement qui va en s'accélérant.

Supposons, par exemple, que l'observation nous apprenne que les temps et les espaces correspondants suivent la marche suivante :

Temps.........	$1''$	$2''$	$3''$	$4''$	$5''$	$6''$
Espaces........	$0^m,049$	$0^m,196$	$0^m,442$	$0^m,787$	$1^m,225$	$1^m,763$

et qu'on les représente en prenant $0^m,005$ pour $1''$ et 10 mill. pour 1^m d'espace parcouru, on obtiendra la courbe de la figure ci-dessus.

Cette courbe donne par ses ordonnées le temps correspondant à un espace parcouru quelconque, et réciproquement l'espace parcouru dans un temps quelconque.

Ainsi, dans l'exemple ci-dessus, les espaces étant pris pour abscisses à l'échelle de $0^m,001$ pour $1^m,00$, et les temps pour ordonnées à celle de 5 mill. pour une seconde, si l'on veut avoir le temps employé à parcourir un espace de $2^m,30$, on portera $2^{cent},3$ ou 23 mill. sur la ligne des abscisses à partir de son origine A ; au point m ainsi déterminé on élèvera une ordonnée mm', qu'on limitera à sa rencontre avec la courbe; et en divisant le nombre de millimètres que contient cette ordonnée par 5, le quotient indiquera le nombre de secondes cherchées.

S'il s'agissait de trouver l'espace parcouru au bout de $4''$, on élèverait en A, sur la ligne des abscisses, une perpendiculaire Ao égale à 4×5 mill. $= 20$ mill. Par le point o on mènerait une parallèle à la ligne des abscisses, et cette ligne rencontrerait la courbe en un point p' dont l'abscisse Ap exprimée en millimètres donnerait le nombre de mètres parcourus dans 4 secondes. Cette courbe, qui fournit les valeurs correspondantes des temps et des espaces parcourus, en représente la *relation* ou *la loi*.

15. *Mouvement retardé.* — Lorsque au contraire les espaces parcourus dans des temps égaux vont sans cesse en diminuant, le mouvement est dit *retardé*. Si l'on continue à représenter graphiquement la loi de ce mouvement, les ordonnées ou les espaces parcourus croissent de moins en moins rapidement, et la courbe s'éloigne de moins en moins de la ligne des abscisses, et lui présente *sa concavité*.

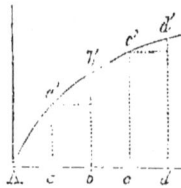

Le mouvement des corps qu'on lance dans l'air, tels que les jets d'eau, offre un exemple d'un mouvement qui se retarde graduellement à mesure qu'ils s'élèvent, et s'éteint même tout à fait.

16. *Mouvement périodique.* — La nature et les machines ne nous offrent que très-rarement des mouvements uniformes, quoique certains espaces égaux ou des nombres de tours égaux puissent être parcourus dans des temps égaux Il y a ou il peut y avoir, dans un même espace ou dans un tour, des accélérations et des retards périodiques dans le mouvement, et qui se compensent après certains intervalles qu'on nomme des *périodes*.

La ligne qui représente la loi du mouvement est alors une courbe ondulée, tournant tantôt sa convexité, tantôt sa concavité; vers l'axe des abscisses.

Quand la périodicité est bien établie, et que des intervalles égaux ou des nombres de tours égaux sont parcourus dans des temps égaux, ce mouvement varié peut être remplacé par un *mouvement moyen*, supposé uniforme, et tel que les espaces totaux ou les nombres de tours observés soient parcourus dans le même temps. La vitesse de ce mouvement moyen est ce que l'on nomme la *vitesse moyenne* du mouvement périodique.

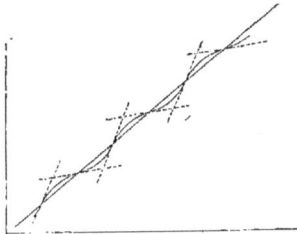

C'est ainsi que l'on remplace le mouvement varié des pistons par un mouvement moyen dont on prend la vitesse uniforme égale au quotient de la longueur d'une course par sa durée. Par exemple, quand le piston d'une machine à vapeur a une course de $1^m,30$, et qu'il donne 26 coups doubles en 1 minute, la durée d'une course simple est de $\frac{60''}{52} = 1'',15$; par conséquent, la vitesse moyenne du piston est de $\frac{1^m,30}{1'',154} = 1^m,126$ pour 1 seconde.

Mais, malgré cette convention, il ne faut pas perdre de vue que ces mouvements périodiques sont variables, et surtout que, dans les exemples analogues à celui qui précède, tels que le mouvement des pompes, des châssis de scie, etc., la vitesse devient nulle au commencement et à la fin de chaque période, tandis que vers le milieu de la course elle est beaucoup plus grande que la vitesse moyenne.

17. *Composition des mouvements.* — Un même point peut être animé de plusieurs mouvements simultanés et indépendants. Considérons un point A qui soit, par exemple,

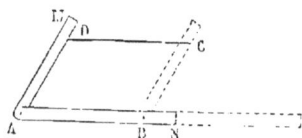

la pointe d'un crayon appliquée contre une fausse équerre MAN. Si l'équerre se meut uniformément d'une quantité AB, son côté AM se déplacera parallèlement à lui-même de la même quantité en se mouvant aussi uniformément, ainsi que la pointe du crayon qui y est appliquée. Mais si dans le même temps T le crayon se meut sur le côté AM, uniformément, d'une quantité AD, il est facile de voir qu'à la fin du temps T la pointe du crayon sera parvenue au point C, l'un des sommets du parallélogramme construit sur AB et AD comme côtés.

En effet, cette pointe constamment appuyée sur le côté AD s'étant déplacée avec lui parallèlement à sa position primitive d'une quantité égale à AB, elle devra se trouver sur la ligne BC menée parallèlement à AD, et comme elle s'est aussi déplacée dans le sens de AM d'une quantité AD, elle devra pareillement se trouver sur la ligne DC menée parallèlement à AB. La rencontre des deux lignes BC et DC détermine la direction de la diagonale du parallélogramme construit sur les deux chemins simultanés.

D'où il suit que, *quand un point matériel est animé de deux mouvements simultanés dans deux directions données, la position occupée par ce point à la fin de ces deux mouvements est l'extrémité de la diagonale du parallélogramme construit sur ces deux chemins comme côtés.*

Ce que l'on vient de dire étant indépendant de la grandeur absolue des chemins reste encore vrai quand ils deviennent infiniment petits.

18. *Vitesse dans le mouvement varié.* — Nous avons dit que, dans le mouvement uniforme, on appelait vitesse le rapport constant de l'espace parcouru au temps correspondant. Mais quand le mouvement est varié, ce rapport cesse d'être constant, et il s'agit de savoir ce que c'est que la vitesse dans ce genre de mouvement.

19. *De l'inertie.* — Pour cela il est nécessaire d'énoncer ici une propriété fondamentale de la matière ou des corps en général. C'est qu'un corps ne peut, par lui-même, changer son état de mouvement, et qu'il tend à persévérer dans le mouvement qu'il possède, tant qu'une cause étrangère n'agit pas pour l'en faire changer. D'après cette loi de la nature, que l'observation vérifie chaque jour, le mouvement d'un corps ne peut s'accélérer ou se retarder que par une cause extérieure. Si donc, à un instant quelconque du mouvement, la cause qui accélère ou retarde le mouvement cessait son action, le rapport de l'espace parcouru au temps, au lieu d'être variable, deviendrait constant, et le mouvement serait uniforme, avec une vitesse constante égale à la valeur de ce rapport. Cette vitesse constante, que le corps conserverait si, à l'instant où on le considère, son mouvement cessait de varier, est ce que l'on nomme la vitesse dans le mouvement varié.

Puisqu'à partir de l'instant où la cause d'accélération ou de retard cesse d'agir, le mouvement devient uniforme, le rapport des espaces parcourus aux temps devient aussi constant, et la courbe qui représentait la loi du mouvement dégénère en une droite qui lui est tangente au point correspondant.

On a des exemples de mouvements d'abord accélérés qui deviennent ensuite uniformes, par la chute des corps dans l'eau, par celle du parachute des ballons dans l'air, etc.

Dans les applications que l'on fera de cette règle, il faut
bien faire attention qu'en disant que la vitesse doit être
mesurée par le rapport de mp à np, l'on doit entendre le
rapport des grandeurs réelles de ces quantités exprimées
en nombres et non pas toujours celui des longueurs mêmes
qui les représentent sur le dessin.

Ces deux rapports sont égaux si l'on a pris la même longueur pour représenter l'unité d'espace et celle de temps,
ce qui est plus simple et évite tout embarras.

Mais quelquefois l'on est forcé de prendre des échelles
différentes, et alors il faut, d'après ces échelles, prendre
pour mp l'espace et pour np le temps que chacune de
ces longueurs représente. En ayant cette attention l'on ne
commettra aucune erreur.

Dans le mouvement uniforme, la vitesse étant le rapport
des espaces parcourus aux temps correspondants, ou celui
des ordonnées aux abscisses, cette vitesse dans le mouvement varié sera donc donnée par l'in-
clinaison de la tangente à la courbe
sur la ligne des abscisses, ou par le
rapport des ordonnées mp de cette
droite à ses abscisses np, comptées
depuis le moment où elle coupe la ligne des abscisses. Si,
par exemple, l'on veut avoir la vitesse en un point m de la
courbe du mouvement correspondant à un temps Ap, on
mènera en ce point m une tangente à cette courbe, et la
vitesse cherchée sera donnée par le rapport de mp à np.

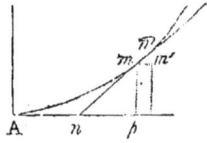

Mais il est bon de remarquer que, la tangente se confon-
dant avec la courbe sur l'étendue d'un arc infiniment petit mn, le rapport de mn à np est le même que celui du chemin élémentaire $m'n' = c$ à l'élément de temps correspondant $mm' = t$, de sorte que l'on a pour la valeur de la
vitesse V dans le mouvement varié

$$V = \frac{mp}{np} = \frac{m'n'}{mm'} = \frac{c}{t}.$$

L'expression générale de la vitesse dans un mouvement
varié quelconque sera donc

$$V = \frac{e}{t},$$

dans laquelle

V exprime la vitesse du mouvement uniforme qui succé-
derait au mouvement varié si la cause qui produit la variation du mouvement cessait d'agir ;

e le chemin élémentaire parcouru dans l'élément de temps t.

20. *Méthode approximative pour mener des tangentes à une
courbe quelconque.* — Le tracé d'une tangente à une courbe
dont on ne connaît pas la nature ou la génération, présente
toujours de l'incertitude quant au point de contact si la
direction de la tangente est donnée, ou quant à la direction
si, à l'inverse, le point de contact est donné ; il y a, selon la
courbure plus ou moins grande des courbes, des méthodes
approximatives, et en voici une qui, sans être rigoureuse,
donne au résultat qu'elle fournit une grande probabilité
d'exactitude.

Étant donnée la loi d'un mouvement représentée par
une courbe Amn dont les abscisses sont les temps, et les
ordonnées les espaces parcourus à une certaine échelle,
la tangente mT par son incli-
naison ou par le rapport $\frac{m\text{P}}{\text{T}\text{P}}$
fournit la valeur de la vitesse
de ce mouvement au bout du
temps AP. Or, cette vitesse
étant tout à fait indépendante
de l'échelle à laquelle on représente par une courbe la loi
du mouvement, il s'ensuit que la valeur numérique du
rapport $\frac{m\text{P}}{\text{T}\text{P}}$ doit rester la même, si l'on double ou si l'on
réduit à moitié l'échelle des ordonnées mP, tandis que sa

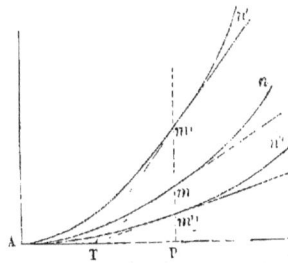

valeur absolue devient double ou se réduit à moitié, ce qui exige que les tangentes menées aux points m' et m'' ainsi déterminés passent toutes par le point T.

De là résulte le procédé suivant :

Construisez la courbe à des échelles différentes pour les ordonnées, mais en gardant la même échelle pour les abscisses. Par tous les points m, m', m''…. correspondants à une même abscisse, menez à la règle des tangentes à la courbe : toutes ces lignes devront rencontrer la ligne des abscisses en un même point T, qui se trouvera ainsi déterminé très-approximativement par tâtonnement. En joignant ensuite ce point à l'un quelconque des points m, m', m'', on aura la direction très-probable de la tangente en ce point.

Cette construction s'applique évidemment à toute espèce de courbe, quelle que soit la loi ou la relation qu'elle représente.

On verra plus tard que pour les mouvements produits par des systèmes articulés si fréquemment employés dans les machines, il y a une méthode rigoureuse pour mener les tangentes aux courbes qui représentent la loi du mouvement d'un point quelconque de leurs organes.

21. *Observation sur la variation de la vitesse dans les mouvements périodiques.* — En appliquant la méthode graphique précédente à des mouvements périodiques dont la loi est représentée au n° **16**, par des courbes qui présentent alternativement leur convexité et leur concavité à la ligne des abscisses, on voit que l'inclinaison de la tangente ou la vitesse correspondante depuis l'origine va en croissant jusqu'au point ou au moment où la courbe change de direction ou s'infléchit. A ce point, qu'on nomme *point d'inflexion*, la vitesse a sa plus grande valeur. A partir de ce moment, l'inclinaison de la tangente ou la vitesse diminue graduellement jusqu'à un nouveau point d'inflexion de la courbe, où elle atteint sa plus petite valeur, puis elle recommence à croître.

Dans le mouvement des pompes, des pistons de machines

à vapeur, des châssis de scie, des machines soufflantes, etc., la vitesse devient nulle à la fin de chaque période. La tangente à la courbe devient horizontale, et son inclinaison sur la ligne des abscisses est nulle. On verra plus loin qu'entre les deux instants du commencement et de la fin d'une même course, tous les organes atteignent un maximum de vitesse que nous apprendrons à déterminer.

22. *Du mouvement uniformément accéléré ou retardé.* — Il est fort rare, comme nous l'avons déjà dit, que dans les machines le mouvement soit uniforme, malgré tous les moyens que l'on emploie pour en diminuer les irrégularités. Il importe donc d'étudier les mouvements variés. Parmi ces mouvements, les plus simples sont ceux où la vitesse croît ou décroît de quantités égales pour des temps égaux. Dans le premier cas, l'on dit qu'*à partir du repos* le mouvement est *uniformément accéléré;* dans le second, qu'il est *uniformément retardé.*

Étudions d'abord le mouvement uniformément accéléré, et supposons que le corps ou le point que nous considérons parte du repos.

La représentation graphique des circonstances que présente ce mouvement nous permettra de les étudier et d'en déduire les lois par de simples considérations géométriques.

Puisque le corps part du repos et que sa vitesse croît de quantités égales pour des temps égaux, si l'on porte sur une ligne d'abscisses AT des intervalles égaux Aa, ab, bc...., à une échelle quelconque, pour représenter des temps égaux, puis qu'en chaque point de division on élève des perpendiculaires aa', bb', cc'...., représentant, à une échelle donnée, les vitesses correspondantes, il est clair que tous les points a', b', c' ..., ainsi

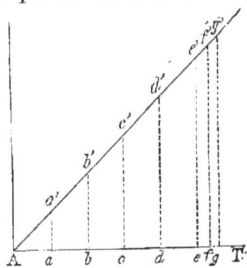

déterminés, seront situés sur une même ligne droite pas-sant par le point A, car on a l'égalité des rapports

$$\frac{aa'}{Aa} = \frac{bb'}{Ab} = \frac{cc'}{Ac} = , \text{ etc.,}$$

attendu que tous les triangles Aaa', Abb', Acc'...., sont semblables.

Les ordonnées de cette droite représentant les vitesses V, et les abscisses les temps T, on voit qu'en général le rap-port de la vitesse au temps pendant lequel elle a été acquise est constant : ce que l'on exprime en écrivant pour des vitesses V, V', V'', etc., et des temps correspondants T, T', T'', etc., quelconques

$$\frac{V}{T} = \frac{V'}{T'} = \frac{V''}{T''} = , \text{ etc.}$$

Si l'on nomme V_1 la vitesse acquise au bout de la pre-mière seconde de l'accélération, on aura aussi

$$\frac{V}{T} = V_1.$$

D'où l'on voit que, si l'on connaissait la vitesse acquise par le corps après la première seconde de l'accélération de son mouvement, on en déduirait facilement sa vitesse après un temps quelconque T, car on aurait $V = V_1 T$.

Ce qui signifie que, dans un mouvement uniformément accé-léré à partir du repos, la vitesse acquise par le corps au bout d'un temps quelconque, exprimé en secondes, est égale à la vitesse acquise à la fin de la première seconde multipliée par le nombre de secondes écoulées.

Cela posé, si l'on considère un intervalle de temps infi-niment petit fg, il est clair que l'on pourra, pour ce temps élémentaire, regarder la vitesse comme constante et égale à la moyenne arithmétique $\frac{ff' + gg'}{2}$ des vitesses ff' et gg'; car cette moyenne arithmétique s'approchera d'autant plus

de la vitesse réelle que l'intervalle de temps considéré *fg*
sera moindre, et à la limite de petitesse du temps *fg*, elle
lui sera rigoureusement égale.

On peut donc, dans cet intervalle de temps infiniment
petit que nous désignons par *t*, regarder le mouvement
comme uniforme avec cette vitesse moyenne, et par conséquent l'espace infiniment petit *e*, parcouru dans le même
intervalle, sera égal à la vitesse constante multipliée par
le temps (n° **11**), et l'on aura

$$e = \frac{ff' + gg'}{2} \cdot fg.$$

Or ce produit est précisément l'aire du petit trapèze élémentaire *ff' gg'*; donc cette aire représente l'élément de
chemin *e* parcouru pendant ce temps élémentaire.

L'espace total E, parcouru d'un mouvement uniformément accéléré pendant le temps T, étant
la somme de tous les espaces élémentaires analogues à *e*, il s'ensuit que dans
l'hypothèse actuelle, où le corps part
du repos, l'espace E est représenté par
la surface du triangle total ADD', dont la
base AD = T, et sa hauteur DD' = V = V₁T
est la vitesse acquise au bout de ce temps. Donc cet espace
a pour valeur

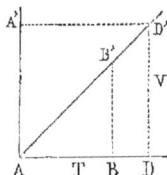

$$E = \frac{1}{2} AD \times DD' = \frac{1}{2} T \times V_1 T = \frac{1}{2} V_1 T^2,$$

d'où résulte que, *dans le mouvement uniformément accéléré à
partir du repos, les espaces parcourus sont proportionnels aux
carrés des temps.*

Réciproquement, *tout mouvement dans lequel les espaces
parcourus à partir du repos sont proportionnels aux carrés des
temps employés à les parcourir est un mouvement uniformément
accéléré.*

Car, si l'on a trouvé par l'observation que les rapports

$$\frac{E}{T^2}, \quad \frac{E'}{T'^2}, \quad \frac{E''}{T''^2},$$

sont égaux, que l'on pose

$$\frac{E}{T^2} = \frac{V_1}{2},$$

et que l'on conçoive un mouvement uniformément accéléré tel, que la vitesse acquise par le corps après la première seconde soit égale à

$$V_1 = \frac{2E}{T^2},$$

on aura pour la loi de ce mouvement la relation

$$E = \frac{1}{2} V_1 T^2,$$

qui, pour toutes les valeurs que l'on pourra assigner au temps, fournirait les mêmes valeurs de l'espace parcouru E que la condition donnée par hypothèse de l'égalité des rapports

$$\frac{E}{T^2} = \frac{E'}{T'^2} = \frac{E''}{T''^2} = \frac{1}{2} V_1.$$

Les deux mouvements seront donc identiques.

Le produit $\frac{1}{2} V_1 T^2$ représentant la moitié de l'aire VT du rectangle ADD'A', qui exprimerait le chemin parcouru par le corps pendant le temps T d'un mouvement uniforme avec la vitesse V, l'on voit que, dans le mouvement uniformément accéléré, l'espace parcouru au bout d'un temps quelconque, à partir du repos, est égal à la moitié de celui qui serait parcouru, pendant le même temps, d'un mouvement uniforme, avec la vitesse finale.

Si l'on considère les espaces E et E' respectivement parcourus au bout des temps T = AD et T' = AB, ils seront, d'après ce qui précède, représentés par les aires des triangles ADD', ABB', et, d'après une propriété des triangles semblables, ils seront entre eux comme les carrés des côtés homologues : ce qui donne la proportion

$$\text{aire ADD}' : \text{aire ABB}' :: \overline{DD'}^2 : \overline{BB'}^2$$

ou

$$E : E' :: V^2 : V'^2,$$

d'où l'on tire

$$E = \frac{E'}{V'^2} \cdot V^2.$$

Si l'espace E' et la vitesse V' sont ceux qui correspondent à la première seconde depuis le départ, on a, d'après ce qui a été dit plus haut,

$$V' = V_1 \qquad E' = \frac{1}{2} V_1 T'^2 = \frac{1}{2} V_1 ;$$

et, par suite,

$$E = \frac{\frac{1}{2} V_1}{V_1^2} \cdot V^2 = \frac{1}{2 V_1} \cdot V^2,$$

d'où l'on tire

$$V^2 = 2 V_1 E.$$

Ce qui montre que, dans le mouvement uniformément accéléré, à partir du repos, *le carré de la vitesse V acquise par le corps après qu'il a parcouru un espace E est égal au produit de cet espace par le double de la vitesse acquise par le corps après la première seconde de l'accélération.*

Les lois du mouvement uniformément accéléré à partir du repos peuvent donc être représentées par les trois formules suivantes :

1° $V = V_1 T$ qui donne la vitesse V acquise par le corps après un temps quelconque T, quand on connaît la vitesse V_1 à la fin de la première seconde d'accélération ;

2° $E = \frac{1}{2} V_1 T^2$ qui donne l'espace parcouru au bout d'un temps quelconque T, ou

$$T^2 = \frac{2E}{V_1}$$ qui donne le temps que le corps met à parcourir un espace E ;

3° $V^2 = 2V_1E$ qui donne la vitesse acquise par le corps après qu'il a parcouru un espace E, ou

$$E = \frac{V^2}{2V_1}$$ qui donne l'espace que le corps doit parcourir pour acquérir une vitesse V.

23. *Représentation graphique.* — Ces trois lois ou formules peuvent être représentées par des constructions graphiques qu'il est bon de connaître, parce qu'elles servent à retrouver ces lois quand on a déterminé les valeurs des espaces, des temps ou des vitesses qui se correspondent dans des mouvements observés.

La première, $V = V_1T$, est, comme nous l'avons dit au numéro **22**, représentée par une ligne droite dont les abscisses sont les temps et les ordonnées les vitesses.

La deuxième, $E = \frac{1}{2} V_1T^2$ ou $T^2 = \frac{2E}{V_1}$, est représentée par une courbe telle, que, si l'on prend les temps pour ab-

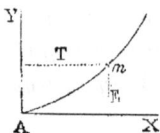

scisses et les chemins parcourus pour ordonnées, les carrés des abscisses ou des longueurs portées sur la ligne AX seront proportionnels aux ordonnées, ou aux longueurs portées dans le sens de la ligne AY : ce qui est le caractère particulier d'une courbe appelée parabole dont l'axe serait celui des ordonnées. Les courbes de ce genre jouissent de propriétés qui permettent de les reconnaître, et qu'il n'est pas inutile de rappeler succinctement.

Ainsi dans le cas actuel, où le corps part du repos, l'axe des abscisses est la tangente au sommet de la courbe, l'axe des ordonnées est son axe transverse. Cette courbe a deux branches, l'une à droite, l'autre à gauche de l'axe des ordonnées ; tous ses points sont également distants d'un point F, appelé son *foyer*, situé sur l'axe transverse, et d'une droite F'P', qu'on nomme *directrice*, et qui est parallèle à l'axe, à une distance AF' égale à AF : de sorte que pour un point quelconque M on a toujours MF = MP'.

Si l'on mène une tangente MT à la courbe, la ligne TP, qu'elle détermine sur l'axe des abscisses, se nomme la *sous-tangente*, et elle est *double de l'abscisse* AP.

Si par le point S où la tangente coupe l'axe des ordonnées AY on élève une perpendiculaire SF à la tangente, cette ligne passera par le foyer F : ce qui permet de déterminer ce foyer, et de reconnaître si une courbe donnée, dont l'axe des ordonnées passant par son origine est connu, est une parabole. Car il suffit de mener à la règle une série de tangentes, d'élever à ces lignes des perpendiculaires aux points où elles coupent l'axe des ordonnées. Si la courbe est une parabole, toutes ces perpendiculaires se couperont en un même point qui sera le foyer.

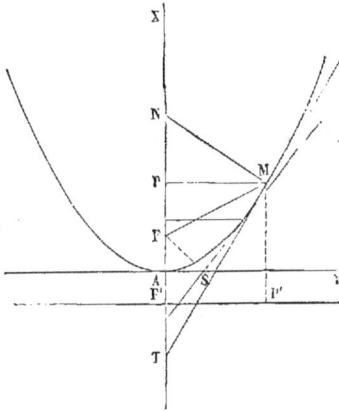

Enfin la normale en un point quelconque M de la courbe intercepte sur la ligne des abscisses une longueur PN qu'on nomme la *sous-normale*, et qui est constante. Cette propriété permet de reconnaître si une courbe dont on connaît une portion ainsi que l'axe de ses ordonnées est une parabole, et de déterminer la position de l'axe de ses abscisses ainsi que le foyer quand on connaît la direction de l'axe et deux tangentes à la parabole en des points donnés.

Réciproquement, si l'on veut que le mouvement d'un corps, qui, en partant du repos, passe d'une position à une autre, s'exécute par une accélération uniforme, il faudra que la loi de son mouvement soit représentée par une parabole, qu'il est facile de tracer.

Sachant, par exemple, que le corps, en partant du repos, doit parcourir un espace de $0^m,20$ en $0'',50$ d'un mouvement uniformément accéléré, pour déterminer la parabole cherchée il suffira de prendre sur une ligne d'ordonnées, à une échelle quelconque, de $0^m,010$ par mètre, par exemple, une longueur $AP = 0^m,20$; d'élever en P une perpendiculaire PM, représentant le temps $0'',50$ à une échelle convenable, pour laquelle il sera plus commode de prendre la même unité que pour les espaces; de porter au-dessous de A, $AT = AP$; de joindre les points T et M; d'élever en A une perpendiculaire à AY; par le point S, où elle rencontre la tangente TM, d'élever une perpendiculaire SF à cette tangente : le point F, où cette dernière ligne rencontrera l'axe des abscisses, sera le foyer de la parabole cherchée, dont le tracé sera facile à terminer. La courbe ainsi tracée représentera la loi du mouvement cherché, et fournira les espaces correspondants à des temps quelconques et *vice versa*.

24. *Mouvement uniformément retardé.* — Les lois du mouvement uniformément retardé sont exactement les mêmes que celles du mouvement uniformément accéléré. C'est ce qu'il est facile de faire voir.

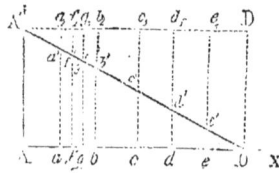

Si l'on trace une ligne d'abscisses AX sur laquelle on porte les temps, et une ligne d'ordonnées sur laquelle on prenne AA', égale à la vitesse V' que possède le corps au moment où son mouvement commence à se retarder, il est clair, d'après la définition du mouvement uniformément retardé, que, la vitesse devant décroître de quantités égales pour des temps égaux, si, pour un temps Aa, elle a diminué de a_1a', pour un temps double $Ab = 2Aa$ elle diminuera de $b_1b' = 2a_1a'$; pour un temps $Ab = 3Aa$ elle diminuera de $c_1c' = 3a_1a'$: de sorte que tous les triangles Aa_1a', Ab_1b', Ac_1c'..., seront semblables, et que tous les points A′, a', b', c'..., seront en ligne droite. La loi de décroissance de la vitesse sera donc représentée par la droite A′$a'b'c'$; et si l'on nomme V_1 la quantité dont la vitesse aura diminué dans la première seconde, au bout du temps T elle aura diminué de V_1T, et sera alors, en l'appelant V, égale à $V = V' - V_1T$.

Il est d'ailleurs évident, par la figure, que la vitesse sera devenue nulle, ou le corps parvenu au repos, quand la vitesse perdue ou la quantité DD′ à retrancher de AA′ sera égale à AA′, ou que l'on aura $V' = V_1T$: ce qui donne $T = \dfrac{V'}{V_1}$ pour le temps au bout duquel un corps animé d'une vitesse V′ arrive au repos quand son mouvement se retarde uniformément, et qu'il perd la vitesse V_1 dans la première seconde de son mouvement retardé.

Ainsi, par exemple, si un corps est animé d'une vitesse de 2 mètres, et que son mouvement se retarde uniformément de manière qu'il perde $0^m,50$ dans la première seconde de ce mouvement retardé, il sera parvenu au repos au bout d'un temps :

$$T = \frac{2^m,00}{0^m,50} = 4 \text{ secondes.}$$

On remarquera que ce temps $T = \dfrac{V'}{V_1}$ est précisément le même que celui qui serait nécessaire au corps pour acquérir la même vitesse d'un mouvement uniformément accéléré, par lequel il recevrait, au bout de la première seconde, la même vitesse V_1.

25. *Espaces parcourus dans le mouvement uniformément retardé.* — Maintenant il est clair (n° **11**) que, si le corps continuait à se mouvoir uniformément avec sa vitesse initiale V′, il parcourrait dans le temps $T = AD$ quelconque un espace égal à V′T, représenté, par exemple, par la surface du rectangle ADD′A′ ; mais si l'on considère ce qui se passe pendant un intervalle de temps infiniment petit fg, on verra, par un raisonnement identique à celui du n° **22**, que le mouvement, pouvant être regardé, pendant ce temps élémentaire, comme uniforme avec la vitesse moyenne $\dfrac{ff' + gg'}{2}$, le chemin parcouru de ce mouvement uniforme serait exprimé par $\dfrac{ff' + gg'}{2} \times fg$, produit qui exprime précisément l'aire du petit trapèze élémentaire $ff'g'g$.

Donc le chemin parcouru dans un élément de temps fg est représenté par la surface du petit trapèze correspondant $ff'g'g$; et le chemin total parcouru au bout d'un temps quelconque, $T = Ad$, par exemple, étant la somme de tous les espaces élémentaires analogues, sera représenté par la somme de tous les trapèzes de A en d, ou par le trapèze total $Add'A'$; or ce trapèze est égal au rectangle Add_1A', diminué du triangle $A'd_1d'$, lequel a évidemment pour mesure

$$\frac{1}{2} Ad_1 \times d_1d' = \frac{1}{2} T \times V_1 T = \frac{1}{2} V_1 T^2,$$

attendu que $Ad_1 = T$ ou le temps, et $d_1d' = V_1 T$ ou la diminution de la vitesse éprouvée par le corps pendant le temps T; et comme le rectangle Add_1A' est égal au chemin VT que le corps aurait parcouru d'un mouvement uniforme pendant le temps T avec la vitesse initiale V', il s'ensuit que l'espace parcouru par le corps, qui est représenté par le trapèze $Add'A'$, et que nous appellerons E, a pour expression

$$E = V'T - \frac{1}{2} V_1 T^2.$$

Telle est la seconde loi ou formule du mouvement uniformément retardé.

Il est clair, d'après la figure, que l'espace parcouru par le corps quand sa vitesse sera nulle, ou qu'il sera parvenu au repos, sera représenté par le triangle ADA′ dont la surface a pour valeur $\frac{1}{2}$ AD $\times$ AA′. Or AD, c'est le temps qui s'écoule depuis le commencement du retard jusqu'à celui où la vitesse est devenue nulle, et nous l'avons trouvé égal à T $= \frac{V'}{V_1}$. L'on aura donc V′ $=$ V$_1$T : ce qui donne

$$E = V_1 T^2 - \frac{1}{2} V_1 T^2 = \frac{1}{2} V_1 T^2 ;$$

ce qui était d'ailleurs évident, puisque les triangles ADA′ et A′DD′ sont égaux, et que le second a pour surface $\frac{1}{2} V_1 T^2$.

Ainsi l'on voit que le corps arrivera au repos après avoir parcouru un espace précisément égal à celui qu'il aurait parcouru dans le même temps, d'un mouvement uniformément accéléré, dans lequel il aurait acquis au bout de la première seconde précisément la même vitesse qu'il perd dans le mouvement retardé.

La loi du mouvement uniformément retardé peut encore être représentée par une courbe, car il suffit de mettre dans la relation

$$E = V'T - \frac{1}{2} V_1 T^2$$

les valeurs successives du temps prises pour abscisses, pour en déduire celles de l'espace parcouru correspondant ; et, en prenant celles-ci pour ordonnées, on construirait la courbe *.

* Il n'est sans doute pas inutile d'indiquer ici un tracé de la parabole d'une exécution facile, lorsque l'on connaît, comme dans le cas actuel, son axe transverse BD, son sommet A″ et l'un de ses points A.

On prolonge AD d'une longueur DO $=$ AD, on partage AD à partir du point A en parties égales, en quatre, par exemple, numérotées 1, 2, 3, 4, et par les points de division l'on mène les lignes 11′, 22′, 33′, 44′, pa-

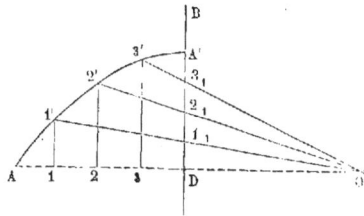

On remarquera que la valeur de l'espace parcouru se compose de deux quantités : l'une V'T, qui est la valeur de l'espace que le corps parcourrait dans le temps T d'un mouvement uniforme avec la vitesse initiale V', et dont l'autre $\frac{1}{2}$ V,T², est précisément l'expression du chemin que le corps parcourrait, à partir du repos, d'un mouvement uniformément accéléré tel, qu'il acquerrait au bout de la première seconde précisément la vitesse qu'il perd dans le même temps du mouvement retardé. D'après cela, voici comment on peut construire la courbe.

Soit A l'origine, on mènera une ligne AB inclinée de façon que la tangente trigonométrique de l'angle qu'elle forme avec l'axe des abscisses soit égale à V'. Pour des abscisses égales à T, les ordonnées de cette droite seront évidemment égales à V'T; ayant donc pris Aa = T, on mènera l'ordonnée aa' de la droite AB, puis au-dessous de

rallèles à BD. On partage de même A″D en quatre parties égales numérotées 1₁, 2₁, 3₁, 4₁ à partir de D. On joint le point O avec les points 1₁, 2₁, 3₁, 4₁ par des droites que l'on prolonge jusqu'à leurs rencontres 1', 2', 3', 4' avec les parallèles à BD. Les points 1', 2', 3', 4' appartiennent à la parabole qui se trouve ainsi tracée par points.

Cherchons en effet le rapport du carré de l'ordonnée CI' = Oy d'un point quelconque de la courbe à son abscisse A″C, et admettons que d'après la construction $y = n$AD, c'est-à-dire contienne n parties de AD.

L'on a aussi, d'après la figure,

$$D1_1 = A''D - nAD = (1 - n)\, A''D.$$

L'on a pris DO = AD, et par suite,

$$O1 = OD + y = A''D + nAD = (1 + n)\, AD.$$

D'une autre part, les triangles semblables O11' et OD1₁ nous donnent

$$OD = AD : D1_1 :: O1 : 11' = \frac{(1 + n)\,AD \times (1 - n)\,A''D}{AD} = (1 - n^2)\, A''D,$$

et, par suite,

$$x = A''C = A''D - 1' = A''D - (1 - n^2)\, A''D = n^2 A''D.$$

D'où il suit que

$$\frac{y^2}{x} = \frac{n^2 \overline{AD}^2}{n^2 A''D} = \frac{\overline{AD}^2}{A''D}.$$

Ce qui montre que pour un point quelconque de la courbe obtenue par tracé ci-dessus, le rapport du carré de l'ordonnée à l'abscisse est constant, ce qui est le caractère de la parabole.

a' on portera $a'a_1 = \frac{1}{2} V_1 T^2$, et l'on aura un point a_1 de la courbe.

La vitesse étant nulle lorsque $T = \frac{V'}{V_1}$, la tangente à la courbe au point correspondant sera horizontale, et l'ordonnée de ce point sera

$$E = V' \frac{V'}{V_1} - \frac{1}{2} V_1 \frac{V'^2}{V_1^2} = A''D,$$

ou égale à la moitié de l'ordonnée de la droite correspondante à

$$T = \frac{V'}{V_1} AD :$$

ce qui est

$$DB = V' \times \frac{V'}{V_1} = \frac{V'^2}{V_1}.$$

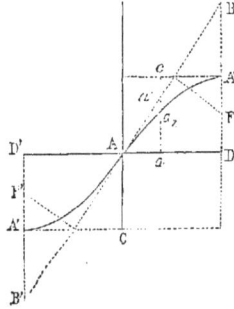

Si l'on nomme T' la distance aD, et E' la distance a_1c, on voit, d'après la figure, que l'on aura $Aa = AD - aD$, ou

$$T = \frac{V'}{V_1} - T' \quad \text{et} \quad aa_1 = A''D - a_1c,$$

ou

$$E = \frac{1}{2} \frac{V'^2}{V_1} = E';$$

de sorte qu'en mettant pour E et pour T ces valeurs dans la relation de l'espace parcouru et du temps, elle devient

$$\frac{1}{2} \frac{V'^2}{V_1} - E' = V' \left(\frac{V'}{V_1} - T' \right) - \frac{1}{2} V_1 \left(\frac{V'}{V_1} - T' \right)^2,$$

ou en effectuant le calcul et changeant de signes,

$$E' = \frac{1}{2} V_1 T'^2.$$

Ainsi la relation entre la distance $aD = A''c$ et ca_1 est précisément la même que pour la courbe du mouvement accéléré; la courbe du mouvement uniformément retardé, à partir d'une vitesse V' jusqu'au repos, est donc une parabole renversée et exactement la même que celle du mouvement uniformément accéléré à partir du repos pour lequel V_1 aurait la même valeur, et qui durerait pendant un temps total égal à $T = \dfrac{V'}{V_1}$.

Si l'on reporte au-dessous du point A une longueur $AC = \dfrac{1}{2} V_1 T^2$, ou égale au chemin total parcouru dans le mouvement retardé jusqu'à l'instant du repos, puis que par le point C on mène à AD une parallèle CA égale à $T = \dfrac{V'}{V_1}$, et qu'à partir du point A', ainsi déterminé, on construise sur A'C, comme ligne d'abscisses ou des temps, la courbe du mouvement uniformément accéléré à partir du repos, on verra que cette courbe aura en A pour tangente la ligne AB, qui est aussi la tangente au même point pour la courbe du mouvement retardé : ce qui est évident, puisque cette tangente, dont l'inclinaison fournit la vitesse du mouvement uniformément accéléré, forme avec A'D' un angle dont la tangente trigonométrique est

$$\frac{B'D'}{AD'} = \frac{2AC}{T} = \frac{\dfrac{V'^2}{V_1}}{\dfrac{V'}{V_1}} = V,$$

c'est-à-dire la vitesse initiale du mouvement retardé. Par conséquent, les deux courbes ont même tangente en A, même ordonnée et même abscisse aux points A' et A", en les prenant pour A" en dessus et à droite de A, et pour A' en dessous et à gauche. On trouverait évidemment la même distance du foyer F à A" que du foyer F' à A'.

Il suit de cette comparaison que, si le corps part du repos et se meut d'un mouvement uniformément accéléré jusqu'à ce qu'il ait acquis une vitesse V′ en parcourant un espace

$$E = \frac{1}{2} V_1 T^2 = \frac{V'^2}{2V_1};$$

puis qu'à partir de cet instant il se meuve d'un mouvement uniformément retardé jusqu'au repos, il parcourra dans cette seconde période le même espace dans le même temps que dans le mouvement accéléré, et que la loi du second mouvement sera représentée par la même courbe que le premier, mais symétriquement placée.

Nous verrons l'usage de cette propriété pour le tracé de cames.

26. *Cas où le corps possède une certaine vitesse quand son mouvement commence à s'accélérer.* — Si le corps était déjà animé d'une vitesse uniforme V′ au moment où son mouvement commence à s'accélérer, il est facile de voir, d'abord, qu'en prenant les temps T pour abscisses et les vitesses pour ordonnées, la vitesse à l'origine du mouvement V′ = AA′, cette vitesse devant encore croître de quantités égales pour des temps égaux, si l'on porte les temps égaux Aa, ab, bc..., sur la ligne AX des abscisses ; que l'on élève aux points a, b, c..., des perpendiculaires aa', bb', cc'..., qui coupent la ligne A′D$_1$ parallèle à AX aux points a_1, b_1, c_1, d_1..., les quantités $a_1 a'$, $b_1 b'$, $c_1 c'$, etc., qui représentent les accroissements de la vitesse, seront proportionnelles aux temps, et tous les points A′, a', b', c', d', etc., seront sur une même ligne droite.

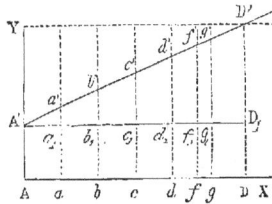

On verrait de même que l'espace parcouru dans un élément de temps infiniment petit fg serait représenté par la surface du petit trapèze élémentaire $fgg'f'$, et que par conséquent l'espace total parcouru depuis l'origine du mouvement où la vitesse était V′ = AA′, jusqu'à un instant AD,

3

après lequel la vitesse serait devenue $DD' = V'' = V' + V_1T$, serait représenté par la surface totale du trapèze $ADD'A'$, qui est égale à celle du rectangle $ADD'_1A' = V'T$ augmentée du triangle $A'D_1D'$, pour lequel on a

$$A'D_1D' = \frac{1}{2} D_1D' \times A'D_1 = \frac{1}{2} V_1T \times T = V_1T^2.$$

De sorte que l'espace total serait représenté par l'expression

$$E = V'T + \frac{1}{2} V_1 T^2.$$

27. *Représentation graphique.* — Si l'on veut représenter ce mouvement par une construction graphique, on voit

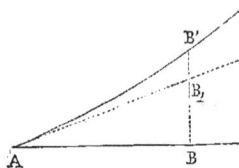

qu'en prenant les temps pour abscisses et les espaces parcourus pour ordonnées, l'espace parcouru au bout d'un temps $T = AB$ se composera de l'espace $BB_1 = V'T$ qui serait parcouru dans le même temps, d'un mouvement uniforme, avec la vitesse initiale V'' augmenté de l'espace B_1B' qui serait parcouru dans le même temps, à partir du repos, d'un mouvement uniformément accéléré, dont la vitesse acquise après la première seconde serait V_1.

Cette discussion montre que toutes les circonstances des mouvements uniformément accélérés ou retardés peuvent être représentées par des constructions graphiques, auxquelles nous aurons recours pour l'étude des mouvements produits par les organes des machines.

28. *Détermination de la loi de variation des vitesses.* — La courbe du n° **20**, qui représente la relation des espaces parcourus et des temps correspondants, en donnant, par l'inclinaison de ses tangentes, les vitesses à chacun des instants que l'on considère, permet aussi d'en construire une autre, dont les abscisses soient encore les temps et dont les ordonnées soient les vitesses.

L'inclinaison des tangentes à cette dernière courbe donnera, pour chaque instant correspondant, le rapport de l'accroissement de la vitesse à l'élément du temps correspondant.

Dans le cas des mouvements uniformément accélérés ou retardés où ce rapport est constant, la courbe des vitesses est une ligne droite, comme on l'a vu au n° **23**.

Lorsque le mouvement est varié suivant des lois inconnues, la courbe des vitesses fournit donc par l'inclinaison de ses tangentes la valeur du rapport $\frac{v}{t}$ de la variation élémentaire de la vitesse pendant l'élément de temps correspondant, rapport que l'on nomme *l'accélération*.

On reviendra sur ce sujet lorsqu'on exposera les notions fondamentales de mécanique.

29. *Du mouvement circulaire ou de rotation.* — De tous les mouvements en ligne courbe, le plus simple et le plus généralement employé est le mouvement circulaire ou de rotation, par lequel tous les points d'un corps décrivent autour d'un centre ou d'un axe commun des arcs de cercle, dont la grandeur dépend de leur distance à ce centre. C'est ce qu'il est facile de reconnaître en remarquant que, quand le rayon AO, qui joint un point A quelconque du corps au centre O ou à l'axe de rotation, s'est déplacé d'un angle AOB, tout autre rayon CO, joignant un point C au centre, décrit un angle COD = AOB, et il s'ensuit que les arcs AB et CD, ou les chemins décrits par les points A et C, sont entre eux comme leurs rayons AO, CO ; on se rappellera donc que dans le mouvement circulaire :

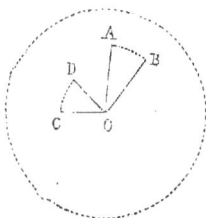

Les chemins décrits par les différents points du corps qui tourne sont proportionnels à leur distance au centre ou à l'axe de rotation.

La plupart des machines se composent en totalité ou en partie de pièces douées du mouvement circulaire. Nous ne parlerons ici que des plus simples.

La meule à aiguiser du rémouleur, celle du tailleur de cristaux, les polissoirs en bois pour les outils, sont animés d'un mouvement de rotation circulaire par lequel la partie de la pièce à travailler qui est placée sur la meule est successivement attaquée, frottée, usée, par tous les points de la circonférence, de sorte que la pièce s'use beaucoup tandis que la meule se dégrade très-peu. On fait faire aux meules un nombre de tours d'autant plus grand qu'elles sont plus petites, moins dures, et que l'on veut enlever moins de matière à la fois. La rapidité du mouvement compense souvent la dureté de la meule : de sorte qu'un polissoir en bois ou garni de peau, ou une brosse circulaire, peuvent user et polir des corps très-durs.

30. *Définition de la vitesse angulaire.* — On vient de voir que, quand un corps solide tourne autour d'un axe, les arcs décrits par les différents points de ce corps sont proportionnels à leur distance au centre ou à leur rayon. De sorte qu'un point situé à une distance double, triple, quadruple, décrit un arc, double, triple ou quadruple. Ainsi, soient ab, cd, ef les arcs décrits par les points a, c, e, situés à des distances ao, co, eo, du centre o de rotation, on aura la proportion

$$ab : cd : ef :: ao : co : eo.$$

Si, par exemple, $eo = 1$ mètre, ef sera l'arc décrit à l'unité de distance ; on aura donc

$$\frac{ab}{ao} = \frac{cd}{co} = \frac{ef}{1},$$

d'où

$$ab = ef.ao ; \quad cd = ef.co.$$

On voit donc qu'*un arc décrit par un point quelconque est égal à l'arc décrit par les points situés à l'unité de distance, multiplié par le rayon de l'arc cherché.*

Quand le mouvement de rotation est uniforme, tous les points a, c, e sont animés du mouvement uniforme, et la vitesse de chacun d'eux est égale à l'arc ab, cd, qu'il parcourt, divisé par le temps, que j'appelle T, employé à le parcourir, ou à $\frac{ab}{T}$, $\frac{cd}{T}$, ou enfin à $\frac{ao.ef}{T}$ $\frac{co.ef}{T}$; or, $\frac{ef}{T}$ serait la vitesse des points situés à l'unité de distance, et on la nomme la *vitesse angulaire*. Si on la désigne par la lettre V, on voit que *dans le mouvement circulaire la vitesse d'un point quelconque est égale à la vitesse angulaire multipliée par la distance du point donné à l'axe de rotation.*

La vitesse angulaire est toujours facile à déterminer quand on connaît le nombre de tours faits par l'axe. En effet, si l'on sait que l'arbre fait, par exemple, 10 tours en 1 minute ou en 60 secondes, un point situé à une distance égale à l'unité ou à 1 mètre décrira une circonférence égale à $6^m.28$, et par conséquent en 60 secondes il parcourra un chemin égal à $10 \times 6,28 = 62^m,80$; donc le chemin qu'il parcourra dans l'unité de temps, ou sa vitesse, sera égal à $\frac{62^m,80}{60} = 1^m,046$ en 1 seconde.

Ainsi, pour avoir la vitesse angulaire d'un axe ou d'une pièce de rotation, il faut multiplier la circonférence décrite par le rayon égal à l'unité, ou $6^m,28$, par le nombre de tours observés, et diviser le produit par le temps ou le nombre de secondes correspondantes. Le quotient sera la vitesse angulaire cherchée.

Vitesse convenable pour les tours. — Dans le travail du tour, il importe beaucoup de connaître la vitesse des pièces à tourner, parce qu'elle influe sur la perfection de l'ouvrage et sur la conservation des outils.

Lorsque l'on emploie des crochets fixes maintenus dans des supports, et que par conséquent l'on ne peut dégager

facilement, il convient de limiter les vitesses à peu près
comme il suit :

Pour la fonte grise,	6 à 7	centimètres en 1 seconde.
Pour la fonte blanche,	1,5 à 2	—	1 —
Pour le fer,	10 à 12	—	1 —
Pour le cuivre jaune,	8 à 9	—	1 —

Quand on dépasse trop ces vitesses, les outils se détrem-
pent et vibrent ou brouttent.

Si l'on tourne avec des outils tenus à la main, comme on
a la facilité de les retirer quand on s'aperçoit qu'ils mor-
dent trop, l'on peut augmenter la vitesse et la porter au
double des limites indiquées ci-dessus.

Pour aléser, la vitesse doit être à peu près moitié
moindre que pour le tournage.

31. *Observations sur la loi des mouvements circulaires par
rapport au temps.* — Tout ce que nous avons dit sur les
mouvements uniformes, accélérés ou retardés, s'applique
aussi bien aux mouvements circulaires, et même aux mouvements selon les directions curvilignes quelconques, et
les lois en seraient de même représentées par des courbes
analogues, en prenant pour les espaces parcourus le développement des arcs décrits. On conçoit, en effet, qu'un
mouvement de rotation circulaire, par exemple, peut tout
aussi bien être uniforme, uniformément accéléré ou uniformément retardé qu'un mouvement rectiligne, et qu'a-
lors les relations entre les temps et les espaces parcourus
pourront être de même nature et représentées par des
courbes analogues.

De la direction des mouvements.

52. *Des moyens à employer pour assurer la direction des
mouvements.* — Lorsque la cause qui produit le mouvement

agit toujours dans la même direction, le mouvement est ou serait naturellement rectiligne, et tous les points du corps animés du même mouvement parcourent ou parcourraient des espaces, des chemins égaux et parallèles à ceux que décrit le point du corps par lequel le mouvement est transmis.

Mais, en réalité, il se présente souvent des causes de déviation : ainsi, quand une voiture est traînée par un cheval dans une direction donnée, les inégalités, la forme du sol, les ornières plus ou moins profondes, tendent à la faire dévier de la ligne droite. Il en serait de même sur un chemin de fer, par suite d'une foule de causes. Dans les machines, les pièces qui transmettent le mouvement agissent souvent suivant des directions obliques, dont il faut empêcher l'effet.

33. *Des guides directeurs du mouvement.* — Il faut donc, quand on veut assurer la direction rectiligne d'un mouvement, employer des guides, des directrices, etc., qui obligent quelques pièces liées au corps que l'on considère à suivre cette direction.

Languettes directrices. — Les languettes en bois ou en métal à section rectangulaire ou en queue d'aronde, que les menuisiers emploient pour guider le mouvement des tiroirs et des coulisses, sont un exemple de semblables directrices ; pour les meubles soignés, les tables à rallonges, on préfère l'usage de languettes en cuivre ou en fer, qui ne sont pas sujettes aux déformations causées par l'hygrométricité du bois.

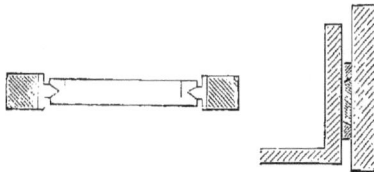

Certains châssis de scierie sont guidés d'une manière analogue.

Lorsque le châssis se meut horizontalement sur un bâtis

fixe, celui-ci porte ordinairement la rainure, et le châssis les languettes.

Il est important que les parties frottantes soient constamment lubrifiées d'huile, et des dispositifs particuliers sont adaptés aux appareils pour cet objet.

34. *Rails pour roues à rebords.* — La marche des machines locomotives et des wagons qu'elles traînent est assurée par l'emploi de deux barres de fer appelées *rails*, qui sont disposées parallèlement ou à une même distance sur toute l'étendue de la voie. Les roues ont des saillies ou rebords arrondis du côté intérieur, au moyen desquels le train

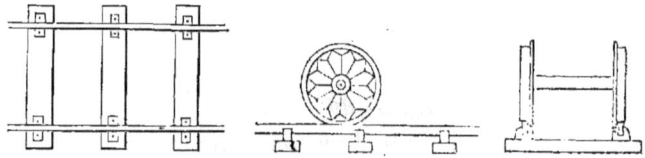

dont elles font partie est obligé de suivre la direction des rails. Ceux-ci sont ordinairement des barres de fer étirées au laminoir, et dont le profil a la forme d'un double T. Ils sont fixés, de mètre en mètre à peu près, au moyen de coins en bois, dans des supports en fonte appelés *coussinets*, qui reposent sur des semelles en bois posées sur un sol incompressible en sable, transversalement à la voie, et y sont attachés par des chevilles en fer.

Pour les chemins de fer destinés au service des usines et

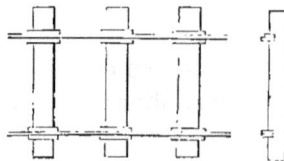

ateliers, et sur lesquels ne doivent pas rouler de lourdes voitures, on emploie de simples barres de fer méplates posées de champ, engagées sur une partie de leur largeur dans des semelles en bois sur lesquelles on les assujettit avec des clefs en bois.

35. *Guide des métiers à filer.* — Dans ces métiers, l'on emploie souvent pour guider la marche rectiligne du cha-riot un système de deux cordes *abcd* et *a'b'c'd'* passant sur des poulies *o* et *o'* fixées au chariot. En examinant la figure ci-con-tre, on reconnaît facilement que, par suite de la disposition parallèle et symétrique des cordes, le chariot est obligé de se mouvoir parallèlement. En effet, si, par exemple, on le tire

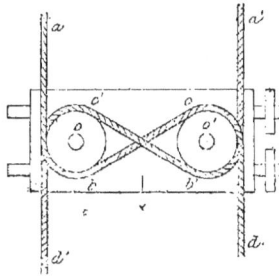

dans le sens de la flèche de la figure, et s'il n'y avait que la corde *abcd*, le chariot tournerait et se déplacerait de droite à gauche; mais la corde *a'b'c'd'*, exactement symé-trique à *abcd*, s'oppose à ce déplacement latéral, et le seul mouvement possible pour le chariot est un déplacement parallèle à la direction des lignes *ad'* et *a'd*. Dans ce mou-vement une partie des brins *d* et *d'* s'enroule et se déroule autour des poulies *o* et *o'*, et passe du côté des brins *a* et *a'* des cordons.

36. Les tiges des pistons de pompes sont souvent gui-dées par des pièces fixes percées d'un trou cylindrique, dont l'axe est dans la direction même du mouvement.

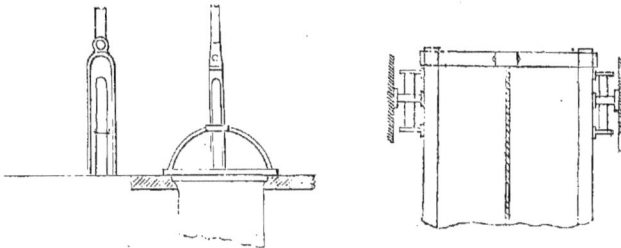

Lorsqu'il s'agit d'un mouvement continuellement répété, comme dans les scieries, qui donne lieu soit à des frottements ou à une usure rapide des pièces, on garnit cette ouverture de coussinets en bronze ou en bois dur, que l'on doit graisser de temps en temps. — Cette disposition est préférable aux guides à section triangulaire que l'on emploie quelquefois pour les châssis de scie ou autres.

On emploie aussi, pour guides, des pièces exactement cylindriques, fixes et parallèles, embrassées entre deux brides, que l'on peut rapprocher à mesure qu'elles s'usent.

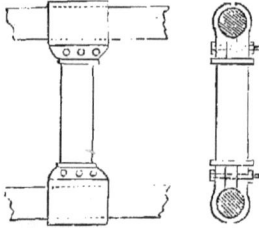

S'il s'agit d'objets lourds à mouvoir à bras et dans une direction déterminée, tels que des lits, on place sur le sol des guides parallèles à rainures, dans lesquelles se meuvent des roulettes fixées à la partie inférieure du meuble. Ces roulettes se font en bois dur, tel que du gaïac, des racines de cornouiller, etc., en bronze ou en cuivre jaune. Il faut éviter de leur donner un trop petit diamètre, parce qu'alors elles s'usent et cessent de tourner.

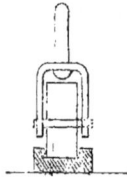

Les tiges des pistons des machines à vapeur sans balancier portent souvent une traverse en T aux extrémités de laquelle sont montées des roulettes ou poulies à gorge, parfaitement tournées, qui roulent le long de guides exactement cylindriques et parallèles. — Il faut avoir soin de donner à ces roulettes un diamètre de 0^m,20 à 0^m,30 au moins, et de les exécuter, ainsi que leurs guides, avec une grande perfection.

D'autres constructeurs se contentent de maintenir la roulette, dont l'extérieur est cylindrique, entre deux surfaces planes parallèles.

Pour les machines locomotives, dont les pistons marchent très-vite, le sens du mouvement de rotation des roulettes ne changerait pas assez vite ; elles s'useraient rapidement et cesseraient bientôt de tourner. L'on est obligé de les remplacer par des bandes de frottement en acier, glissant dans des rainures garnies aussi de bandes d'acier ; on a soin d'y adapter des boîtes à huile, qui répandent sans cesse de l'enduit sur les surfaces frottantes. Le même dispositif s'emploie aussi dans les machines horizontales fixes, de préférence aux roulettes.

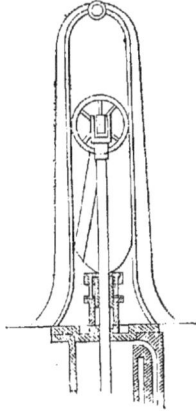

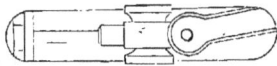

Dans les mines, le petit chariot des mineurs appelé *chien de mine* porte à sa partie inférieure et en avant une roulette ou galet horizontal, qui a un diamètre à peu près égal à l'écartement des pièces de bois parallèles sur lesquelles roule ce chariot.

Sur le chemin de fer de Paris à Sceaux, dont les trains articulés circulent dans des courbes de petits rayons, la locomotive porte un cadre auquel sont adaptés quatre galets directeurs, disposés aux quatre angles d'un rectangle et à peu près horizontaux. Les galets sont toujours compris entre les rails, et obligent, par leur contact avec ceux-ci, l'essieu de devant à s'incliner normalement à la courbe dans laquelle entre le train.

57. *Guides du mouvement circulaire.* — Lorsque les pièces

doivent se mouvoir circulairement autour d'un axe, on
dirige ce mouvement de différentes manières. Le plus généralement, ces pièces sont traversées par un axe qui fait
corps avec elles, soit parce qu'il est d'un seul morceau
avec la pièce, soit parce qu'il y est calé. Quand cet axe
doit être horizontal, il est terminé
par deux portions cylindriques d'un
diamètre plus petit que le sien et
qu'on nomme *tourillons* ou *portées*. Ces
tourillons reposent sur des supports
appelés *paliers*, dans lesquels sont
assemblés deux coussinets ou coquilles de forme demi-
cylindrique, qui doivent être tournés et alésés avec soin
à un diamètre très-légèrement supérieur à celui des tourillons.

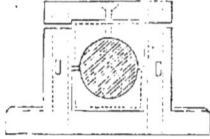

Par-dessus ces tourillons on pose un contre-coussinet
maintenu par un chapeau, lié au palier par des boulons,
afin d'empêcher le soulèvement de l'axe. Les paliers se
font ordinairement en fonte et les coussinets en bronze ou
en fonte. Le chapeau et le coussinet supérieur sont percés
d'un trou par lequel on introduit de l'huile, que l'on verse
avec une burette ou qui est régulièrement répartie par des
appareils particuliers ; on a soin de creuser dans la surface
du coussinet supérieur une ou deux petites rigoles partant
de ce trou, et destinées à répandre l'enduit sur toute la
surface des tourillons.

Pour éviter que l'axe ne se déplace dans le sens de sa
longueur, on ménage à chacune de ses extrémités un épaulement de quelques millimètres au plus de saillie, et dont
l'écartement est à peu près le même que celui des faces
extérieures des coussinets. Quelquefois les deux épaulements sont ménagés à droite et à gauche d'un même tourillon, et alors ils embrassent le coussinet correspondant.
Dans ce cas, l'autre tourillon n'a pas d'épaulement et traverse librement son coussinet. Si on lui donnait un ou
deux épaulements, il pourrait arriver que, par un léger

déplacement des supports, l'arbre fût très-gêné dans son mouvement, et qu'il y eût des frottements latéraux considérables.

De même, quand un arbre doit être porté sur plusieurs coussinets ou paliers, l'on doit avoir soin de ne le maintenir par des épaulements que sur un seul de ces paliers.

On remarquera que, dans le mouvement d'un axe sur ses coussinets, les parties exposées au frottement sont les points de la surface du tourillon, et que, dans une révolution ou un tour, *le chemin parcouru par un point frottant est égal à la circonférence du tourillon.* On diminuera donc ce chemin, ou le nombre des éléments du tourillon qui viennent user le coussinet, en diminuant le diamètre du tourillon, auquel il convient de ne donner, par conséquent, que les dimensions nécessaires pour la solidité et pour la durée, en les calculant d'après des règles sanctionnées par l'expérience. Il faut remarquer que, dans ce dispositif, le contact ayant toujours à peu près lieu sur les mêmes points du coussinet, tandis qu'il change à chaque instant pour le tourillon, le coussinet s'use plus vite que le tourillon à dureté égale : c'est pourquoi ce coussinet doit être facile à changer et à remplacer.

Dans d'autres circonstances l'axe est fixe, et traverse le corps doué d'un mouvement de rotation qui tourne autour de cet axe. Tel est le cas des poulies mobiles, des poulies de palans, des mouffles, celui des roues des voitures ordinaires. Alors ce sont les points de l'ouverture appelée *œil* ou de la boîte de roue qui frottent sur l'essieu.

Le chemin parcouru par les points frottants dans chaque tour est donc égal à la circonférence de la boîte ou de l'œil. La régularité du mouvement exige que le jeu de l'essieu dans la boîte ou œil soit au plus d'un à deux millimètres. En effet, lorsque les boîtes de roue d'une voiture ont pris un jeu de deux à trois millimètres, la roue s'incline à droite ou à gauche, l'essieu porte sur la boîte par deux points seulement de ses extrémités opposées, l'un au-dessus, l'autre au-dessous, et alors il s'use rapidement.

Il importe que les boîtes de roues conservent la graisse dont elles sont enduites, et l'on a imaginé pour cet objet différents dispositifs.

38. *Axes montés sur pointes.* — Lorsqu'il s'agit d'axes très-légers, on les termine par des pointes en cônes arrondis au sommet, appelées *pivots*, qui s'engagent dans des cavités de même forme, mais évasées pour ne laisser aux axes que le jeu nécessaire ; un de ces appuis est souvent ménagé dans une vis : par ce dispositif le rayon de la partie frottante est beaucoup diminué, ainsi que le chemin parcouru par les points frottants. La forme du trou dans lequel s'engage le pivot lui permet de conserver l'huile employée à le graisser. Quelquefois le pivot est porté par des vis qui entrent dans des cavités pratiquées dans l'arbre.

39. *Galets.* — Dans certaines circonstances, et particulièrement pour des appareils très-légers, on fait reposer les axes sur des roulettes d'un assez grand diamètre, appelées alors *galets*, ayant de très-petits axes qui posent sur des coussinets Par ce dispositif on diminue beaucoup le chemin que parcourent les points qui frottent. Il arrive alors que, quand l'axe tourne, son tourillon a, porté sur les galets b, c, roule sans glisser à la surface de ceux-ci, en développant des arcs égaux.

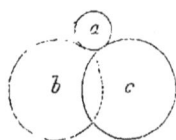

En effet, si, par exemple, le rayon du tourillon est le quart de celui des galets, il est clair que, quand le tourillon aura décrit un tour, les galets n'auront fait qu'un quart de tour, et que le chemin parcouru par les points frottants des axes des galets ne sera que le quart de la circonférence de ces axes. Ainsi, si le tourillon de rayon r avait été posé sur des coussinets, à chaque tour les points frottants auraient décrit un chemin égal à sa circonférence $6,28 \times r$, tandis qu'en nommant R le rayon des galets, et r' celui de leurs tourillons, le chemin parcouru par les points frottants dans ce dispositif est $\frac{r}{R} \cdot 6,28\,r'$. Le chemin parcouru par les points frottants est donc réduit dans le rapport de

$$\frac{r}{R} \cdot 6,28\,r' : 6,28\ r = \frac{r'}{R},$$

qui est le rapport du rayon des axes des galets à celui des galets.

Il y a donc, sous ce rapport, un avantage considérable.

40. *Suspension des cloches.* — On peut employer des portions de galets ou de grands secteurs circulaires pour faciliter le mouvement de fardeaux considérables qui ne se meuvent qu'accidentellement, tels que des cloches que l'on veut faire osciller; c'est ainsi que la grosse cloche de la cathédrale de Metz est, depuis plus de quatre siècles, supportée par des secteurs circulaires de grand rayon, entre lesquels roulent ses tourillons.

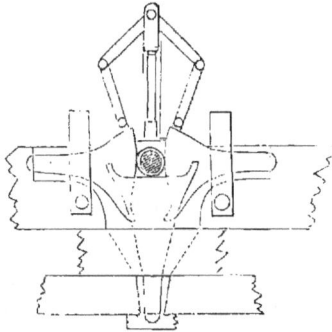

41. *Inconvénient des galets.* — De semblables dispositifs ne sont applicables que dans les deux cas que nous venons d'indiquer, surtout pour des appareils très-légers et qui doivent être très-mobiles; mais pour les machines un peu lourdes, la précision de la forme cylindrique du tourillon et des galets, indispensable pour que ces pièces roulent exactement l'une sur l'autre, s'altère promptement, quelques soins que l'on prenne, et alors les avantages de ce système disparaissent et sont remplacés par de grands inconvénients. Il n'est pas inutile de dire qu'un grand nombre de dispositifs avec galets de friction ont été proposés depuis bien longtemps pour les essieux de voiture, les axes de rotation, et toujours essayés sans succès durable, quoique, dans les premiers moments de leur mise en service, il ait paru en résulter des avantages notables.

42. *Gui les des scieries à chantourner.* — Dans le débit des jantes de roues avec des scieries à chantourner, on emploie, pour guider la pièce à scier et la présenter convenablement devant la scie, un plateau mobile autour d'un axe vertical, dont la distance au plan de la scie se règle d'après le rayon que doit avoir la circonférence suivant laquelle on coupe la jante. A chaque tour de la scie, ce plateau tourne d'une quantité convenable, et présente à la scie un nouvel élément de la circonférence à tracer. Le bâtis sur lequel le plateau est posé porte une fente dirigée dans le sens d'un rayon, et à travers laquelle passe l'axe, que l'on en rend solidaire ou indépendant, au moyen d'un écrou de pression. On peut ainsi à volonté augmenter ou diminuer le rayon du cercle tracé par la scie, et par conséquent débiter des jantes de tel rayon que l'on veut.

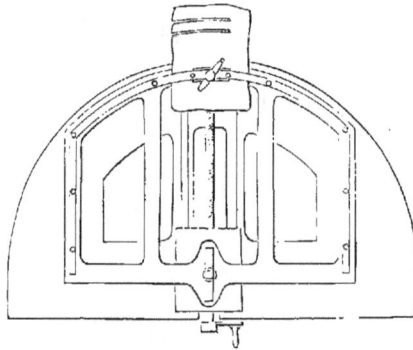

43. *Du parallélogramme.* — On nomme ainsi un système de pièces articulées, dont la principale disposition a été imaginée par J. Watt pour assurer la direction rectiligne du mouvement de la tête d'un piston de machine à vapeur, assemblé avec l'extrémité d'un balancier, qui tend à lui faire décrire un arc de cercle.

Une des dispositions les plus simples consiste à articuler à l'extrémité B du balancier AB, et d'une barre CD, une bride BD, dont un point E est assemblé dans la tête de la tige EF du piston. La bride BD et la barre CD sont doubles, et placées à droite et à gauche du balancier, qu'elles embrassent ainsi que la tige à guider.

Si l'on se donne la demi-longueur AB du balancier et le rayon CD de la bride, on remarquera d'abord que, puisque l'on veut que la tête du piston se trouve aux extrémités et au milieu de sa course sur une même verticale parallèle à la corde B′B″, il s'ensuit que cette corde de l'arc décrit par l'extrémité B du balancier doit être égale à la course du piston, ce qui donne la longueur de la flèche BF de l'arc, quand son rayon AB est connu. Si l'on s'impose de plus la condition que la bride BD soit verticale quand l'extrémité B du balancier occupe ses deux positions extrêmes B′ et B″, ce qui fixe la direction de la corde D′D″ de l'arc décrit par l'extrémité D de la barre CD, on aura D′D″ = B′B″. La bride BD devant être verticale quand l'extrémité du balancier occupe ses deux positions extrêmes, le centre du balancier et celui de la tige CD doivent se trouver sur deux horizontales distantes d'une quantité FG′ égale à la longueur de la bride BD, laquelle devra avoir une longueur assez grande pour qu'elle n'ait jamais qu'une faible obliquité sur la direction du mouvement du piston. Il est facile de voir, en effet, sur la figure que BB′ étant égal à DD′ et BD = B′D′, il s'ensuit que DF = F′B′ et par suite FF′ = BD.

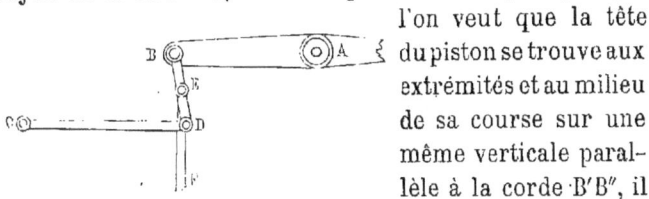

Il est à remarquer en outre que le balancier et la tige CD ne pourront être parallèles ni dans la position moyenne du balancier, ni dans celle de la tige, et qu'ils le deviendront

4

pour la position moyenne de la tige du piston sans être
horizontalement dirigés. On voit en effet sur la figure

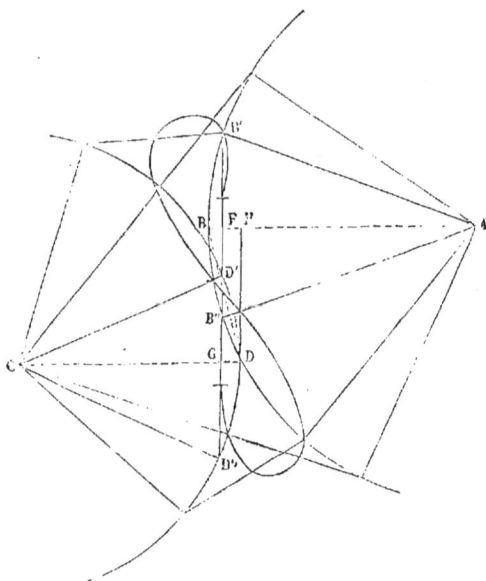

que, dans la position moyenne *o* de la tête de la tige,
l'on a *bo* = *od*, les angles en *o* égaux et le côté A*b* = C*d*, et
par suite l'angle A*bd* = *cdb*.

Connaissant les extrémités D et D″ de l'arc que doit décrire l'extrémité D de la bride CD, et l'horizontale sur laquelle se trouvera son centre de rotation, il est facile de
déterminer ce centre, en se donnant la longueur CD ou le
rayon des arcs décrits que l'on prendra autant que possible égal à AB.

Mais il est bon de voir si, dans les positions intermédiaires, cette tige ne s'écartera pas, à droite et à gauche,
de quantités qui l'obligent à des flexions trop grandes;
pour cela, il faut construire par points la courbe que décrit le point E, en supposant que le balancier prenne tous
les mouvements que comporte sa liaison avec la barre CD
par l'intermédiaire de la tige BD : c'est ce qu'il est facile

de faire en partageant l'arc B'BB″ en parties égales, et en portant en outre des arcs égaux à ces parties au delà des points B' et B″.

On obtient ainsi des points de division que l'on prend

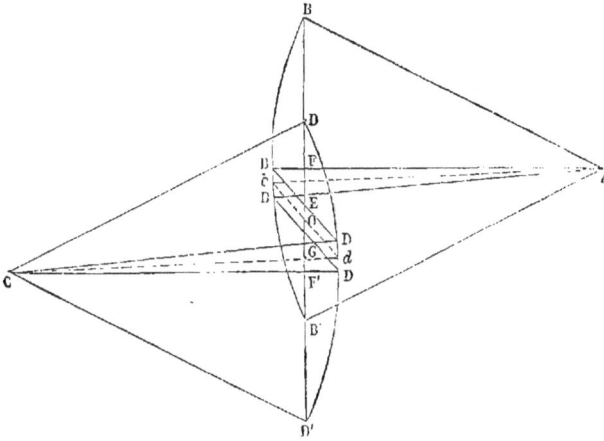

pour centres d'arcs décrits avec BD pour rayon, et qui viennent couper la circonférence D'DD″ en des points qui donnent les positions de l'extrémité D de la bride BD, et que l'on joint aux positions correspondantes de l'autre extrémité B ; ce qui fournit les positions successives de la bride BD sur chacune de ces dernières lignes. On porte, à partir des points de division de l'arc B'BB″, une longueur égale à BE, et l'on obtient évidemment ainsi les positions successives de l'articulation E de la tige du piston.

Dans ce tracé, l'on voit de suite que la plus grande distance à laquelle le bouton B du balancier AB puisse parvenir du centre C est égale à CD + BD, tant au-dessus qu'au-dessous, ce qui fixe les positions extrêmes que pourrait occuper la bride BD, si le système articulé formé du balancier, de la barre CD et de la bride BD, était complètement libre.

En faisant occuper ainsi à l'articulation B toutes les positions possibles, on obtient la courbe que décrit le point E

de la bride. On voit que cette courbe se confond à très-peu
près avec la verticale que doit décrire la tête du piston entre
les limites de sa course, mais qu'au delà, à gauche et à
droite, elle s'en écarte de plus en plus et prend une forme
analogue à celle du chiffre *huit*.

Il n'est pas nécessaire que la barre CD soit égale à la
demi-longueur du balancier, et si la disposition de la machine l'exige, on peut la prendre plus petite, pourvu qu'elle
soit au moins égale à la course du piston, et que, par conséquent, on puisse, dans le cercle dont elle est le rayon,
inscrire une corde égale à cette course, corde que l'on
doit placer dans la verticale du chemin que l'on veut faire
décrire à la tige, et sur laquelle se trouve déjà la corde
B'B''. Mais en général, pour que la déviation de l'extrémité
de la tige ait la plus petite valeur possible, il conviendra
de se rapprocher autant qu'on le pourra de l'égalité des
rayons AB et CD, et de les prendre assez grands par rapport à la course. Il conviendra aussi de faire AB = 1.54 fois
la course du piston, et BD = la course du piston. Au
moyen de ces proportions, la déviation de la tige sera
très-faible.

44. *Disposition du parallélogramme de Watt.* — C'est pour
les machines à vapeur à balancier que cet illustre ingénieur a inventé la disposition suivante, qui est l'origine
de toutes celles qu'on a proposées depuis sous le nom gé-
nérique de *parallélogramme*. Sur la ligne milieu AB d'un
balancier on fixe un boulon G, et aux points B et G l'on
suspend de part et d'autre du balancier des brides égales
BF et GD, que l'on réunit par une barre FD égale à BG, de
façon à former un parallélogramme BFDG. Le boulon D est
articulé avec une bride CD mobile autour d'un axe C placé
de façon que cette bride soit horizontale quand le balancier est à sa position moyenne. Le centre C se détermine
par la considération suivante : la direction que doit suivre
la tige du piston est ordinairement celle d'une perpendi-

culaire menée au milieu de la flèche de l'arc décrit par la
tête du balancier, et, comme la course du piston est donnée, on élève sur la direction AB de la ligne milieu du
balancier, dans sa position moyenne, une perpendiculaire

qui la dépasse au-
dessus et au-des-
sous d'une quan-
tité égale à la
moitié de la cour-
se. On décrit l'arc
de cercle B'B'', qui
a cette course pour
corde; au milieu E
de la flèche BH on
mène une paral-
lèle à cette même
corde. Des points
B', B, B'', comme
centres, avec la
longueur BF com-
me rayon, on dé-
crit des arcs de
cercle qui coupent
la direction que
doit suivre la tête
du piston respec-
tivement en F', F,
F''. De sorte que,
si cette tête est
contrainte d'occu-
per ces trois posi-

tions, au sommet, au milieu et au bas de la course du
piston, on sera sûr que la tige aura au moins parcouru
une ligne qui en ces trois points coïncidera avec la verticale. Il ne s'agit donc que d'obliger le parallélogramme à
se plier de façon que le boulon F vienne, dans l'oscillation.

occuper successivement ces trois positions. Or, à ces positions correspondent celles G′, G et G″ de l'articulation G, faciles à déterminer ; et l'on peut ainsi tracer la figure du parallélogramme dont on connaît les côtés, dans les trois situations B′F′D′G′, BFDG et B″F″D″G″, ce qui fournit les positions D′, D, D″ que doit prendre l'articulation D quand le piston occupe celles de F, F′, F″; et si la bride CD a son axe de rotation C précisément au centre du cercle qui passe par les trois points D′, D et D″, il est clair que cette articulation G sera forcée de décrire l'arc de cercle D′DD″, ce qui obligera l'articulation F à occuper les positions F′, F et F″. On a remarqué d'ailleurs que la figure B′F′F″B″ étant un parallélogramme, puisque B′B″ et F′F″ sont parallèles et que B′F′=B″F″, il s'ensuit que la course FF′ du piston est égale à la corde B′B″ de l'arc de cercle décrit par la tête B du balancier.

Tel est le principe du tracé du parallélogramme. On peut en varier les proportions ; mais, comme il est bon que les brides n'aient pas de trop grandes obliquités sur la direction de la tige, il convient de faire en sorte que ces obliquités soient partagées et réparties symétriquement à droite et à gauche, au-dessus et au-dessous : c'est pour cela que l'on prend pour direction de la tige la perpendiculaire au milieu de la flèche de l'arc décrit par le boulon. Par la même raison, il faut aussi que la bride CD soit horizontale quand le balancier est à sa position moyenne. Les brides BF et DG doivent, de plus, avoir une certaine longueur, pour qu'elles ne s'inclinent pas trop sur le balancier ou sur la verticale. Watt fixait cette longueur à ½ ou à ⅔ de la course du piston. Enfin il convient de limiter l'amplitude du mouvement angulaire du balancier, ce qui conduit à établir entre sa longueur et la course du piston certaines proportions. Ainsi Watt prenait la distance horizontale entre la verticale de la tige du piston et celle qui passe par le centre de la manivelle, égale à trois fois la course du piston, et la distance entre les centres des arti-

culations des extrémités du balancier égale à 3.0833, ou
3 $\frac{1}{12}$ fois la longueur de la même course. Il supposait
d'ailleurs l'axe du balancier au milieu de sa longueur.
S'il en était autrement, on suivrait pour la partie qui
serait du côté du parallélogramme des proportions analogues.

Le même ingénieur était aussi dans l'usage de prendre
BG = $\frac{1}{2}$ AB, et il plaçait le centre C sur la verticale que doit
suivre la tête de la tige du piston. On peut, dans certains
cas, s'écarter de ces proportions.

En supposant la tête B du balancier parvenue successivement en différents points de l'arc qu'elle décrit, et pro-
longeant même cet arc autant que les dimensions des pièces
le permettent, puis en déterminant les positions successives occupées par les articulations D et F, la suite des dernières donnera, comme dans le cas du n° 43, une courbe
en forme de *huit*, qui coupera en quatre points la verticale
de la tige du piston, et s'écartera extrêmement peu de cette
verticale dans les limites de la course.

On remarquera de plus que, si l'on joint l'articulation F
au centre A du balancier, le point I, où elle coupera la
bride DG, se trouvera aussi sur une même verticale, aux
positions extrêmes et moyennes du piston, attendu que,
dans toutes les positions, les lignes BF et GI seront parallèles et dans le même rapport avec les longueurs AB et AG,
AF et AI.

Il en serait de même de tous les points d'une barre qui
réunirait les points F et I, et même de son prolongement
vers A, de sorte qu'au moyen du parallélogramme que nous
venons de décrire on peut guider en ligne droite non-seulement la tige du piston, mais encore d'autres tiges articulées
au point I et en tel autre point qu'on voudra de la barre FI.
Seulement, comme une semblable barre n'offrirait pas
assez de rigidité, il est bon de réunir le point dont on veut
assurer la direction au balancier et à la bride DG par des
pièces qui complètent un petit parallélogramme ; alors ces

divers parallélogrammes articulés se ploient simultanément par la seule action de la bride DC.

Dans la construction des machines à vapeur, on profite
de cette propriété pour faire mouvoir les tiges des diverses
pompes accessoires.

Il convient d'ajouter que les brides et les barres directrices des parallélogrammes sont doubles et symétriquement placées à droite et à gauche du balancier.

45. *Parallélogramme pour les machines de bateaux.* — Les
balanciers des machines de bateaux sont ordinairement au

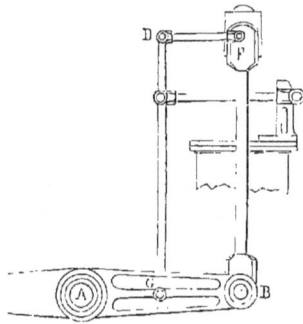

nombre de deux, et placés sur
les côtés, vers le milieu de la
partie inférieure du cylindre.
La tige du piston porte une
traverse en T, aux deux extrémités de laquelle sont assemblées des bielles pendantes BF, qui remplacent, pour
la direction du piston, l'une
des brides du parallélogram-
me. Dans ce cas, ayant pris, selon la proportion de Watt, par
exemple, AG = $\frac{1}{2}$ AB, en concevant le parallélogramme
BFDG, et supposant, comme précédemment, que la tête F
du piston ou l'extrémité de sa traverse se trouve sur la
verticale qui partage la flèche de l'arc B'BB'' en deux parties égales quand la tête du balancier est aux positions B',
B, B'', on aura facilement les positions F', F, F'', correspondantes de cette extrémité F, et, par suite, celles D', D
et D'', de l'articulation D de la bride DG et de la barre DF.

Si donc on déterminait la position du centre C du cercle
qui passe par les points D', D et D'', on aurait celle de la
bride CD, qui dirigerait convenablement le mouvement du
parallélogramme, et, par suite, celui du piston ; mais il serait le plus souvent difficile et assujettissant de prendre le
point C ainsi déterminé pour le centre de rotation de cette

bride, parce que le bâtis en fonte de la machine ne s'étend
pas de ce côté ni à cette hauteur. On prend alors sur la
bride DG un point *d*, et un point *e*
sur une parallèle à la ligne CD déterminée ci-dessus, et à une hauteur telle qu'il soit facile d'établir
sur le bâtis le palier destiné à
supporter l'axe *c*. Il est clair que
la bride DG et son extrémité D
seront dirigées exactement de la
même manière que si la bride CD
avait les positions que lui assi-
gnait le tracé précédent.

Ici encore les points d'une barre FI, fixée dans la direction de AF
par une liaison I avec la bride DG,
se mouvraient à peu près en ligne
droite, comme la tête du piston,
et ces points pourraient servir d'at-
tache à d'autres tiges que l'on voudrait faire marcher verticalement.

C'est aussi par suite des sujétions de constructions qu'au
lieu de prendre AG = ½ AB, on le réduit souvent à une
proportion moindre.

La disposition générale des machines où il y a des tiges
à guider en ligne droite et articulées avec des pièces oscillantes présente beaucoup de variétés; mais, à l'aide des
exemples et de la méthode que nous venons d'indiquer, il
sera toujours facile de déterminer les proportions du parallélogramme qui satisfera aux conditions particulières.

46. *Balancier oscillant.* — Dans quelques machines fixes,
on remplace le parallélogramme par un balancier dont l'axe
est soutenu par une bielle mobile qui peut décrire un arc
de cercle autour de l'axe qui lui sert de point d'appui. Ce
balancier, dont l'axe est mobile, prend le nom de balancier

oscillant. A la partie supérieure B de la bielle verticale AB est placé un palier destiné à supporter l'axe B d'un balancier BC, que nous représentons dans sa position extrême supérieure ; à son extrémité C est reliée directement la tige du piston qui doit parcourir la verticale CX, et à son milieu D un tourillon auquel s'articule une traverse qui peut tourner autour de ce point et autour du point fixe E, situé à l'intersection de l'horizontale BE et de la verticale CX. Lorsque le piston descend, le point C tend à décrire un arc de cercle autour du point B ; mais comme le point D est relié au point E, il décrit aussi un arc autour de ce dernier point, de sorte que le point C, entraîné dans ce mouvement et dans celui qu'il tend à prendre autour du point B, est assujetti à décrire à peu près la verticale CX. Si le point B était toujours situé sur l'horizontale EB, le point C serait toujours sur la verticale CX ; en effet, quelle que soit la position des deux triangles EBD et EDC, leurs bases EB et EC seront toujours perpendiculaires, car si l'on achève le parallélogramme qui aurait pour côtés adjacents BE et BC, cette figure serait toujours un rectangle, puisque ses demi-diagonales CD et ED, et par suite ses diagonales entières, sont toujours égales. Les deux lignes BE et EC étant toujours perpendiculaires l'une à l'autre, il est évident que si l'une EB était toujours horizontale, l'autre serait toujours verticale, et que le point C décrirait une ligne droite ; mais,

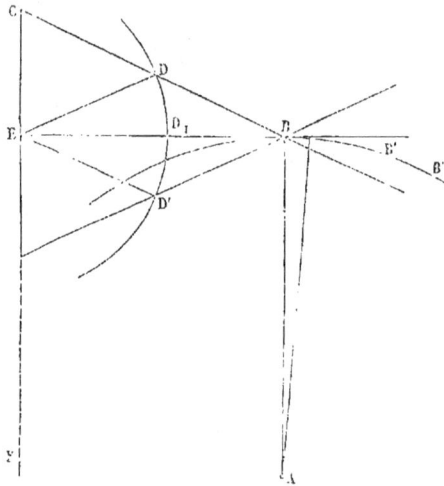

comme le point B est situé sur l'arc BB'B'', il s'ensuit qu'il se trouvera quelquefois au-dessous de l'horizontale EB; alors la droite qui joindra les deux points E et B étant inclinée sur l'horizontale, la ligne CE le sera sur la verticale, et par suite le point C sera hors de la verticale.

Si l'on cherchait tous les points de la courbe décrite par le point C, on obtiendrait une courbe en 8 analogue à celle qu'on a obtenue par le parallélogramme de Watt. Comme la déviation du point C dépend uniquement de l'abaissement du point B au-dessous de l'horizontale, il est clair qu'on rendra cette déviation la moindre possible en donnant à la bielle AB une grande longueur.

De la transformation du mouvement rectiligne continu en rectiligne continu.

47. *De la transformation et de la transmission des mouvements.* — Le mouvement que reçoit la première pièce d'une machine n'est pas toujours celui qui convient à l'ouvrage, au travail que doit faire la machine. Il arrive aussi sans cesse que la machine motrice est séparée de la machine à mouvoir, et que le mouvement de la première doit être transmis à la seconde. L'un des principaux objets de la mécanique est de changer, de transformer, de transmettre des mouvements donnés en d'autres selon les besoins de l'industrie : c'est ce que l'on nomme la *transformation* ou la *transmission des mouvements.*

48. *Classement des moyens de transformation des mouvements.* — Pour classer les moyens de résoudre cette question, on distingue différentes sortes de mouvements, que l'on sépare assez généralement en *mouvements continus*, ou qui ont lieu toujours dans le même sens, et en *mouvements alternatifs*, qui ont lieu successivement dans deux sens opposés. Mais, par l'expression de *mouvement continu*, il ne faut pas entendre un mouvement qui aurait lieu sans aucune interruption, mais seulement un mouvement qui, pour chaque opération, chaque période de travail, se produit toujours dans le même sens tant qu'elle dure, sauf à rétrograder, s'il est nécessaire, pour recommencer une autre période, une autre opération; tandis que le mouvement alternatif est celui qui, pour une même opération, une même période complète, se produit nécessairement dans deux sens opposés.

On peut donc établir pour les divers mouvements la classification suivante :

1° *Le mouvement rectiligne continu*, c'est-à-dire qui a toujours lieu en ligne droite et dans le même sens : tel est le mouvement d'ascension des fardeaux, celui d'un cours d'eau, celui d'un cheval qui parcourt une route, celui du vent, celui d'un train de chemin de fer, etc.

2° *Le mouvement rectiligne alternatif*, c'est-à-dire qui se produit tantôt dans un sens, tantôt dans un autre : tel est celui d'un piston de pompe, ou de machine à vapeur, d'un châssis de scie, etc.

3° *Le mouvement circulaire continu :* c'est celui des pièces qui tournent toujours dans le même sens, comme les volants, les meules de moulin, les roues mues par l'eau, les laminoirs à fer, les scies circulaires, les meules à aiguiser, etc.

4° *Le mouvement circulaire alternatif*, c'est-à-dire celui qui a lieu tantôt dans un sens, tantôt dans un autre, comme celui des balanciers des pompes à incendie et des machines à vapeur, etc.

Par des moyens plus ou moins ingénieux on parvient à transformer l'un de ces mouvements en un autre, et nous allons successivement examiner les plus simples et les plus en usage.

49. *Du plan incliné.* — Le plan incliné est un moyen de transformer un mouvement rectiligne continu suivant une direction donnée en un autre du même genre suivant une autre direction. On nomme plan incliné un plan par lequel on en réunit deux autres, et particulièrement deux chemins, deux terrains situés à des hauteurs différentes. Tous les chemins en pente sont à proprement parler des plans inclinés au moyen desquels on franchit les hauteurs et les montagnes.

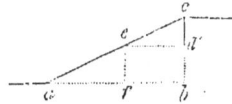

On transforme ainsi le mouvement qui a lieu dans le sens de la longueur du plan en un mouvement d'ascension ou de descente verticale.

La différence de niveau cb des deux plans que réunit le plan incliné se nomme la *hauteur;* la distance ab de son extrémité inférieure à la verticale bc s'appelle la *base;* le rapport de la hauteur à la base est la *pente* ou la *déclivité* du plan incliné. Ainsi, quand la hauteur est le quart, le sixième, le dixième de la base, on dit que le plan est incliné au quart, au sixième ou au dixième. Les routes, en général, ne doivent pas avoir de pentes plus rapides que celles de $\frac{1}{30}$ à $\frac{1}{40}$.

Dans les transports de matériaux l'on a souvent besoin d'établir de semblables plans inclinés; ainsi dans les chantiers de construction de bateaux, de grands bâtiments, on se sert de plans inclinés pour les lancer, et les faire arriver dans l'eau avec une direction et une vitesse convenables; dans les travaux de terrassement, on emploie le plan incliné pour le transport des matériaux.

50. *Mesure des espaces ou chemins parcourus par un corps qui suit un plan incliné.* — Lorsqu'un corps, tel qu'une voiture, monte le long d'un plan incliné ac qui raccorde deux plans de hauteurs différentes, on voit de suite qu'en parcourant ce plan il s'avance de a vers b en même temps qu'il s'élève vers le point c; lorsque, par exemple, il est parvenu en e, il est visible qu'il s'est élevé de la hauteur ef et qu'il s'est avancé vers b de la distance af; ces deux effets ont eu lieu en même temps simultanément, et l'on dit que les deux chemins *ef*, *af* sont des *chemins simultanés*. On remarquera que les lignes *af* et *ef*, ou les chemins parcourus, suivent les directions *ab* et *bc*, et qu'elles représentent les côtés d'un parallélogramme dont le chemin *ac* parcouru dans le sens du plan incliné est la diagonale.

On sait d'ailleurs par la figure que, *ef* étant **parallèle** à *bc*, les deux triangles *aef* et *abc* ont les trois angles égaux et sont semblables : donc ils ont les côtés homologues proportionnels, et l'on a

$$ac : bc :: ae : ef; \quad \text{d'où} \quad ef = \frac{bc}{ac} \, ae;$$

donc *la quantité dont le corps s'élève quand il parcourt, le long d'un plan incliné, un certain chemin* ac, *est égale à ce chemin multiplié par le rapport de la hauteur du plan incliné à sa longueur.* On a de même *af* : *ae* :: *ab* : *ac*, ce qui revient à $af = \dfrac{ab}{ac} \cdot ae$; c'est-à-dire que *la quantité dont le corps s'avance horizontalement est égale au chemin qu'il parcourt dans le sens du plan multiplié par le rapport de la base du plan à sa longueur.*

La vitesse dans le mouvement uniforme étant proportionnelle aux chemins parcourus dans le même temps, l'on voit aussi que

Dans le mouvement le long d'un plan incliné, la vitesse d'ascension ou de descente verticale est à la vitesse de transport le long du plan comme la hauteur du plan est à sa longueur, et que la vitesse de transport horizontal est à la vitesse de transport le long du plan incliné comme la base de ce plan est à sa longueur.

On rappellera de suite ici que, dans le triangle rectangle formé par la base, la hauteur et la longueur d'un plan incliné, quand on connaît deux des côtés, ou l'un des côtés et le rapport des deux autres, on sait construire le triangle, et par conséquent trouver ses autres parties inconnues ; il suffit pour cela d'un simple tracé à l'échelle.

Dans le cas d'un plan qui aurait 500 mètres de longueur, et qui s'élèverait en tout de 20 mètres, on procéderait comme il suit : sur une droite quelconque on élèverait une perpendiculaire sur laquelle on prendrait à telle échelle qu'on voudrait, $0^m,001$ pour 1 mètre ou $\frac{1}{1000}$, par exemple, une longueur de 20 millimètres pour représenter la hauteur du plan. Du point c comme centre, avec un rayon égal à 500 mètres, ou, à l'échelle, égal à 500 millimètres, on décrirait un arc de cercle, qui couperait la ligne ab en a; la distance ab représenterait à l'échelle la base du plan incliné.

51. *Emploi du plan incliné dans les travaux de terrassement.* — Lorsqu'il s'agit de creuser des bassins, de faire de grands déblais, et d'en extraire des terres ou des débris de roches, ou qu'à l'inverse on se propose de conduire des matériaux de remblai ou de construction d'un point inférieur à un point supérieur, le plan incliné est d'une grande utilité.

Les matériaux à élever sont ordinairement reçus dans de petits chariots ou wagons, où ils sont jetés directement à la pelle ou à la main, si ces wagons peuvent être facilement amenés au lieu même de l'extraction ; ou bien on les apporte dans des paniers ou dans des maies en bois ou en métal, que l'on dépose dans le wagon. Quoi qu'il en soit, ces wagons circulent sur une voie de fer, et sont conduits au pied du plan incliné, qui se compose de deux rails supportés

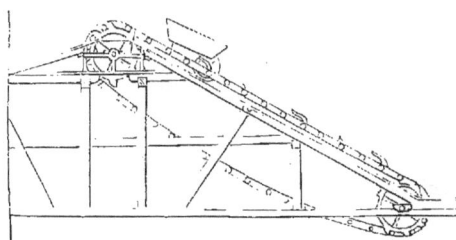

sur une longue et solide charpente avec plancher. Entre ces rails, au-dessus et au-dessous du plan, circule une chaîne sans fin à maillons articulés par des boulons, et qui passe sur deux roues dont les dents saillantes s'engagent entre les mailles de la chaîne et entraînent celle-ci dans le mouvement qui leur est communiqué par un engrenage.

Sur la chaîne, de distance en distance, sont disposés des crochets qui saisissent l'essieu de derrière du wagon et le forcent à monter sur le plan incliné.

Les roues de devant du wagon, montées sur un essieu cintré, sont beaucoup plus basses que celles de derrière, afin de lui donner ainsi qu'à son chargement, et malgré l'inclinaison du plan, la stabilité nécessaire. Les wagons ainsi élevés arrivent à une plate-forme horizontale ou inclinée en contre-pente, sur laquelle ils continuent à avancer encore un peu en vertu de leur vitesse acquise, ce qui permet à leur essieu de se dégager du crochet de la chaîne; de sorte que rien n'arrête le mouvement de celle-ci sur le plan incliné. Alternativement à droite et à gauche de la chaîne sont disposés des buttoirs solides, destinés à arrêter dans sa descente tout wagon qui, par accident, se serait dégagé du crochet conducteur; et, pour que le mouvement ne soit pas interrompu, on a soin de ne présenter les wagons que de deux en deux crochets, afin que, si le premier échappe, le second puisse reprendre le wagon. Ces buttoirs ont la forme d'une équerre mobile autour d'un axe horizontal. L'une de leurs branches est perpendiculaire au plan, l'autre lui est parallèle du côté de la pente. La branche perpendiculaire, arrondie du côté d'où vient le chariot montant, est pressée par l'essieu de derrière de ce chariot, et s'incline vers le sommet du plan pour le laisser passer, puis le buttoir se remet en place. En cas de descente d'un chariot, la branche parallèle au plan s'oppose au mouvement par l'appui qu'elle prend sur ce plan.

Le mouvement de la chaîne peut, suivant les localités, être produit par un manége, par un moteur hydraulique, ou par une machine à vapeur.

Lorsqu'il s'agit de matériaux de construction, les pierres de taille peuvent être chargées et suspendues de façon que le chariot, arrivé à la plate-forme supérieure, y trouve une nouvelle voie de fer, au moyen de laquelle un seul homme le conduit au-dessus du lieu de la pose, où l'on n'a plus qu'à descendre la pierre exactement à la place qu'elle doit occuper.

C'est par des moyens semblables appliqués sur une grande échelle que le magnifique aqueduc de *Roquefavour*, du canal de Marseille, a été presque entièrement élevé. Trois hommes suffisaient à la pose de tous les voussoirs et de toutes les pierres.

52. *Usage du plan incliné dans les hauts fourneaux.* — On se sert également du plan incliné pour élever les charges de minerai et de charbon au sommet des hauts fournaux; mais alors comme cette élévation n'a lieu qu'à des intervalles de temps assez éloignés, un seul chariot qui monte et descend alternativement, et qui est tiré par une corde ou une chaîne, suffit au service.

53. *Du coin.* — Le coin est un outil formé de deux plans inclinés l'un sur l'autre, au moyen duquel on écarte les surfaces entre lesquelles on l'introduit; ainsi, le coin à fendre du bois, frappé dans une direction perpendiculaire à sa tête, produit l'écartement dans le sens perpendiculaire à ses faces : il opère donc une transformation de mouvement.

Dans la presse à coins, qui sert à comprimer des matières molles, on emploie deux coins inclinés en sens contraires, on enfonce celui de dessus, et il force les plateaux en bois, interposés entre ses surfaces et la matière à comprimer, à marcher dans un sens perpendiculaire à la direction selon laquelle il entre.

Les carriers, les tailleurs de pierre, les camionneurs, etc., emploient le plan incliné pour faire monter ou descendre les fardeaux.

Les clefs de calage, de coinçage, employées par les mécaniciens, sont des plans inclinés dont la base est très-longue par rapport à leur hauteur.

54. *Forme des outils.* — Presque tous les outils des menuisiers, des charpentiers, des tourneurs, une partie de ceux des forgerons, des serruriers, des mécaniciens, etc., sont des coins dont les angles sont proportionnés à la nature du travail auquel ils sont destinés.

Ainsi, le coin à fendre le bois est un outil grossier, dont l'angle s'élève jusqu'à 30 ou 40 degrés, attendu qu'il n'a pour objet que de séparer et non de façonner des surfaces. La cognée du bûcheron, qui doit couper et entailler le plus profondément possible, a un tranchant dont l'angle est de 10 à 15 degrés. Les becs-d'âne du charpentier et le tailloir de la bisaiguë, destinés à ébaucher à grands coups des mortaises, ont un angle de 30 degrés environ. Les scies qui tranchent et déchirent les fibres du bois ont des dents formées par des angles d'autant plus grands que le sciage doit être plus grossier. Les ciseaux à froid des serruriers et des mécaniciens, qui servent à dégrossir les pièces de métal, ont aussi de grands angles et un tranchant en acier fondu pour pouvoir résister aux chocs qu'ils éprouvent. Les limes dont la surface est taillée dans deux sens obliques qui se croisent présentent une série de petits coins qui, appuyés et poussés sur le corps à user, y tracent des sillons d'autant plus profonds que la taille est plus grosse ; aussi cette taille devient-elle plus fine à mesure que l'on veut obtenir des surfaces plus exactement dressées et polies.

Les ciseaux de menuisiers, destinés à terminer les assemblages ébauchés à la scie ou avec le bec-d'âne, sont d'autant plus aigus et mieux affûtés que l'ouvrage à faire doit être plus précis. Aussi le talent d'affûtage des outils est-il un de ceux qui caractérisent le plus habile ouvrier ; et le proverbe « Mauvais ouvrier, mauvais outil », et son inverse « Mauvais outil, mauvais ouvrier », sont-ils de la plus exacte vérité.

Le rifflard, qui sert à dégrossir ; la varlope, qui dresse, et le rabot, qui finit, ont aussi des tranchants de plus en plus aigus.

S'il s'agit de matières molles, telles que les chairs, les viandes, etc., le tranchant doit être très-aigu, le corps de la lame aussi mince que la solidité le permet. Le succès des opérations chirurgicales est tellement dépendant de la bonne qualité des instruments tranchants que la coutellerie lui fournit, que les habiles artistes qui se livrent avec succès à cette industrie délicate et qui lui font faire des progrès ont des droits incontestables à la reconnaissance de l'humanité.

Enfin les clous sont aussi des coins, et pour qu'ils n'éprouvent pas trop de difficulté à entrer et qu'ils soient maintenus en place par le frottement, il faut que leur angle soit très-aigu.

55. *Mesure du mouvement produit par un coin.* — Considérez d'abord un coin simple dont le profil soit un triangle rectangle ou un trapèze rectangle BCADE. Lorsque ce coin, poussé ou frappé par sa tête, sera passé de la position BCDAE, où il touchait la pièce à presser ou à écarter par le point b de sa face supérieure, à la position B'C'A'D'E', tous ses points se seront déplacés parallèlement les uns aux autres d'une quantité égale à CC'. AA', etc., et le point b aura été poussé de b en c; or, si par le point b on mène ba parallèle à CC', on forme un triangle abc semblable au grand triangle ABC ; on a donc entre les côtés la proportion

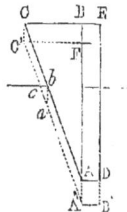

$$AB : BC :: ab : bc,$$

ou *la base du plan incliné est à sa hauteur comme le chemin parcouru par le coin est à la quantité dont le point pressé s'est déplacé.* D'où $bc = ab . \dfrac{BC}{BA}$; ce qui revient à dire que *le chemin parcouru par les points sur lesquels s'exerce la pression du coin est égal à la quantité dont le coin avance ou marche dans le sens de sa base, multipliée par le rapport de la hauteur du plan incliné à sa base.*

On voit que plus le rapport de la hauteur à la base du

plan sera petit, ou plus la pente du plan sera faible, et plus le chemin parcouru perpendiculairement au déplacement du coin sera petit par rapport à la quantité dont il entre ; mais on sait aussi qu'un coin entre d'autant plus facilement qu'il est plus aigu. Les vitesses étant entre elles comme les chemins parcourus dans le même temps, on voit aussi que *la vitesse d'écartement, dans le sens perpendiculaire à la marche du coin, est à la vitesse d'entrée du coin comme la hauteur du plan incliné à sa base.*

56. *Chemin parcouru par les points de la face inclinée du coin.* — On remarquera que les points de la face inclinée du coin qui pousse les parties à séparer ou à éloigner frottent en glissant sur ces parties, et que la quantité dont ils glissent, ou le chemin parcouru par les points frottants, est, pour un avancement *ba* du coin, égal à l'hypoténuse *ac* du triangle *abc*. D'où l'on conclut que, dans le déplacement du coin, *le chemin parcouru par les points frottants est égal à l'hypoténuse du triangle rectangle qui a pour côtés de l'angle droit le chemin parcouru dans le sens de sa base et le chemin parcouru dans le sens de sa hauteur.*

Comme on a $bc = ab \times \dfrac{BC}{AB}$, il s'ensuit encore que

$$ac = \sqrt{ab^2 + bc^2} = ab \sqrt{1 + \left(\frac{BC}{AB}\right)^2} = ab \sqrt{1 + \tan BAC^2}.$$

D'où il résulte que le rapport de l'écartement *bc* produit par les coins au chemin parcouru par les points frottants est

$$\frac{bc}{ac} = \frac{\dfrac{BC}{AB}}{\sqrt{1 + \left(\frac{BC}{AB}\right)^2}} = \frac{1}{\sqrt{\left(\frac{AB}{BC}\right)^2 + 1}},$$

ce qui montre que *le rapport de l'écartement utile produit par le coin au chemin parcouru par les points frottants est d'autant plus petit que l'angle du coin est plus aigu.*

57. *Coins à deux faces.* — Un raisonnement exactement

semblable montre que pour le coin à deux faces le chemin
parcouru par chacun des points com-
primés *b* et *b'*, dans le sens perpendiculaire à la marche du coin, est
*égal à celui qui est produit par l'une des
faces*. L'écartement des points *b* et *b'*,
qui est devenu *cc'*, s'augmente donc
d'une quantité égale *au double de la
course* ba *du coin multipliée par le rap-*
port de la moitié de la largeur de la tête CD *du coin à sa hau-*
teur AB.

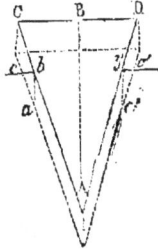

Mais on voit aussi que le chemin parcouru par les
points frottants de chacune des deux faces du coin est
égal à la course *ba* du coin multipliée par

$$\sqrt{1+\left(\frac{BC}{AB}\right)^2} = \sqrt{1 + \overline{tang}^2\,BAC};$$

on aurait encore, comme au numéro précédent,

$$\frac{bc}{a} = \frac{1}{\sqrt{\left(\frac{AB}{BC}\right)^2 + 1}};$$

d'où il résulte que dans l'emploi du coin, et en général
dans celui du plan incliné, pour un déplacement donné,
produit dans le sens de la dimension BC du coin ou du
plan, le chemin parcouru par les points frottants est d'autant
plus considérable que l'angle du plan incliné est plus aigu.

58. *Clefs à vis et à contre-écrou.* — Lorsque l'on craint
que les vibrations ne fassent desserrer un coin, ou qu'on
a besoin de le faire marcher de quantités déterminées, ou
seulement pour rapprocher des pièces que l'on ne veut
pas serrer, on le fait avancer ou reculer à l'aide d'une
clef à vis munie d'un écrou et d'un contre-écrou.

59. *Conséquence de ce qui précède.* — On voit que les coins les plus aigus sont ceux qui entrent avec le plus de facilité, et ceux aussi qui produisent sur les parties qu'ils tendent à déplacer les plus faibles mouvements.

60. *Transmission du mouvement rectiligne à de grandes distances.* — On utilise quelquefois l'incompressibilité de l'eau pour transmettre à de grandes distances des mouvements, d'une faible amplitude, destinés à faire marcher des signaux ou à communiquer des avis. Un essai de ce genre a été fait sur le chemin de fer de *Blackwall à Londres :* le signal du départ d'un train était annoncé à l'extrémité de la ligne, qui avait 5150 mètres de longueur, au moyen d'un tuyau d'un petit diamètre, rempli d'eau ; un piston refoulait cette eau au moment du départ, et la colonne liquide à peu près incompressible faisait mouvoir rapidement, à l'autre extrémité du tuyau et aux stations intermédiaires, d'autres pistons, dont le mouvement se transmettait à l'aiguille d'un cadran ou à une sonnerie ; mais aujourd'hui, pour des signaux de ce genre, on emploie de préférence le télégraphe électrique.

61. *Transmission du mouvement en ligne droite sur une grande longueur.* — Ce même chemin de fer de Londres à Blackwall offrait, il y a quelques années, un exemple d'une transmission de mouvement en ligne droite par des câbles sur une étendue de 5150 mètres environ.

La pente totale était de 20^m,7, ce qui correspondait à une inclinaison de $\dfrac{1}{250}$.

A chaque extrémité de la ligne étaient placées deux machines à vapeur à condensation. Celles qui étaient destinées aux trains montants avaient chacune la force de 115 chevaux, et celles qui conduisaient les trains descendants avaient la force de 74 chevaux.

Les roues motrices fixées sur l'arbre des machines avaient chacune 5^m,18 de diamètre et 0^m,56 de largeur, 8 bras et

120 dents, et conduisaient un pignon monté sur l'arbre du tambour d'enroulement des cordes. Ces pignons avaient $3^m,30$ de diamètre et $0^m,68$ de largeur. Entre le pignon et le tambour était un collier de frein de $0^m,38$ de large avec une bande de friction.

Le tambour qui recevait les câbles avait 7 mètres de diamètre extérieur et $1^m,12$ de largeur.

Les cordes, en chanvre, avaient $0^m,146$ de circonférence, et pesaient $4^{kil},40$ par mètre courant.

Les cordes passaient sur des poulies en fonte, de $0^m,92$ de diamètre, fixées dans l'axe de chaque voie. Leur longueur totale était égale au double de la distance des deux stations extrêmes augmentée de 14 tours sur chacun des deux tambours, ou environ 10 362 mètres.

Il nous reste à indiquer le mode employé pour le transport des voitures de passagers. Supposons d'abord les machines et les cordes au repos, posant sur les poulies de chaque voie. Il y avait cinq stations intermédiaires, à chacune desquelles était préparée une voiture en même temps que le train montant à la station de Blackwall. Chaque voiture était momentanément liée avec le câble au moyen d'un levier coudé manœuvré par le garde de la voiture ou de chaque train, et dont la branche inférieure soulevait le câble et le pressait contre un taquet en bois du bâtis.

Pour séparer la voiture, qui était à l'arrière du train, de celles qui la précédaient, il suffisait de dégager une cheville qui la liait à la précédente. On modérait ensuite et on éteignait son mouvement de manière à l'arrêter devant la station à l'aide de freins. Le signal convenu ayant été donné et rendu par le télégraphe électrique, les machines de Londres étaient mises en marche, et le câble et les neuf voitures qui lui étaient liées étaient entraînés. La voiture de la station la plus voisine de Londres arrivait au débarcadère, puis celle de la seconde, et ainsi de suite du reste du train. En même temps, à mesure de son passage aux diverses stations, le train y avait laissé une voiture

venant de Blackwall. La vitesse moyenne de la marche
était de 42 kilomètres à l'heure.

Le train descendant procédait d'une manière analogue.

62. *Des grues hydrauliques.* — On obtient aussi la transformation du mouvement rectiligne en un autre mouvement du même genre dans une direction quelconque, au
moyen d'un appareil fort employé dans les grands maga-
sins pour l'élévation des fardeaux.

Un cylindre AB, contenant un piston C, communique à
volonté par un robinet D à deux eaux avec un réservoir

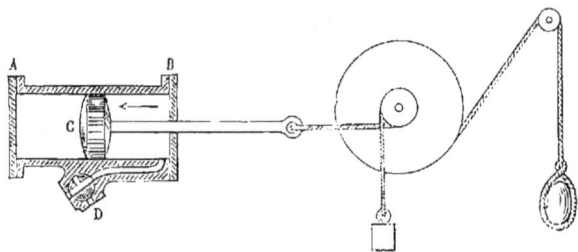

supérieur et avec un réservoir inférieur. A la tige du piston
est attachée une chaîne ou une corde qui agit sur un tambour auquel elle communique un mouvement de rotation
dans un sens, quand le piston la tire et qu'elle se déroule
de la surface du tambour. L'axe de ce premier tambour
en porte un second habituellement plus grand, sur lequel
s'enroule une corde qui, directement ou indirectement,
par des renvois de poulies, transmet au fardeau à élever
un mouvement vertical, dont l'amplitude dépend des rapports établis entre les diamètres des tambours.

Quand le fardeau est arrivé à l'étage où il doit être reçu,
un ouvrier, ou quelquefois même un organe de la machine, change la position du robinet à deux eaux, et permet ainsi à l'eau qui a poussé le piston de s'échapper vers
le réservoir inférieur. Un contre-poids Q qui a été élevé
dans la course précédente, oblige alors le piston à rétro-

grader, et ramène en même temps les chaînes élévatoires à leur position primitive.

Quelquefois le contre-poids est supprimé, et l'appareil permet à l'eau d'agir alternativement d'un côté et de l'autre du piston.

63. *La poulie.* — La poulie est une machine simple, qui sert souvent à transmettre ou à obtenir un mouvement rectiligne continu, au moyen d'un autre mouvement rectiligne continu. Elle est formée d'un plateau plein ou évidé, en bois ou en métal, dont la circonférence extérieure est creusée suivant un profil circulaire, qui forme ce qu'on nomme la *gorge*, sur laquelle on passe une corde ou une chaîne. Le centre de la poulie est traversé par un axe, ordinairement en métal, et qui porte par ses deux extrémités cylindriques, nommées *tourillons*, sur des supports ou *coussinets* de même forme.

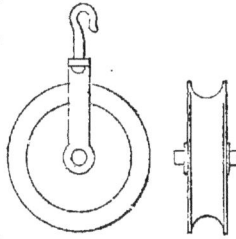

On distingue deux sortes de poulies : la *poulie fixe*, telle que celle des puits, des tire-sacs des greniers, du sommet des chèvres à élever les fardeaux, etc. Tantôt l'axe fait corps avec la poulie et tourne avec elle; d'autres fois, la poulie est percée d'un trou appelé *œil*, qui est garni d'une boîte métallique, si la poulie est en bois. Cet œil est traversé par un boulon en fer qui sert d'axe.

La poulie fixe est souvent supportée par une ferrure appelée *chape*, au moyen de laquelle on la suspend à un point fixe, et qui se bifurque inférieurement en deux branches, que traverse l'axe de la poulie. La branche supérieure de la chape reçoit un crochet qui la traverse, et qui est terminé inférieurement par une tête en goutte de suif, ce qui permet à la poulie de tourner librement autour de ce crochet.

La poulie fixe sert à enlever des fardeaux, à tirer l'eau

d'un puits; et l'effort exercé de haut en bas par l'homme qui agit sur la corde du puits fait monter le seau de bas en haut précisément d'une quantité égale à la longueur de corde tirée par l'homme. *Les chemins parcourus par les points d'application de la main de l'homme et par le seau sont donc égaux.*

Il en est de même dans la machine appelée *sonnette* qui sert à enfoncer les pieux. *Les chemins verticaux parcourus par les points où les hommes appliquent les mains sont égaux à celui dont le mouton s'est élevé.*

Dans ces appareils, lorsque le mouvement est uniforme, les chemins parcourus dans le même temps étant égaux, il en est de même des vitesses.

64. *La poulie mobile* se compose d'une poulie supportée par la corde qui passe sur sa gorge, et dont la chape pend en dessous, et soutient, par son crochet, un poids que l'on veut élever ou supporter. L'une des extrémités de la corde est habituellement attachée à un point fixe *a*. Les anciens réverbères des villes étaient ainsi suspendus à des poulies mobiles, au moyen desquelles on les élevait ou les abaissait à volonté.

Il faut remarquer que, dans le mouvement de la poulie mobile, le corps ou le fardeau s'élève dans le sens où le brin *d* est tiré; mais que la longueur de corde qui est tirée et qui passe sur la poulie, est toujours plus grande que la hauteur dont le fardeau monte. Lorsque les deux brins de la corde sont parallèles et verticaux, *le chemin ou la hauteur parcourue par le fardeau n'est que la moitié de la longueur de corde tirée ou du chemin parcouru par les points d'application des mains de l'homme qui agit sur la corde.* Le même rapport existe entre les vitesses des

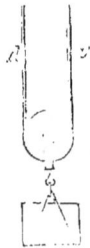

points d'application des mains de
celle d'ascension du fardeau

Quand les deux brins de la corde sont inclinés, *l'élévation du fardeau est égale à la moitié de la projection verticale de la longueur de corde passée sur la poulie, et la vitesse d'ascension, dans le cas du mouvement uniforme, est égale à la moitié de la projection verticale de la vitesse des points du brin qui passe sur la poulie.*

65. *Des moufles et des palans.* — On nomme *moufle* la réunion de plusieurs poulies dans une même monture appelée *chape.* Les *palans* se omposent de deux moufles renfermant un même nombre de poulies. L'une des moufles est accrochée ou amarrée à un point fixe, et l'autre est mobile ou accrochée à l'objet que l'on veut élever ou tirer. Le cordage s'attache à un anneau ou crochet de la moufle fixe, et s'enroule successivement des poulies de la moufle mobile à celles de la moufle fixe. Les brins qui passent sur les poulies s'appellent les *courants; le brin libre sur lequel on tire se nomme le *garant*. On dit qu'un palan est équipé à 4, 6 ou 8 brins, selon que le cordage passe sur deux, trois ou quatre poulies de chaque moufle.

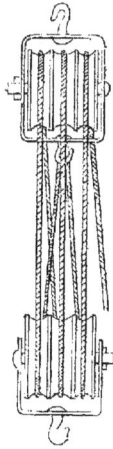

Lorsque l'on tire sur le garant, le fardeau s'élève, et chacun des courants se raccourcit précisément de quantités égales à la hauteur d'élévation du fardeau, ou au chemin qu'il parcourt. Par conséquent le garant s'allonge de toutes les longueurs partielles dont chacun des courants se raccourcit; et *le chemin parcouru par le point*

où les hommes de la manœuvre appliquent leur action, est égal à autant de fois le chemin parcouru par le fardeau qu'il y a de brins courants.

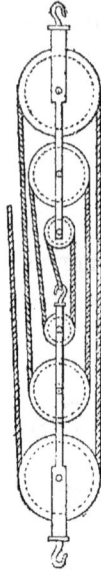

Les vitesses sont dans le même rapport que les chemins parcourus.

On emploie quelquefois pour la navigation des rivières, et pour les constructions, des palans à poulies inégales, qu'on nomme *mouflettes*, pour lesquels le chemin parcouru par le point où les hommes de la manœuvre exercent leur action est encore égal à autant de fois le chemin parcouru par le fardeau qu'il y a de brins courants ; mais les palans à poulies égales sont plus simples, plus légers et plus commodes.

66. *Bourriquet à cheval.* — Pour le transport des terres dans la direction verticale on s'est servi, en 1819, dans l'exécution des terrassements de la place de Toulon, où les déblais devaient être élevés à une grande hauteur, *d'un bourriquet à cheval.* Cette machine se composait, à sa partie inférieure, d'un treuil, de 0^m,24 de diamètre, muni d'un tambour de 0^m,63 de diamètre, sur lequel s'enroulait une corde, dont le dérou-

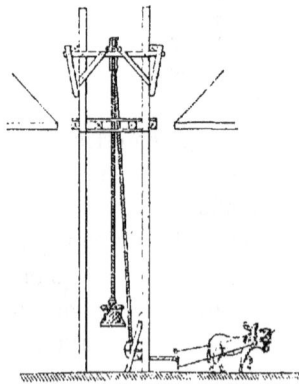

lement, par le moyen de la traction d'un cheval, donnait le mouvement à la machine ; une seconde corde s'enroulait sur le treuil et servait à monter le fardeau à l'aide d'une poulie ; une roue à rochet, avec un déclic placé à l'extrémité du treuil, s'opposait au mouvement en sens contraire en cas d'accident. Cet appareil transformait donc un mouvement horizontal continu en un mouvement vertical continu. Le cheval marchait en ligne droite, et la hauteur d'élévation était de 14 mètres. Le chemin parcouru par le cheval étant à la hauteur d'élévation du fardeau dans le rapport inverse des diamètres du treuil et du tambour, ou d'environ $\frac{0,66}{0,27} = 2,45$, si l'on admet que le cordage ait $0^m,03$ de diamètre, ce chemin sera égal à $2,45 \times 14 = 34^m,30$, ce qui montre que, pour ce cas, il fallait que la piste horizontale sur laquelle le cheval pouvait se mouvoir fût égale à peu près à 40 ou 50 mètres : ce qui, dans certains cas, serait un obstacle à l'emploi de ce dispositif. Le plateau sur lequel on posait les paniers remplis de déblais recevait douze paniers *.

67. *Bourriquet à manége.* — Le bourriquet ordinaire à traction en ligne droite a été remplacé par un autre à manége, établi sur un treuil vertical portant deux tambours

---

* Un cheval élevait en moyenne la charge de 12 paniers 96 fois en 10 heures de travail ; chaque voyage élevait donc 12 paniers de remblai cubant chacun $0^{mc},011$, ou ensemble $0^{mc},132$, qu'il faut réduire de $\frac{1}{6}$, à cause du foisonnement. Le poids des terres étant estimé seulement à 1200 kil. le mètre cube, le poids élevé était de $\frac{5}{6}$. $0^{mc},132 \times 1200 = 132^k,00$, plus 24 kilog. pour les paniers, et autant pour le plateau, soit en tout 180 kilog. L'effort exercé par le cheval, abstraction faite des frottements, était donc de $\frac{180^k,0}{2,45} = 73^k,4$.

Le travail utile total de la journée était de $96 \times 132^k \times 14^m = 177\,408^{km}$.

L'emploi de cette machine a produit une économie estimée à 30 p. 100 du prix qu'aurait coûté le même transport par des rampes et des brouettes, ou des voitures. Le transport de 1 mètre cube à 14 mètres de haut a coûté, tous frais faits, 1 fr. 04 cent.

mobiles, par le moyen desquels se développe un câble communiquant le mouvement à un treuil horizontal. Le cordage s'enroule sur ce dernier treuil, et fait monter ou descendre les camions ou les tonnes au moyen de deux grandes poulies et de deux petites. L'un des tambours sur lequel s'enroule la corde dans le mouvement se fixe au treuil par un verrou, qui se retire et se place à l'autre tambour lorsque le mouvement de la tonne déchargée change, afin d'élever la charge sans interruption du mouvement et sans changer la direction de la marche du cheval. Un manchon d'embrayage vaudrait mieux. Une tonne descend pendant que l'autre monte, de sorte que le poids des tonnes n'est pas élevé inutilement [*].

Cet appareil est bien préférable au bourriquet à traction en ligne droite, à cause de la facilité de son installation, et surtout de la continuité de sa marche, qui, diminuant beaucoup le temps perdu, augmente le travail journalier.

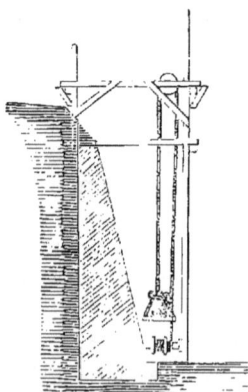

68. *Machine employée au transport vertical des terres.* — Dans les travaux du fort de Vincennes on a mis en usage, pour le transport vertical des terres extraites des fossés, un appareil où l'on utilisait avec avantage le poids des hommes, et qui était composé ainsi qu'il suit :

Au niveau de la contrescarpe sur laquelle on devait élever des terres, on a établi un plancher en encorbellement, sur le cadre duquel étaient

---

[*] Le produit de cette machine a été en moyenne de 35 mètres cubes de déblai, pesant au moins 1200 kilog. le mètre cube, élevé en 10 heures de travail à la hauteur de 14 mètres ou de $35 \times 1200 \times 14 = 588\,000^{km}$, ou plus du triple du bourriquet à traction rectiligne. L'élévation du mètre cube de déblai à 14 mètres de hauteur a coûté $0^f,36^7$, au lieu de $1^f,49$ qu'elle eût coûté par les moyens ordinaires, et au lieu de $1^f,04$ qu'elle avait coûté par le bourriquet à traction rectiligne.

assemblés les plateaux, que supportait une grande poulie à gorge. Ce plancher présentait deux ouvertures rectangulaires de dimensions convenables pour le passage d'un plateau chargé d'une brouette. Chacune de ces ouvertures était alternativement fermée par un plateau chargé d'une brouette pleine de terre, et qui était élevée par le contrepoids du rouleur et de sa brouette vide descendant sur l'autre plateau *.

Dans la manœuvre de cet appareil, un rouleur arrive avec sa brouette, la place sur le plateau inférieur, puis monte à l'échelle sur la contrescarpe; le rouleur qui l'a précédé place sa brouette vide, et entre sur le plateau inférieur; alors un surveillant, placé à poste fixe sur le plancher, agit sur la corde pour produire et modérer le mouvement. Des ressorts et des cliquets d'arrêt sont disposés en haut et en bas, pour que le mouvement ne se produise pas sans la volonté des ouvriers, afin d'éviter les accidents.

Cet appareil transforme le mouvement vertical continu de descente en un mouvement vertical continu d'ascension. Il utilise le poids des hommes, et il a procuré une économie considérable sur le prix d'élévation des terres. Le transport vertical du mètre cube, élevé à 13 mètres de hauteur, n'a coûté que $0^f,322$. Le même ouvrage, fait à la brouette par des rampes et des relais disposés à la manière ordinaire, aurait coûté $1^f,285$ par mètre cube élevé.

De la transformation du mouvement rectiligne continu en circulaire, et réciproquement du mouvement circulaire continu en rectiligne continu.

69. *Treuil ou tambour.* — Dans les horloges à poids, le poids ou moteur descend et fait tourner un premier cy-

---

* Une brouette de terre de la nature de celle qu'on déblayait pesait moyennement $72^k,50$, et il en fallait 24,8 pour un mètre cube, ce qui porte le mètre cube à 1798 kilog. Le poids d'un homme est estimé moyennement à 70 kilog.

lindre, sur lequel est enroulée la corde, que l'on nomme *treuil* ou *tambour*. Ce treuil est un cylindre en bois ou en métal, traversé par un axe de fer dont les extrémités, tournées cylindriquement, se nomment *tourillons* ou *fusées;* celles-ci reposent sur des demi-cylindres appelés *coquilles*, et le plus souvent *coussinets*, qui se font quelquefois en bois, mais plutôt en bronze ou en fonte, et que l'on a soin de graisser pour faciliter le mouvement de rotation.

Dans les machines à manœuvrer les fardeaux, lorsque le poids descend d'un mouvement rectiligne, la corde ou la chaîne enroulée sur le treuil se déroule, et communique à celui-ci un mouvement de rotation continu. Alors *les arcs décrits à la circonférence extérieure du treuil, mesurés au milieu de la corde, sont égaux aux hauteurs ou chemins décrits par le fardeau, et la vitesse de descente ou d'ascension ou fardeau est égale à la vitesse de déroulement ou d'enroulement de la corde.*

Quant à la vitesse angulaire ou des points situés à l'unité de distance de l'axe, elle est égale à celle du fardeau divisée par le rayon du treuil augmenté de celui de la corde.

70. *Treuil des carriers.* — Les treuils se composent la plupart du temps de plusieurs cylindres. Ainsi le treuil des

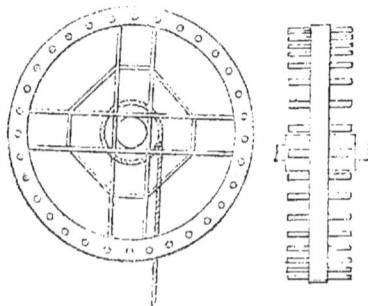

carriers a une grande roue de 4 à 6 mètres de diamètre, garnie de poignées ou de chevilles, sur lesquelles agissent les hommes, soit avec les mains, soit en montant, et d'un cylindre d'un diamètre plus petit, et qui forme le treuil proprement dit, autour duquel s'enroule la corde ou la chaîne qui soutient le fardeau.

Pour soulever une pierre, un ou plusieurs hommes agissent en montant sur les chevilles à peu près à hauteur du centre, et, par leur poids, déterminent le mouvement de rotation de tout l'appareil autour de son axe. Alors la corde s'enroule autour du treuil, et, comme les chemins décrits par la circonférence du treuil, ou plutôt par les points de la circonférence qui passe par le milieu de la corde, et qu'on nomme *circonférence moyenne*, sont proportionnels à son rayon, on voit que, dans ce treuil, *le chemin décrit par le fardeau, ou la hauteur dont il s'élève, est au chemin décrit par les hommes à la circonférence de la roue, comme le rayon de la circonférence moyenne du treuil est au rayon de la roue.*

Les vitesses sont dans le même rapport.

71. *Treuil des puits.* — On place quelquefois à côté ou au-dessus des puits des appareils du même genre, composés d'une roue à poignées de 0^m,80 à 1 mètre de diamètre, ou d'un simple anneau en fonte ou en fer, sur lequel on agit à la main, et d'un treuil autour duquel s'enroule la chaîne ou la corde du puits. On a dans cet appareil le même rapport que dans le précédent entre les chemins parcourus.

72. *Des manivelles.* — Au lieu d'une roue à poignées ou à chevilles, on emploie souvent une seule poignée, fixée, à 0^m,40 environ de l'axe, à l'extrémité d'un bras qui est assemblé sur le corps du treuil, ou qui embrasse par une portée carrée l'extrémité de son axe. Cet appareil se nomme *manivelle*. En agissant avec continuité sur la poignée, on la fait mouvoir circulairement, et l'on produit l'élévation du fardeau. La hauteur et la vitesse d'élévation sont au chemin décrit par la manivelle ou à la vitesse de la poignée de la manivelle comme le rayon du treuil est au rayon de la manivelle.

73. *Des norias.* — On appelle ainsi un appareil composé de deux tambours, ou poulies, doués d'un mouvement de rotation, et établis parallèlement l'un au milieu de la matière à élever, et l'autre un peu au-dessus du point où elle doit être reçue. Sur ces tambours s'enroule une double chaîne sans fin, ou une bande de cuir à laquelle sont fixés

6

des espèces de pots en bois ou en métal, qu'elle emporte avec elle. Ces pots s'emplissent de la matière liquide, grenue ou pulvérulente, qu'il s'agit d'élever, et l'emportent avec eux en s'élevant; puis, quand ils sont parvenus vers le sommet du tambour supérieur, ils la versent dans des auges ou récipients disposés convenablement pour la recevoir.

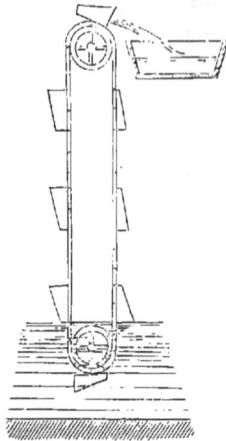

Lorsqu'il s'agit d'élever des eaux, il convient d'employer des pots fermés à la partie supérieure, qui se vident par une ouverture latérale, et d'en munir le fond d'une soupape qui s'ouvre pour laisser échapper l'air au moment de l'introduction de l'eau.

Pour le transport des grains ou des farines d'un étage à l'autre des moulins, on emploie des *norias* dans lesquelles la chaîne sans fin est remplacée par une bande de cuir, et les pots sont de simples godets en fer-blanc.

74. *Des chapelets.* — Au lieu de pots et de vases, si l'on fixe sur la chaîne, à des distances égales, des plateaux car-

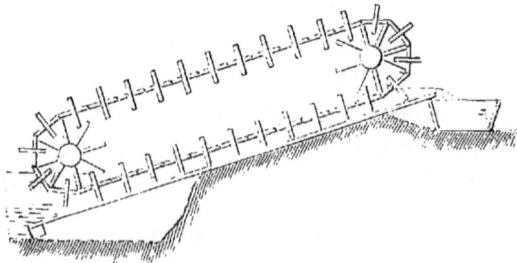

rés ou circulaires dont le plan soit perpendiculaire à sa direction, et que l'on enveloppe ces plateaux, qu'on nomme *grains*, dans une auge fermée de toutes parts si elle est placée verticalement, ou sur trois côtés si elle est inclinée, on forme l'appareil appelé *chapelet vertical* dans le premier cas, et *chapelet incliné* dans le second.

Il sert à élever des eaux, principalement dans les travaux d'épuisement des fondations; mais, comme il est ordinairement nécessaire de laisser beaucoup de jeu aux grains dans l'auge, il se fait des pertes d'eau considérables qui rendent cet appareil d'un emploi peu avantageux.

Le seul motif qui puisse engager à l'employer, c'est la simplicité de sa construction et la facilité des réparations. La chaîne peut se faire en bois : chacun de ses maillons porte un grain avec lequel il s'assemble à clefs. Les tambours sont des espèces de roues sans jantes dont les bras à fourche s'engagent entre deux grains consécutifs.

Dans les norias, comme dans les chapelets, il est évident que le chemin parcouru par la matière élevée est égal aux arcs décrits par les parties de la chaîne qui s'enroulent sur les tambours.

75. *Chapelet moteur.* — Si le chapelet vertical, au lieu d'élever l'eau dans laquelle plonge son tambour inférieur, reçoit à sa partie supérieure un volume d'eau qui force les grains à descendre, on voit que cet appareil devient un moteur dans lequel le mouvement de descente vertical continu de l'eau est transformé en un mouvement circulaire continu.

Dans ce cas, les grains seront garnis sur leurs bords de bandes de cuir qui s'opposent aux pertes d'eau. Il convient d'adopter pour le tuyau la forme cylindrique, de préférence à la forme d'un prisme rectangulaire, et de faire le tuyau en fonte, alésée au moins vers les parties supérieures et

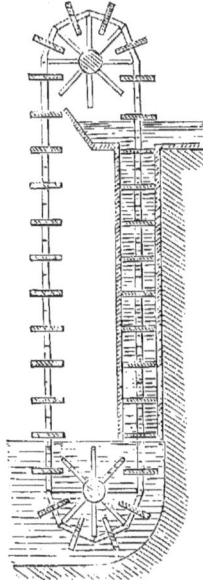

inférieures, pour que les grains, en y circulant avec exactitude, ne perdent pas l'eau.

76. *Treuil différentiel.* — Ce treuil, dont l'invention est attribuée aux Chinois et aux Indiens, est une combinaison ingénieuse du treuil ordinaire et de la poulie mobile. Il permet de réduire la vitesse du mouvement rectiligne du fardeau autant qu'on le veut, sans compliquer l'appareil de poulies ou de moufles. L'arbre du treuil porte une roue à poignées ou à chevilles sur laquelle on agit à bras, ou un tambour sur lequel s'enroule une corde, à l'aide de laquelle on produit le mouvement. Le treuil se compose de deux parties de diamètres différents, qui reçoivent en sens contraire les enroulements des deux extrémités d'un même cordon, dont les brins parallèles soutiennent la poulie mobile M, à laquelle est suspendu le fardeau.

Si on appelle R le rayon de la roue à poignées ou à chevilles, et V la vitesse à sa circonférence ;

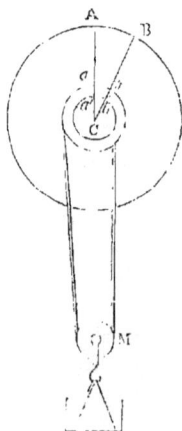

r et v les quantités analogues pour la plus grosse partie du treuil ;

r' et v' les quantités analogues de la plus petite partie du treuil ;

Il est facile de voir que, quand la roue à poignées ou à chevilles aura décrit un arc AB ou un angle ACB, le brin de corde qui s'enroule sur la plus grosse partie du treuil se sera raccourci d'un arc ab, d'une longueur égale à $AB \dfrac{r}{R}$, attendu qu'on a $AB : ab :: R : r$,

d'où $ab = AB . \dfrac{r}{R}$,

et que la portion qui entoure la petite partie du treuil se

sera allongée d'un arc $a'b'$, d'une longueur égale à $AB.\dfrac{r'}{R}$,

puisqu'on a encore $AB : a'b' :: R : r'$, d'où $a'b' = AB.\dfrac{r'}{R}$.
Donc la poulie mobile, qui s'élève (n° **64**) de la moitié de
la quantité dont la corde s'allonge, aura monté de la longueur

$$\frac{1}{2}\,AB\left(\frac{r}{R}-\frac{r'}{R}\right)=\frac{1}{2}\,AB.\frac{r-r'}{R}.$$

*Ainsi la quantité dont le fardeau s'élève est à celle dont la roue
à poignées se déplace, comme*

$$\frac{1}{2}\,AB\left(\frac{r-r'}{R}\right) : AB,$$

*ou comme la moitié de la différence des rayons du treuil est au
rayon de la roue à poignées.*

Comme on est maître de rendre la différence des rayons
r et r' du treuil aussi petite que l'on veut, on voit que, la
roue à poignées étant donnée, on peut toujours rendre
aussi petit qu'on le désire le rapport du chemin parcouru
par le fardeau, ou de sa vitesse, au chemin parcouru ou
à la vitesse de la circonférence de la roue à poignées.

Ce dispositif avait été appliqué à la chèvre d'artillerie
par *Lombard*, professeur à l'École de la Fère. Il pourrait
être utilisé pour des treuils de puits, pour les appareils à
élever les pierres dans la construction des édifices; mais on
voit qu'il présente l'inconvénient d'exiger un développement de corde plus que double de celui qu'emploie le treuil
ordinaire. Il convient d'ajouter que, pour que les brins du
cordage ne se croisent pas sur le treuil, il est bon que la
poulie mobile ait un diamètre à peu près égal à l'écartement des brins verticaux.

77. *Régulateur du mouvement rectiligne continu transmis
par des treuils.* — Un mouvement de rotation continu et
uniforme est quelquefois transformé en un mouvement de
transport rectiligne, qui doit aussi être uniforme ou dans

un rapport constant avec le mouvement de rotation. C'est ce qui arrive quand il s'agit de faire passer des étoffes ou des bandes de papier sous des appareils d'impression ou sous des styles, avec la condition qu'elles se déroulent d'un cylindre pour s'enrouler ensuite sur un autre, de façon qu'à chaque révolution de l'arbre ou de l'axe moteur il passe la même longueur d'étoffe ou de papier. Si, par exemple, on veut, comme dans certains appareils dynamométriques, faire passer une bande de papier enroulée sur un cylindre l, en ligne droite sous un style qui doit y déposer des traces, et si ce mouvement rectiligne doit être produit au moyen du mouvement circulaire continu d'un axe n, on conçoit bien que, si l'on collait simplement l'extrémité de la bande de papier sur un cylindre g parallèle au cylindre n, et qu'au moyen d'un fil ou de roues d'engrenage on transmît le mouvement de rotation de l'axe n au cylindre g dans un rapport constant, le mouvement de transport du papier irait toujours en s'accélérant, puisque, le diamètre du cylindre récepteur g s'augmentant par l'enroulement, sa circonférence croîtrait en même temps; il faut donc que le mouvement de ce cylindre g se ralentisse précisément dans la même proportion que son diamètre s'accroît. C'est à quoi l'on parvient par le dispositif suivant.

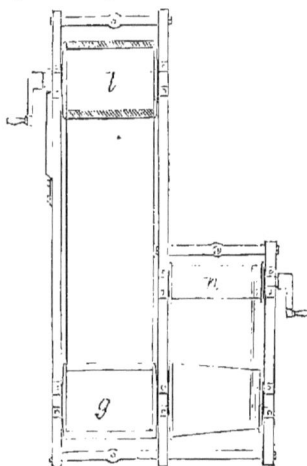

Sur le prolongement de l'axe du cylindre g, on place un tronc de cône appelé *fusée* vis-à-vis le cylindre moteur n, dont l'axe est parallèle à celui de g; on mesure le diamètre du cylindre g quand il est vide, et son diamètre quand il est chargé de tout le papier qu'il peut recevoir; puis on prend pour les bases de la fusée des diamètres qui soient entre eux dans le même rapport que ces deux diamètres. Sur la surface de cette fusée on trace une gorge triangulaire en hélice, de façon à former autant de filets qu'il doit y avoir de tours de papier sur le cylindre g. Cela fait, on fixe l'extrémité d'un fil sur la grande base de la fusée, et on l'enroule autour de toutes ses spires, puis on attache l'autre extrémité au cylindre moteur. Alors le papier étant enroulé sur le cylindre l, et son extrémité collée sur le cylindre g, il est clair que quand le cylindre n tournera pour faire enrouler le fil à sa surface, il se déroulera de la fusée des longueurs de fil égales à celles qui s'enroulent sur n, de sorte que l'angle a, décrit par le cylindre n, et l'angle a_1 décrit par la fusée m, ou le cylindre g, seront entre eux en raison inverse du rayon constant R de n, ou du rayon variable r de la fusée m.

On aura donc $a : a_1 :: \mathrm{R} : r$ ou $a = a_1 \dfrac{\mathrm{R}}{r}$.

Mais les longueurs L de papier, qui s'enroulent sur le cylindre g, seront pour un même angle a décrit par le cylindre et la fusée, égales aux arcs décrits à la circonférence du rouleau g, dont le rayon R' varie ; on aura donc $\mathrm{L} = a\,\mathrm{R}' = a_1\,\mathrm{R}\dfrac{\mathrm{R}'}{r}$. Si donc, comme on l'a dit ci-dessus, les rayons R' du cylindre et r de la fusée varient dans le même rapport, $\dfrac{\mathrm{R}'}{r}$ sera constant, et les longueurs de papier passées seront proportionnelles aux arcs $a_1\mathrm{R}$ décrits à la circonférence du cylindre moteur n ; de sorte que, si ce cylindre se meut uniformément, il en sera de même du papier.

Le rapport constant de la vitesse de translation du papier à la vitesse à la circonférence du cylindre n dépendra d'ailleurs de celui qu'on établira entre les rayons R' et r du cylindre récepteur et de la fusée à l'origine du mouvement.

Ainsi, par exemple, si le rayon du cylindre g est de 20 millimètres quand il est vide, et devient égal à 24 quand il s'est enroulé 9 mètres de papier, il faudra que les rayons extrèmes de la fusée soient aussi dans le rapport de 20 à 24 ; on pourra donc adopter pour ces rayons 10 et 12, 15 et 18, 20 et 24 millimètres.

Si pour l'enroulement total de 9 mètres de longueur le papier fait 72 tours sur le cylindre *l*, on donnera à la fusée 72 filets, et alors le rayon de ces filets croîtra, de même que le diamètre du cylindre *g*, proportionnellement au nombre de tours ; de sorte qu'ils resteront toujours entre eux dans le même rapport, celui de 20 à 24.

Lorsque le cylindre *g* est chargé de toute la longueur d'étoffe ou de papier qu'il doit recevoir, on arrête le mouvement, ou l'on rend par un désembrayage le cylindre *n* libre de tourner sur son axe, et, en retirant la bande, on renvide en même temps le fil sur la fusée, de sorte que l'appareil se trouve disposé pour un nouvel enroulement.

78. *Usage de cônes recevant une courroie.* — Au lieu d'un fil ou d'une corde qui s'engage dans les gorges d'une fusée filetée en hélice, on pourrait employer une courroie passant sur deux tambours coniques en sens contraires, et qui se déplacerait sur ces cônes de quantités proportionnelles au nombre de tours. Il est facile de calculer les valeurs qu'il conviendrait de donner aux rayons correspondants des cônes. Soient en effet

R, r,   les rayons correspondants des cônes *n* et *m* ;

a et a_1,   les arcs décrits simultanément par des points situés à l'unité de distance de leurs axes ; on aura d'abord

$$R : r :: a_1 : a ; \quad \text{d'où} \quad \frac{R}{r} = \frac{a_1}{a},$$

ou, pour $a_1 = 3.14$,

$$3.14 = a . \frac{R}{r}.$$

Si l'on nomme r' le rayon du cylindre récepteur *g*, pour la même position de la courroie on aura partout $L = 3.14 . r'$; mais si l'on nomme r_1 le rayon du cylindre récepteur *g*, supposé vide, n le nombre de tours qu'il a faits au moment que l'on considère, et e l'accroissement de ce rayon par tour, on a $r' = r_1 \times ne$, et par suite

$$L = a \frac{R}{r}(r_1 + ne).$$

L'arc a décrit à l'unité de distance par le cône n en $1''$ est supposé constant, puisque ce cône est animé d'un mouvement uniforme, et l'on peut le fixer d'avance de façon que, pour $n = 0$ et r_1 donné, on ait $L = a . \frac{R}{r} r_1$ égal à une longueur donnée, R et r étant donnés ; si, par exemple, ils sont égaux, cela revient à $L = ar_1$.

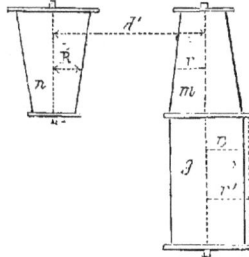

Pour que la courroie soit toujours tendue, il faut que sa longueur reste constante ; de sorte que, si l'on se donne d la distance des axes des deux cônes, et S la longueur de la courroie, on doit avoir, vu la faible inclinaison que l'on doit donner aux courroies et à l'aide d'un rouleau de tension, à peu près

$$S = 3.14(R + r) + 2d ; \quad \text{d'où} \quad R + r = \frac{S - 2d}{3.14}.$$

La condition que $L = a . \frac{R}{r}(r_1 + ne)$ donne

$$\frac{R}{r} = \frac{L}{a(r_1 + ne)},$$

d'où

$$R = \frac{L}{a(r_1 + ne)} r.$$

En mettant pour R cette valeur dans l'expression de la somme de rayons, on a

$$r\left(\frac{L}{a(r_1 + ne)} + 1\right) = \frac{S - 2d}{3.14},$$

d'où

$$r = \frac{(S - 2d)(r_1 + ne)a}{3.14[L + a(r_1 + ne)]}.$$

Cette expression donnera les valeurs de r correspondantes aux différentes valeurs du nombre n de tours du cylindre récepteur.

Pour $n = 0$ on en déduit

$$r = \frac{(S - 2d)ar_1}{3.14(L + ar_1)}.$$

Si par exemple on a admis, comme ci-dessus, qu'au commencement les rayons des deux cônes soient égaux, ou qu'ils tournent à même vitesse, on a

$$L = ar_1 \quad \text{et} \quad r = \frac{S - 2d}{3.14 \times 2}.$$

Lorsque n a acquis sa plus grande valeur N, le rayon extérieur du cylindre récepteur g est $r' = r_1 + Ne$, et l'on a

$$r = \frac{(S - 2d)r'}{3.14(r_1 + r')},$$

attendu qu'on a fait en sorte que $L = ar_1$. Connaissant r, la condition que $R + r = \dfrac{S - 2d}{3.14}$ donnera les valeurs de R.

Pour faire passer la courroie d'un diamètre à l'autre, il faut employer un guide poussé par une vis, dont le mouvement soit réglé de façon que, pour le nombre total N de tours que doit faire le cylindre g, la courroie se soit déplacée de toute la longueur des cônes.

79. *De la chèvre.* — L'appareil appelé *chèvre*, que l'on emploie dans les constructions et dans l'artillerie pour l'élévation des fardeaux, offre un exemple de la combinaison du treuil avec des poulies mouflées pour transformer un mouvement circulaire continu ou intermittent en un mouvement rectiligne continu ou intermittent.

La chèvre se compose de deux longues pièces de bois, appelées *hanches*, formant avec des pièces parallèles, nommées *épars*, un triangle rigide, au sommet duquel sont engagées une ou deux poulies traversées par un boulon qui leur sert d'axe commun. Ce triangle est soutenu dans une position plus ou moins inclinée par un pied ordinairement mobile. Entre les deux *hanches*, à 1ᵐ, 20 ou 1ᵐ, 30 de hauteur, est un treuil, terminé soit par deux parties à section carrée appelées *têtes* et percées de mortaises pour le passage des leviers de manœuvre, soit par une portée qui reçoit une roue d'engrenage conduite par un pignon et une manivelle.

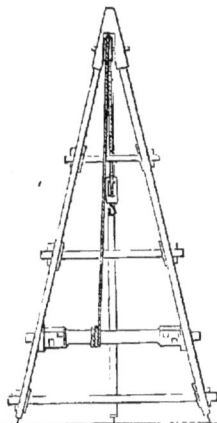

Le câble qui s'enroule sur le treuil est le garant d'un palan ou d'une mouflette, et l'on sait (n° **65**) que le fardeau s'élève d'une hauteur égale à la quantité dont le garant se raccourcit, divisée par le nombre de courants ; et, comme on a vu que la longueur de corde enroulée sur le treuil est au chemin parcouru par l'extrémité des leviers, ou par les points situés à la circonférence de la roue, comme le rayon du treuil est au rayon de la roue ou du cercle décrit par l'extrémité du levier, il s'ensuit que, *dans la manœuvre de la chèvre, le fardeau s'élève d'une hauteur égale au chemin décrit par le point d'application de l'effort moteur multiplié par le rayon du treuil divisé par le produit du rayon de la roue ou du cercle décrit par l'extrémité du bras de levier et du nombre des brins courants du palan ou de la mouflette.*

Lorsque les chèvres ont une très-grande hauteur ou qu'elles sont placées sur des édifices ou sur des remparts pour élever des fardeaux situés en dehors de l'aplomb du sol ou du plancher sur lequel elles sont placées, on ne peut se servir de leur pied pour les soutenir, et alors on les retient sous l'inclinaison convenable au moyen de cordages appelés *haubans* et *contre-haubans*.

80. *Des sapines.* — On emploie au même usage des appareils dont la partie principale est une longue pièce de bois de sapin de 20 à 25 mètres de longueur, armée à sa partie inférieure d'un pivot sur lequel elle tourne, et coiffée à son sommet par une ferrure qui porte trois ou quatre anneaux dans lesquels s'attachent deshaubans qui servent à la maintenir. Près du sommet, le mât porte une moise, formant *potence* de deux côtés, consolidée par des arcs-boutants et qui est garnie d'une poulie à chaque bout. Le cordage ou la chaîne qui doit soulever le fardeau passe sur ces poulies et vient s'enrouler sur un treuil auquel le mouvement de rotation est communiqué par des engrenages à l'aide d'une manivelle, d'une roue à poignées, ou de pédales sur lesquelles agissent les hommes.

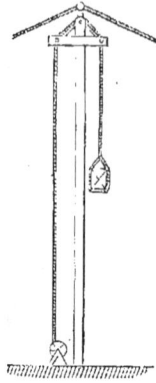

Quelquefois, pour partager le poids du fardeau entre deux brins, on emploie une poulie mobile, ce qui facilite la manœuvre, mais en ralentissant le mouvement d'ascension du fardeau.

L'appareil dont on se sert pour produire le mouvement du fardeau se compose d'une manivelle, sur l'arbre de laquelle est monté un pignon qui engrène avec une roue beaucoup plus grande, fixée sur l'arbre d'un treuil autour duquel s'enroule la corde qui passe au sommet de la sapine. Le rapport du chemin parcouru par le cordage qui passe sur les poulies de la sapine au chemin parcouru par la poignée de la manivelle est égal au produit des rayons du pignon et du treuil, divisé

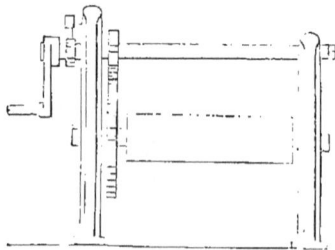

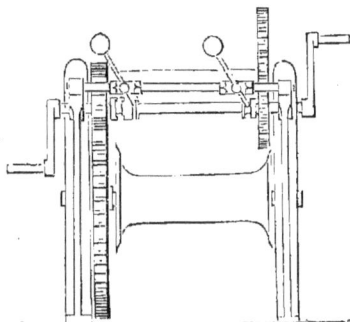

par le produit des rayons de la manivelle et de la roue. Un cliquet qui s'engage entre les dents d'une roue à rochet s'oppose au mouvement rétrograde du poids soulevé et du treuil.

Lorsqu'il s'agit de soulever des poids considérables à l'aide d'un ou de deux hommes, on emploie un treuil à double engrenage, dans lequel il est encore facile de voir que le rapport des chemins parcourus par le brin du cordage et par la poignée de la manivelle est égal au quotient du produit des rayons des pignons et du treuil divisé par le produit des rayons de la manivelle et des rayons des roues.

Des manchons d'embrayage, que l'on manœuvre à volonté, permettent de faire fonctionner le treuil comme s'il était à simple engrenage, lorsqu'on le juge convenable.

81. *Manœuvre de vannes.*—Pour faire monter et descendre les vannes d'un moulin ou d'une retenue d'eau, on emploie un appareil analogue au treuil. Une roue à poignées ou une manivelle est fixée sur un arbre, ordinairement au delà de ses points d'appui ou tourillons. Entre ces points d'appui sont fixées sur l'arbre deux roues armées de saillies appelées *dents d'engrenage*, qui s'engagent dans les *creux* qui séparent d'autres saillies ou dents semblables ménagées sur une barre ou tige correspondante fixée à la

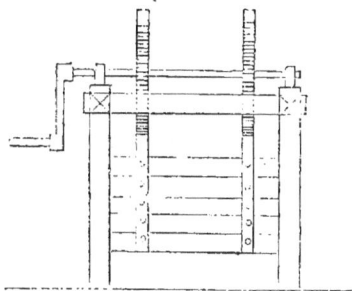

vanne, et qui est maintenue entre des guides. On conçoit
facilement qu'en tournant l'arbre dans un sens ou dans
l'autre, les dents du pignon pressant celles de la tige, qu'on
nomme *crémaillère*, la vanne soit obligée de monter ou de
descendre. Le mouvement de rotation de l'arbre de la manivelle et des pignons est, par ce moyen, changé, transformé, en un mouvement rectiligne continu; la crémaillère,
et par suite la vanne, marche d'une quantité égale à l'arc
que développe la circonférence moyenne des dents, et, par
conséquent, *le chemin parcouru par la vanne est au chemin
parcouru par la poignée de la manivelle comme le rayon moyen
du pignon est au rayon de la manivelle.*

Ce même appareil peut être employé à l'inverse pour
transformer le mouvement rectiligne d'une tige, d'une crémaillère, en un mouvement de rotation communiqué à un
arbre par l'intermédiaire d'un pignon. Nous donnerons plus
loin, au n° **204**, le tracé qu'il convient d'adopter pour la
forme des dents de la roue et de la crémaillère.

82. *Chemins de fer et machines à raboter.* — Dans les premiers chemins de fer on employait une disposition semblable pour transformer le mouvement communiqué par
une machine à vapeur à un axe de rotation en un mouvement de transport rectiligne des wagons. Dans toute la
longueur du chemin, et parallèlement aux rails, étaient
placées deux crémaillères, dans lesquelles engrenaient des
pignons montés sur l'arbre, qui recevaient de la machine
un mouvement de rotation. Un dispositif tout à fait semblable est employé dans certaines machines à raboter les
métaux ou le bois; mais pour les chemins de fer, quand
le mouvement est rapide, ce procédé donnant lieu à des
chocs, à un bruit désagréable et à des ruptures, on l'a
abandonné dès qu'on a reconnu que l'adhérence seule
des roues sur les rails suffit pour entraîner des trains considérables.

Aujourd'hui les machines locomotives sont très-lourdes

et pèsent jusqu'à 20 000 kilogr.; il en résulte que les roues ont beaucoup plus de facilité à rouler sur leurs rails qu'à glisser, et cela suffit pour que, dès que les roues commencent à tourner, elles entraînent le train qui est accroché derrière elles et lui communiquent un mouvement rectiligne. Ainsi le transport par les chemins de fer offre un exemple très-simple d'un mouvement de rotation continu transformé en un mouvement rectiligne continu. Dans ce mouvement, *les espaces ou les chemins parcourus par le train sont égaux aux arcs décrits par les circonférences moyennes des roues* ou *à la circonférence moyenne des roues multipliée par le nombre de tours*. Quand on sait combien la roue a fait de tours, on peut en déduire le chemin parcouru par le train ou réciproquement.

Les roues de voitures présentent un effet analogue, et le chemin parcouru par la voiture est encore égal, dans ce cas, à la circonférence de la roue multipliée par le nombre de ses tours. On a même basé sur cette propriété la construction d'appareils compteurs, dans lesquels un système d'engrenages mis en mouvement par la roue fait connaître le nombre de tours de cette roue, et, par suite, le chemin total parcouru par la voiture. Un instrument appelé *planimètre*, basé sur la même propriété, sert à mesurer l'aire des surfaces, et peut rendre de grands services aux géomètres du cadastre.

Pour que les arcs décrits ou déroulés par la circonférence de la roue soient exactement égaux aux chemins parcourus par l'appareil dont elle fait partie, il faut qu'elle ne puisse pas glisser en même temps qu'elle tourne sur le sol. C'est ce qui a lieu naturellement pour les chemins ordinaires et pour les chemins de fer, quand la charge à traîner par la locomotive n'est pas trop lourde. Pour les appareils légers où l'on voudrait utiliser cette propriété, il convient d'employer, pour les construire, des matériaux compressibles, et dont la surface ne soit pas trop unie, tels que du bois non poli ni verni, du cuir, etc.

83. *Cabriolet ou grue locomobile à chariot.* — On emploie encore un moyen analogue, dans quelques ateliers, pour

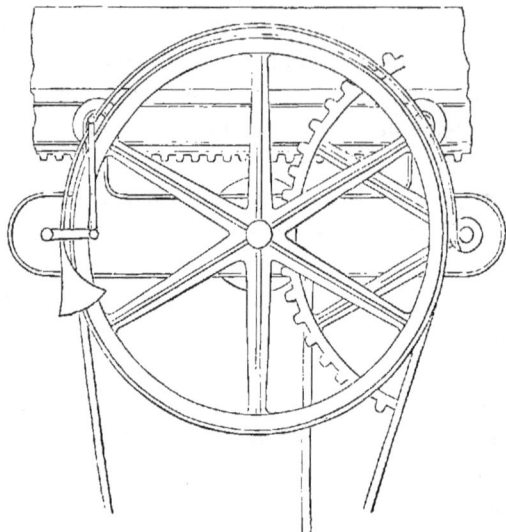

le transport longitudinal de grues locomobiles. C'est ainsi qu'à la fonderie de *Woolwich*, un rail en fonte, en forme de double T, est suspendu et solidement boulonné à une forte poutre longitudinale, fixée elle-même aux poutres transversales. Sur le rail, reposent à droite et à gauche deux paires de roulettes à rebords, dont les axes supportent les branches en fonte de la grue; entre les deux rails, et au-dessous, est une crémaillère qui règne dans toute leur longueur, et avec laquelle engrène un pignon, qui reçoit le mouvement d'une petite roue montée sur le même axe qu'une poulie à gorge triangulaire. Sur cette gorge passe une chaîne sans fin, qui descend à 1^m,30 environ au-dessus du sol, et sur laquelle un homme agit pour produire à volonté, dans un sens ou dans l'autre, le mouvement de transport du chariot de la grue. Ce chariot porte un treuil qui, à l'aide de plusieurs engrenages intermédiaires, reçoit aussi d'une autre poulie à gorge et d'une chaîne sans fin un mouvement de rotation qui produit l'élévation du fardeau.

Ainsi cette grue locomobile offre l'exemple du mouvement de rotation transformé en un mouvement vertical d'ascension ou de descente et en un mouvement de transport horizontal.

La crémaillère et les pignons sont employés d'une manière analogue dans certaines machines à raboter les métaux ou les bois; mais alors le chariot, au lieu d'être porté sur des roulettes, glisse sur des guides dressés à la machine et qui présentent en général la forme de couteaux.

84. *Roues de bateaux à vapeur.* — Les roues à palettes placées sur les flancs des bateaux à vapeur, en frappant et chassant l'eau qui s'oppose à leur mouvement de rotation continu, produisent le mouvement rectiligne continu du bateau. Dans ce mode de transmission du mouvement, l'expérience montre que *le chemin parcouru par le bateau dans une eau tranquille est à peu près les deux tiers du chemin décrit par les points situés sur la circonférence extérieure de la roue.*

85. *De l'hélice.* — On transforme aussi le mouvement de rotation d'un arbre de machine à vapeur de bateau en mouvement de translation du bateau, au moyen d'une roue à palettes courbées en surface gauche appelée *hélice.* Dans ce cas, la roue est placée à l'arrière du bateau, et en tournant elle chasse l'eau, dont la résistance produit la translation du bâtiment. L'expérience montre que, par l'action de l'hélice, *le bateau avance d'environ les deux ou trois dixièmes de l'espace parcouru par la circonférence extérieure de l'hélice.*

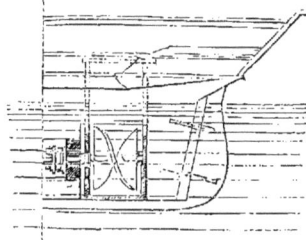

86. *Appareils de transport mus par des hommes placés à l'intérieur.* — L'on a imaginé bien des appareils de transport

7

tels que voitures, bateaux, mus par l'action d'hommes ou
d'animaux placés à l'intérieur et produisant, à l'aide de
manivelles, de roues, de manéges ou de tambours, un mouvement de rotation qui, communiqué à des roues sur lesquelles repose l'appareil, se transforme en un mouvement
de translation rectiligne continu.

De tous ces appareils l'on n'a guère conservé que les fau-
teuils à roulettes destinés aux malades, qui ne se déplacent
que dans des appartements.

87. *Manéges sur bateaux.* — On emploie cependant quelquefois, pour le passage des rivières, un manége mû par
des chevaux, et qui fait enrouler sur un tambour un cordage amarré à des points fixes et transversalement à la
rivière. Le mouvement de rotation du manége et du tambour est ainsi transformé en un mouvement de transport
rectiligne continu. Si le tambour est sur l'arbre même du
manége, *le chemin parcouru par le bateau est au chemin parcouru par le point d'attelage des chevaux comme le rayon du tambour est au rayon du manége.*

88. *Manége des maraîchers.* — Pour l'arrosage des jardins
on voit souvent dans les campagnes des manéges mus par

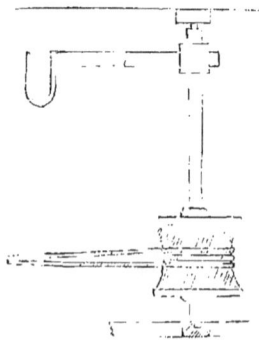

des chevaux, des bœufs ou des
ânes. Au-dessus des bras du
manége est un tambour, que
l'on forme grossièrement avec
de vieilles roues, à la circonférence desquelles on cloue obliquement des planches de $0^m,10$
de largeur environ, de manière
à former un tambour présentant
une gorge où la corde se maintient facilement. Les deux bouts
de cette corde, après un tour sur la surface du tambour, passent chacun sur une poulie et soutiennent un seau. L'un des
vases monte plein, tandis que l'autre descend vide : le

mouvement de rotation continu du manége se trouve ainsi transformé en un mouvement d'ascension ou de descente rectiligne. Quand un seau a été élevé, on arrête le manége, on vide le seau plein, on retourne le cheval, et on le fait marcher en sens contraire pour élever l'autre seau.

Dans quelques manéges de ce genre, on dispose les choses de façon que, le cheval marchant toujours dans le même sens, les seaux montent et descendent alternativement.

89. *Des rouleaux.* — Un procédé fort en usage et fort simple de produire un mouvement rectiligne au moyen d'un mouvement circulaire, c'est l'emploi des rouleaux.

Lorsqu'il s'agit de faire avancer une pierre, une pièce de fonte ou de charpente, on la soulève avec des leviers, et on engage dessous des cylindres, ordinairement en bois, qui portent quelquefois à leurs extrémités des ouvertures, dans lesquelles on embarre des leviers, à l'aide desquels on fait tourner les rouleaux et avancer le corps qu'ils supportent.

Dans d'autres cas, on pousse le corps et on le force à rouler sur les rouleaux, qui eux-mêmes roulent sur le sol.

Il est facile de reconnaître par l'observation et de faire voir par le raisonnement que, dans ce cas, *le chemin parcouru par le corps est double du chemin parcouru par les rouleaux.* En effet, si le corps à transporter posait d'abord sur le rouleau par le point *b*, quand ce rouleau aura roulé de *a* en *c*, le corps aura d'abord marché de la même quantité que le centre du rouleau; mais, de plus, si l'on prend l'arc *be* = *ac*, le point *e* sera venu en *d*, parce que c'est le rayon *oe* qui sera devenu vertical; par conséquent le corps aura encore avancé par rapport au rouleau de la quantité *be* = *ac*; donc, en totalité, *le fardeau aura marché d'une longueur double de celle dont le rouleau aura avancé.* Voilà pourquoi il faut si souvent, dans les manœuvres de ce genre, reporter les rouleaux en avant à mesure qu'ils s'échappent par derrière.

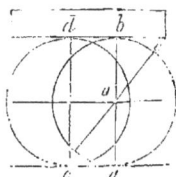

90. — *De la vis et de son écrou.*— On distingue dans une vis le *noyau*, qui est une partie cylindrique formant le corps de la vis, et *les filets*, qui sont les parties extérieures qui entourent le noyau, en s'élevant graduellement. Ces filets ont tantôt une forme *triangulaire*, tantôt une forme *rectangulaire*. La première est celle qu'on adopte pour les vis en bois et les boulons d'assemblage ; la deuxième est plus généralement employée pour les vis en fer de grosses dimensions. Le pas de la vis, c'est la quantité *aa'*, dont un point quel·· conque *a* du filet s'est élevé après un tour entier autour de l'axe en suivant la vis. Le rayon moyen de la vis est celui qui correspond à la moitié de la saillie du filet.

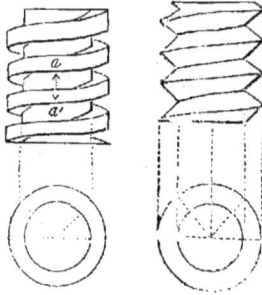

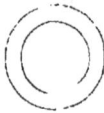

Dans les vis en bois destinées à exercer de grandes pressions, l'angle du sommet des filets est un angle droit, et la base du triangle, ainsi que le pas de la vis, sont doubles de la saillie.

Pour les vis en fer de presses, dont les filets sont quarrés, l'intervalle de l'un à l'autre est égal à la hauteur ou à la saillie du filet, et le pas égal au double de cette hauteur.

Pour les boulons en fer, dont les filets de vis sont triangulaires, le triangle générateur est ordinairement équilatéral, ou un triangle plus aigu au sommet, afin d'assurer davantage le serrage et d'empêcher les écrous de se dévisser par les vibrations. Cependant, quand les écrous ou les boulons doivent être souvent dévissés, on arrondit le bord extérieur et le creux des filets pour em-

pêcher l'usure. Le pas de la vis des boulons est ordinairement égal à $\frac{1}{6}$ du diamètre du corps du boulon.

L'*écrou* est une pièce fixe ou mobile, qui a en creux précisément la même forme que la vis présente en saillie ;
mais il n'a qu'un certain nombre de filets.

Quand l'écrou est fixe, comme dans les pressoirs à vis,
les presses à papier, les sergents de menuisiers, etc., et
que l'on tourne la vis, *celle-ci avance ou recule à chaque tour
dans le sens de son axe d'une quantité égale au pas*. Le mouvement de rotation est donc transformé en un mouvement
de translation ou de transport rectiligne pour cette vis et
les pièces qu'elle conduit. Ainsi, dans les pressoirs, les
presses à vis, *le plateau*, qui est assemblé avec l'extrémité
de la vis, monte et descend avec elle quand elle tourne ;
mais comme dans ce mouvement rectiligne ce plateau est
maintenu par les guides, il ne participe pas au mouvement
de rotation.

Mais ici, comme pour le plan incliné, il faut remarquer
que, *quand la vis fait un tour et avance d'une quantité égale
à son pas, les points de sa surface, qui glissent en frottant sur
l'écrou, parcourent un chemin égal au développement de l'hélice
qui correspond à chacun d'eux, ou à l'hypoténuse du triangle
rectangle dont la hauteur serait le pas et la base égale à la circonférence moyenne du filet ;* on voit donc que, dans le mouvement de la vis, le rapport du chemin parcouru par les
points frottants au pas est d'autant plus grand que les filets
sont moins inclinés.

91. *Des balanciers à découper*. — Des effets analogues se
produisent dans les balanciers à découper, à percer, ou à
battre les monnaies. Lorsque les hommes impriment à
bras, directement ou à l'aide de tiraudes, un mouvement
rapide de rotation aux bras du balancier, la vis descend,
et son extrémité inférieure est liée par une tête à gorge
avec un *coulant cylindrique* ou *prismatique*, maintenu entre

des guides qui l'empêchent de tourner et assurent sa direction rectiligne. Dans ce coulant s'assemble ou se fixe le *découpoir*, *l'emporte-pièce* ou le *coin*, qui doit découper, percer ou frapper la pièce.

92. *Vannes à vis.* — Dans d'autres circonstances, l'écrou est mobile et reçoit un mouvement de rotation; mais il

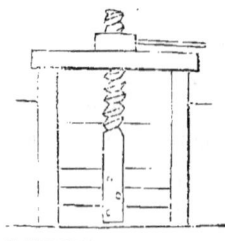

est retenu par des pièces qui ne lui permettent pas de se déplacer dans le sens de l'axe de la vis. Il faut donc, quand cet écrou tourne, que la vis marche et entraîne avec elle les pièces auxquelles elle est assemblée.

Ce cas se présente dans les anciennes manœuvres des vannes de moulins, où une forte vis, presque toujours en bois, assemblée avec la vanne, traverse un écrou aussi en bois, qui prend appui sur le chapeau de la manœuvre. Quand on tourne cet écrou, soit à bras, soit en agissant sur ses oreilles, soit à l'aide de leviers qu'on y engage, la vis monte ou descend, et communique ainsi à la vanne un mouvement rectiligne continu.

Les écrous d'assemblage font un office analogue sur les boulons, et rapprochent, serrent et compriment, entre la tête du boulon et l'écrou, les pièces qu'ils embrassent.

93. *Vis des instruments de précision.* — La vis a encore une autre utilité dans les arts, quand elle est exécutée avec exactitude : elle sert à fabriquer les mesures et les instruments de précision.

A cet effet, on a une longue vis exécutée avec le plus grand soin, dont les pas sont tous parfaitement égaux, et dont tous les filets sont si réguliers que, non-seulement l'écrou avance à chaque tour d'une quantité toujours égale au pas, mais encore que, pour chaque fraction de circonférence que décrit la vis, cet écrou marche d'une même fraction du pas.

On conçoit alors facilement que, si le pas est d'un centimètre, en faisant tourner la vis d'un dixième de tour, l'écrou avance d'un millimètre, et ainsi de suite. Or, si l'écrou porte un burin à bascule, que l'on puisse soulever et rabattre à volonté sur une pièce ou une règle à diviser, on pourra facilement tracer successivement des divisions équidistantes d'un millimètre. C'est sur ce principe que sont fondées la plupart des machines à diviser les mesures.

En diminuant le pas de vis par rapport à son diamètre, on peut ainsi obtenir avec une grande précision la mesure de quantités extrêmement petites, et c'est ainsi que l'on construit les *vis micrométriques* dont les instruments d'optique sont munis pour produire de très-petits mouvements.

La principale pièce de ces machines est en effet une vis parfaitement exécutée. Cette vis porte un écrou qui avance toujours de quantités exactement proportionnelles aux angles décrits par la vis. Au delà de l'un de ses collets ou tourillons, et en dehors du palier qui le supporte, le noyau de la vis porte un cercle divisé en 100, 1000 parties, selon la nature de l'objet à diviser, et que l'on change pour passer d'un objet à un autre.

Les divisions de ce cercle peuvent même être inégales et graduées suivant une loi quelconque. A chaque division correspond, à la circonférence extérieure de ce cercle, un cran dans lequel s'engage un cliquet d'arrêt à ressort, qui fixe ce cercle dans la position qu'il occupe lorsqu'on l'engage dans un cran. Pour faire avancer l'écrou et l'outil qu'il porte, on soulève le cliquet à ressort à l'aide d'une petite manivelle, on fait tourner le cercle d'une quantité convenable, et on lâche le cliquet, qui fixe la position de l'écrou. On conçoit qu'en augmentant le diamètre du cercle, on peut avec la même vis produire des mouvements de translation de l'écrou aussi petits qu'il peut être nécessaire.

94. *Vis différentielle.* — On a vu que, quand une vis tourne dans un écrou fixe, elle avance à chaque tour d'une quantité égale à son pas; et que, quand une vis fixe tourne dans un écrou qui ne peut recevoir qu'un mouvement dans le sens de son axe, cet écrou avance à chaque tour d'une quantité égale au pas de la vis. Ceci étant rappelé, si l'on conçoit une vis *a* qui traverse un écrou fixe *b* et un écrou *c* mobile seulement dans le sens de sa longueur, on voit que, si les deux pas sont égaux, l'écrou *c*, par le mouvement de transport de la vis, s'éloignerait à chaque tour du support *b* d'une quantité égale au pas, et que, par l'effet de la rotation de la même vis, il tendrait à se rapprocher de ce support précisément de la même quantité. Mais si, au lieu d'avoir des pas égaux, les deux vis ont des pas différents, que, par exemple, celui de l'écrou mobile *c* soit plus petit que celui de l'écrou fixe *b*, *l'écrou mobile* c *s'éloignera à chaque tour de la vis dans l'écrou fixe* b *d'une quantité égale à la différence des deux pas.* Or, comme on peut prendre ces deux pas aussi voisins de l'égalité qu'on le veut, c'est-à-dire tels que leur différence ne soit que de $0^{\text{mill}}10$, ou $0^{\text{mill}},01$, on voit que l'avancement de l'écrou mobile à chaque tour pourra être rendu aussi petit que l'on voudra. C'est par ce motif que M. de Prony, qui devait à l'anglais White l'idée de cet appareil, l'a nommé *vis différentielle*.

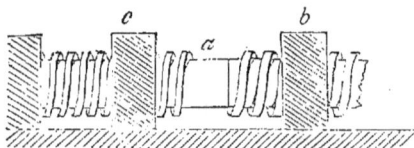

95. *Vis à deux pas contraires.* — On se sert quelquefois de vis à deux pas, disposées sur le même noyau, en sens contraire, c'est-à-dire l'un montant de gauche à droite, si l'on place la vis verticalement devant soi, ce qu'on nomme *pas à droite*; l'autre montant de droite à gauche, et qu'on appelle *pas à gauche*. Ces vis sont

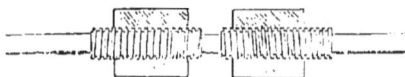

employées pour produire deux mouvements de translation simultanés en sens contraire et ordinairement égaux. C'est ainsi que, dans quelques machines à vapeur à détente variable, on produit le mouvement des deux parties qui forment la pièce qu'on nomme la *glissière*, de façon à les éloigner ou à les rapprocher, si l'on veut faire couvrir ou découvrir, pendant une portion plus ou moins grande de la course du piston, les orifices par lesquels la vapeur traverse le tiroir principal.

On se sert aussi d'écrous à deux pas contraires pour rapprocher et pour assembler deux tiges, deux tuyaux, qui doivent être dans le prolongement l'un de l'autre.

96. — *Vis alternativement fixe ou mobile à volonté.* — Au moyen d'une disposition ingénieuse introduite par M. Withworth dans les machines à percer, l'on peut, à volonté, imprimer à l'axe qui porte l'outil le mouvement de rotation seul, ou un mouvement simultané de rotation et de translation. A cet effet la tige de cet outil est formée par une vis et reçoit par des engrenages le mouvement de rotation ; à une certaine hauteur, les filets de cette vis s'engagent dans les dents de deux pignons à dents hélicoïdes, placés à droite et à gauche. Ces pignons étant libres sur leurs supports, la vis agit alors comme une vis sans fin et les fait tourner. Mais les coussinets de ces pignons peuvent, au moyen d'une vis de pression, être rapprochés assez fortement l'un de l'autre pour que le frottement qui en résulte s'oppose à leur mouvement de rotation, et alors ces deux pignons deviennent fixes et forment un écrou sur lequel la vis s'appuie pour remonter.

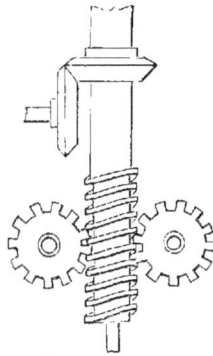

Cette disposition permet à l'ouvrier de faire relever le foret rapidement et par l'action seule de la machine, dès qu'un trou est percé ou que quelque obstacle s'oppose à sa marche.

97 *Du vilbrequin.* — Cet instrument, à l'usage des menuisiers et des serruriers, par l'effet de la pression de la mèche ou du foret qu'il porte, et du mouvement de rotation imprimé à son manche, produit un mouvement de translation rectiligne continu, c'est-à-dire toujours dans le même sens; mais ici le chemin parcouru dans le sens de l'outil dépend beaucoup moins du mouvement de rotation du manche, que de la résistance du corps à percer.

98. *Vis sans fin employée au transport des matières grenues ou pulvérulentes.* — On emploie beaucoup dans les moulins, pour le déplacement des grains et des farines dans le sens horizontal, un appareil composé d'une auge cylindrique, dans laquelle tourne d'un mouvement continu une vis faite d'une feuille mince de zinc ou de fer-blanc, ou même en bois, formant autour du noyau une surface en hélice. Les matières versées à l'une des extrémités de l'auge sont transportées à l'autre d'un mouvement rectiligne continu par l'hélice, *et avancent à chaque révolution de a vis d'une quantité égale au pas de l'hélice.*

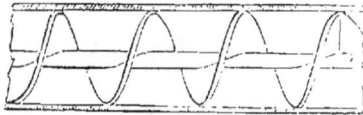

Ce dispositif a été proposé pour déplacer latéralement les graviers et les sables qui forment les hauts fonds des rivières. Une double hélice, montée sur un arbre horizontal et perpendiculaire à la longueur du bateau qui portait l'appareil, devait être mise en mouvement par une machine à vapeur, et, en transportant de droite à gauche les graviers qui obstruaient le chenal, elle aurait creusé un lit d'une profondeur convenable.

99. *Vis d'Archimède.* — L'application de la vis au transport des grains n'est qu'une extension de l'emploi de la

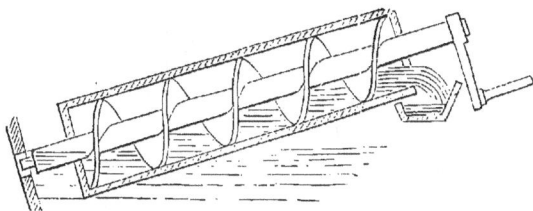

vis d'Archimède, dont on se sert pour élever les eaux à de petites hauteurs, principalement pour l'épuisement des fondations.

Cette vis, que l'on construit ordinairement en bois, et quelquefois en métal, se compose d'un noyau et d'une enveloppe cylindrique, entre lesquels est placée une hélice. Le diamètre extérieur est ordinairement égal à $\frac{1}{12}$ de la longueur de la vis; le diamètre du noyau est le tiers du diamètre extérieur. L'hélice doit y faire trois révolutions ou y former ce que l'on nomme trois *spires* entières, dont la trace sur l'enveloppe fait avec l'axe un angle de 67° à 70°.

Cette vis se place sous une inclinaison de 30° à 45°, et doit plonger dans l'eau à peu près jusqu'à hauteur de son axe.

Par l'effet du mouvement de rotation et de l'inclinaison de la vis, l'eau passe de spire en spire et parvient à l'extrémité supérieure de la vis, où elle se déverse.

Dans ce mouvement, *l'eau monte à chaque révolution d'une hauteur égale à la projection du pas de l'hélice sur la verticale.*

100. *Pompe spirale de Wirst.* — Un effet analogue se produit lorsque l'on enroule en spirale sur un cylindre, ou mieux sur un cône, un tuyau à section, circulaire ou carrée, qui reste ouvert à l'une de ses extrémités, et dont l'autre extrémité, après s'être dirigée dans le sens de l'axe du cône, s'assemble avec un tuyau coudé de même diamètre, dont une branche est verticale. Si l'on place le cône dans l'eau jusqu'à la hauteur de son axe disposé horizontale-ment, et qu'on le fasse tourner de façon que la première spire formée par le tuyau vienne plonger dans le liquide par son extrémité, cette spire se chargera d'eau pendant une demi-révolution et se remplira d'air pendant la sui-vante; et les deux fluides, passant par la rotation de spire en spire, viendront déboucher ensemble ou successivement au sommet du tube vertical. Le mouvement de rotation continu se trouvera ainsi transformé en un mouvement ascensionnel vertical continu.

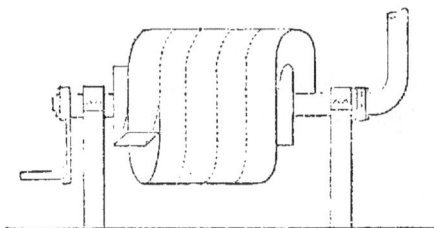

De la transformation du mouvement circulaire continu en rectiligne alternatif, et vice versa.

101. *Du mouvement alternatif.* — Nous avons dit que l'on nomme ainsi le mouvement circulaire ou rectiligne qui a lieu successivement dans un sens et dans le sens opposé. Nous en avons des exemples dans une foule de machines usuelles, telles que les pompes, les soufflets, les scies, etc. On obtient le mouvement alternatif, soit au moyen d'un autre mouvement alternatif, soit au moyen d'un mouve-ment continu que l'on transforme en mouvement alterna-tif. A l'inverse, on peut transformer un mouvement alter-natif en mouvement continu.

102. *Du mouvement rectiligne alternatif.* — Ce mouvement se produit le plus souvent par l'intermédiaire d'un mouvement de rotation continu ou alternatif. Ce n'est guère que dans les machines mues directement à bras qu'un mouvement rectiligne alternatif est directement changé en mouvement rectiligne continu.

103. *Engrenage intérieur de Lahire.* — Lahire, géomètre français du dix-septième siècle, a proposé, pour transformer le mouvement circulaire continu en un mouvement rectiligne alternatif, l'emploi d'un moyen fondé sur la considération suivante :

Si, dans un cercle *abd*, de rayon *oa*, on trace un autre cercle *aeo* dont le diamètre soit égal au rayon *oa* du premier, et qui soit tangent à celui-ci en *a*; et si l'on conçoit que le cercle intérieur *aeo* roule dans le cercle *abd*, et soit par exemple arrivé à la position *obc*, le point *a* du petit cercle qui était primitivement celui de contact du grand cercle et du petit, parcourra le diamètre *aod*.

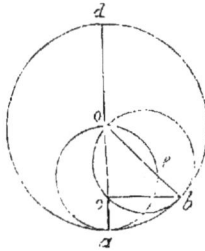

En effet, puisque le petit cercle roule sans glisser dans le grand, lorsque leur point de contact sera en *b*, l'arc *ab* parcouru sur le grand cercle sera égal à l'arc *bc* dont le petit aura roulé; or, le premier arc est la mesure de l'angle *aob*, considéré comme angle au centre, et le second est le double de la mesure du même angle *boc*, considéré comme angle inscrit dans le petit cercle *obc*; or, le second arc contient deux fois plus de degrés que l'arc *ab*, puisqu'il lui est égal en longueur et a un rayon moitié moindre. Par conséquent, les deux angles *aob* et *boc* sont égaux; donc le point *c* se trouve sur le rayon *ao*.

104. *Relation entre les espaces parcourus.* — La quantité dont le point *a* s'élève quand le point de contact passe de *a* en *b* est *ac*, égale à la projection de l'arc *ab* sur le diamètre *ad*; elle a pour expression $ac = ao - ao \cos aob$.

On pourra donc facilement construire une courbe qui

exprimera la relation entre les arcs parcourus par le petit cercle sur la circonférence du grand cercle, et les chemins

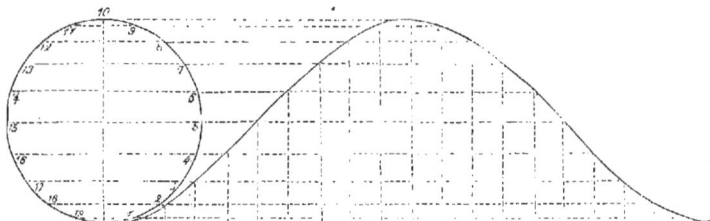

parcourus par le point a, en prenant les premiers pour abscisses et les seconds pour ordonnées. C'est ce que représente la figure. Si l'on suppose que le petit cercle se meuve uniformément sur le grand, les abscisses seront proportionnelles aux temps, et l'examen de cette courbe montrera que le mouvement d'ascension du point a s'accélère graduellement; qu'il atteint sa vitesse maximum quand le petit cercle a roulé sur le grand d'un quart de circonférence; qu'au delà le mouvement se ralentit, et que la vitesse d'ascension redevient nulle après que le petit cercle a parcouru la moitié de la circonférence du grand ou fait un tour sur lui-même; qu'au delà, le mouvement de descente commence et s'accélère de la même manière que dans la première période, pour s'éteindre à la fin de la révolution entière, et ainsi de suite. On voit d'ailleurs que, quand le point de contact b correspond au quart de la circonférence, le chemin parcouru par le point a est égal au rayon, et que, si le point b correspond à la demi-circonférence, le chemin parcouru par le point a est égal au diamètre. Donc, dans ce mouvement, lorsque le point a du grand cercle a décrit une demi-circonférence, le même point a, considéré comme appartenant au petit cercle, a parcouru le diamètre du grand cercle.

Pour réaliser la transmission du mouvement dont nous venons d'indiquer le principe, on fixe par sa couronne sur des appuis solides un anneau, denté intérieurement; à son centre passe un arbre, qui porte un bras d'une longueur égale de centre en centre à la moitié du rayon de la partie dentée de la couronne. Ce bras porte l'axe d'une petite roue ou pignon, d'un rayon aussi égal à la moitié de celui de la couronne ; sur ce pignon, et en dehors du plan de la couronne, est fixé un bouton sur lequel s'articule la tige qui doit recevoir un mouvement rectiligne alternatif. On voit que, pour exécuter cette transmission du mouvement, il faut couder un peu l'arbre principal pour le passage des dents du pignon, et placer la tige à mouvoir en porte-à-faux, ce qui tend à faire déverser le pignon. Aussi cette disposition, que l'on a dû rappeler, n'est-elle plus employée.

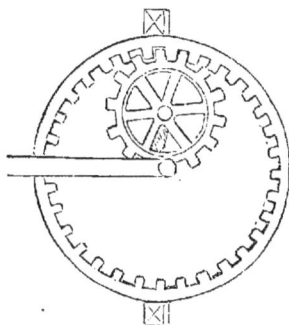

105. *Manivelle et bielle.* — Un des meilleurs moyens de produire la transformation du mouvement circulaire continu en rectiligne alternatif consiste dans l'emploi d'une manivelle fixée sur l'arbre doué du mouvement de rotation ; à son extrémité cette manivelle porte un boulon appelé *bouton*, qui est lié en *a* par une articulation avec une pièce rectiligne *ab* appelée *bielle*, d'une longueur égale à quatre, cinq ou six fois cette manivelle. Cette bielle est assemblée à son autre extrémité *b* avec la tige ou pièce *bc* douée du mouvement rectiligne alternatif, et qui est maintenue par des guides ; le centre ou l'axe de rotation de la manivelle est sur le prolongement de la direction de la tige *bc*. En examinant la figure, on voit que, quand le mouvement circulaire du point *a* a lieu dans le sens de la flèche, le bouton *a* décrivant la demi-circonférence *man*, l'extrémité *b* de la bielle et de la tige *bc* marche de *b* vers *m*, et que, quand le bouton a parcouru la demi-circonférence, la tige *bc* a marché dans le sens de *m* à *n* d'une quantité égale au diamètre de la circonférence. Lorsque le bouton *a* parvenu en *n* continue son mouvement dans l'autre demi-circonférence *npm*, l'extrémité *b* de la bielle *ab* et de la tige *bc* rétrograde et s'éloigne du point *n*, et quand le point *a* est revenu en *m*, la tige a parcouru en sens contraire un chemin égal au diamètre de la circonférence.

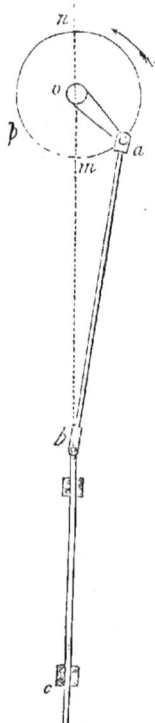

Ainsi, le mouvement de rotation continu du bouton *a* se trouve transformé en un mouvement rectiligne alternatif de la tige, et, pour chaque demi-circonférence décrite par le bouton *a*, *la tige parcourt un chemin égal au diamètre de la circonférence décrite par le bouton de la manivelle.*

A l'inverse, si la tige reçoit un mouvement rectiligne alternatif de *c* vers *b*, le bouton de la manivelle sera successivement obligé de décrire la demi-circonférence *man*, puis de revenir en décrivant la demi-circonférence *npm*, mais l'arbre de la manivelle sera toujours sollicité à tourner dans le même sens.

Le mouvement rectiligne alternatif aura donc été transformé en un mouvement circulaire continu ; et, pour chaque course de la tige *bc*, *le chemin décrit par le bouton de la manivelle sera égal à la demi-circonférence qui a cette course pour diamètre.*

Dans ce dispositif on appelle *vitesse moyenne* de la tige le quotient de l'espace parcouru dans une course par la durée de cette course. Ainsi, quand un piston décrit une course de 1^m,20 en 1″,5, on dit que sa vitesse moyenne est de $\dfrac{1^m,20}{1'',50} = 0^m,80$ en 1″. Mais cette vitesse moyenne diffère beaucoup de la vitesse réelle, qui est variable, ainsi qu'on va le voir.

On voit facilement, en effet, qu'à mesure que le bouton

se rapproche des points *m* et *n*, la tige se déplace de moins en moins, et qu'elle cesse tout à fait de se mouvoir quand il les a atteints : c'est ce qui leur a fait donner le nom de *points morts;* et l'on voit que dans ce dispositif le mouvement s'éteint lentement et sans secousse, et que la vitesse croît et décroît graduellement, ce qui est un des principaux avantages de cette transformation de mouvement.

Aussi est-elle employée dans les pompes et dans les machines soufflantes pour transmettre le mouvement circulaire continu d'une manivelle, d'un arbre de rotation, au piston ; et réciproquement, dans les machines à vapeur, pour transformer directement le mouvement alternatif du piston en un mouvement circulaire continu, comme on le voit dans les machines locomotives et dans beaucoup de machines fixes. Il est facile de trouver et de représenter graphiquement la relation du mouvement qui s'établit entre le bouton de la manivelle et la tige qu'elle conduit par l'intermédiaire de la bielle, dont la longueur est connue.

L'appareil est ordinairement disposé de façon que l'axe *o* autour duquel tourne la manivelle se trouve sur le prolongement de la direction *ab* que doit suivre la tige à conduire. Cela étant, à partir du point où cette direction prolongée coupe la circonférence, on partage la circonférence décrite par le bouton en parties égales, soit en 20, par exemple. De chacun des points 0, 1, 2, 3, 4, ... 10, avec la bielle pour rayon, on décrit des arcs de cercle, qui coupent la ligne *ab* aux points 0', 1', 2', 3'..... 9', 10, dont les distances respectives au point *o'* ou *a* donnent les courses de la tige pendant la première demi-révolution. A partir du point 10, et en revenant vers le point 0, si l'on partageait de même l'autre demi-circonférence et que l'on répétât la même opération, on retrouverait les mêmes points sur la ligne *ab*,

8

parce que tout est symétrique de part et d'autre de la ligne *cab*.

Cela fait, si l'on développe en ligne droite la circonférence décrite par le bouton de la manivelle, qu'on partage ce développement en vingt parties égales, chacune des parties sera égale à l'un des arcs 0-1, 1-2, 2-3, 3-4, etc., et représentera les chemins parcourus par le bouton de la manivelle ; à chaque point de division on élèvera des perpendiculaires à ce développement, et on les prendra respectivement égales aux distances 0-1′, 1-2′, 2-3′, 3-4′,.... 0-10′, de la figure précédente. La suite des points ainsi déterminés donnera une courbe qui représentera la relation cherchée du mouvement du bouton de la manivelle et de la tige.

A l'aide cette courbe, pour une position quelconque du bouton de la manivelle il sera toujours facile de trouver

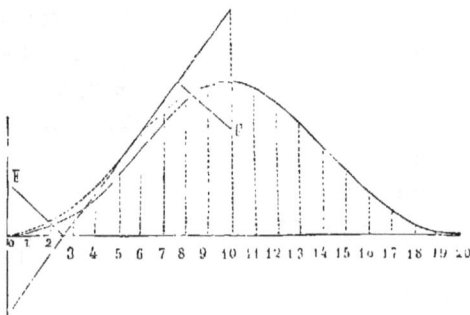

le chemin parcouru par un point de la tige, par sa tête, par exemple. Il suffira, en effet, de mesurer en degrés ou en parties de la circonférence l'arc qui sépare la position indiquée de la manivelle du point *o* de cette circonférence; et si, par exemple, cet arc est de 48°, on aura sa longueur développée *x* en parties de la longueur totale *c* de la circonférence par la proportion

$$360° : 48° :: \text{circ } c : x,$$

d'où

$$x = \frac{48}{360} \times \text{circ } c.$$

On portera cette longueur sur la droite 0-20 à partir du point 0 ; au point ainsi déterminé, on élèvera une ordonnée, dont la partie comprise entre la courbe et la ligne des abscisses donnera la course correspondante de la tige.

On remarquera que, si, comme il arrive souvent par l'action régulatrice que produit un volant placé sur l'arbre de la manivelle, le mouvement de rotation de cette pièce est sensiblement uniforme, les arcs décrits par le bouton, ou les abscisses de la courbe, seront proportionnels aux temps ; d'où il résulte (n° **19**) que l'inclinaison des tangentes à cette courbe donnera la vitesse de la tige à un instant quelconque.

Il faut observer que ces inclinaisons doivent être mesurées non par les valeurs des angles, mais par le rapport des ordonnées qui représentent les espaces parcourus à leurs abscisses correspondantes qui représentent des temps, en ayant égard aux échelles ainsi qu'il a été expliqué au n° **19**.

On voit d'ailleurs, par la forme même de la courbe, que la vitesse croît graduellement et se retarde de même, de manière qu'elle est nulle au commencement et à la fin de chaque demi-circonférence. La plus grande inclinaison de la tangente correspond au point d'inflexion de la courbe, c'est-à-dire au point où, de convexe qu'elle est d'abord vers l'axe des abscisses, elle devient concave vers cet axe; c'est celui où le mouvement cesse de s'accélérer pour commencer à se retarder.

Il est d'ailleurs situé au delà du premier quart de la circonférence; et correspond à la position où la bielle est perpendiculaire à la manivelle.

Pour reconnaître si le mouvement de la tige s'éloigne notablement d'être d'abord uniformément accéléré, puis uniformément retardé, si nous construisons à côté de la courbe précédente, et d'après la méthode du n° **25**, les deux branches de parabole qui satisferaient à cette condition, nous voyons que, pour le cas actuel où la longueur de la bielle n'a été supposée que de trois fois celle de la manivelle, ces courbes diffèrent peu l'une de l'autre. La

courbe parabolique est au-dessus de la courbe de la manivelle ; et les tangentes de la première étant, dans la
période d'accélération, plus inclinées que celles de la seconde, il s'ensuit que la vitesse du mouvement uniformément accéléré est plus grande que celle produite par la
manivelle, tandis que le contraire a lieu dans la période
de retard. La manivelle se place ordinairement à l'extrémité de l'arbre qui la porte, et en dehors de ses points
d'appui ou tourillons.

Lorsque l'arbre de rotation porte à son extrémité un anneau ou un plateau solide en fonte ou en bois, on peut se
dispenser d'employer une manivelle proprement dite. On
se contente de disposer sur l'un des bras de la roue, qui
sert alors de manivelle, un bouton, auquel on articule une
bielle. Quelquefois aussi l'on place deux ou trois boutons,
à des distances différentes du centre, afin de se réserver la
facilité d'attacher la bielle à l'un ou à l'autre pour varier
la course de la tige, ou l'on engage le bouton dans une
rainure ménagée au plateau, et dans laquelle il est maintenu par la pression d'un écrou à la distance du centre que
l'on juge convenable. Cette disposition est particulièrement applicable aux pompes, dont elle permet de varier
la course selon la quantité d'eau à élever.

106. *Manivelles doubles.* — Lorsqu'un même arbre doit
conduire deux tiges, on emploie deux manivelles, que, se-

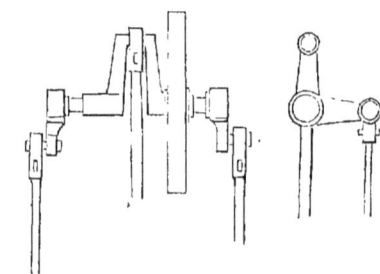

lon les circonstances,
il convient de placer à
angle droit ou dans le
prolongement l'une de
l'autre.

Pour discuter ce qu'il
convient de faire, il
faut distinguer deux
cas : celui où la tige

est à *simple effet*. c'est-à-dire où elle n'agit utilement que pendant que la manivelle parcourt l'une des deux demi-circonférences qu'elle décrit; et le cas où elle agit utilement dans ses deux courses, ce qui fait dire qu'elle est à *double effet*.

Le premier cas est celui des pompes ordinaires, qui n'é-lèvent ou ne refoulent l'eau que pendant l'une de leurs courses; le second est celui des machines à vapeur ordinaires et des locomotives, où la vapeur agit alternativement sur les deux faces du piston; celui des pompes à double effet, qui aspirent et refoulent alternativement l'eau pendant chacune des courses de leurs pistons.

107. *Premier cas.* Supposons d'abord que, les pompes étant à simple effet, les deux manivelles soient dans le prolongement l'une de l'autre, et qu'ainsi, l'une étant au point mort supérieur marqué 0, l'autre soit au point mort inférieur marqué 10 : les quantités d'eau élevées ou refoulées par la pompe étant proportionnelles à la surface du piston et à sa course, on voit que, pour le premier piston, elles iront en croissant pendant que la manivelle ira de 0 à 10 (fig. du n° **105**), et qu'elles seront proportionnelles aux ordonnées de la première branche de la courbe située à droite de 0 jusqu'à l'ordonnée 10-10'.

Passé ce terme, pour avoir les chemins totaux parcourus par ce premier piston depuis qu'il a quitté le point mort

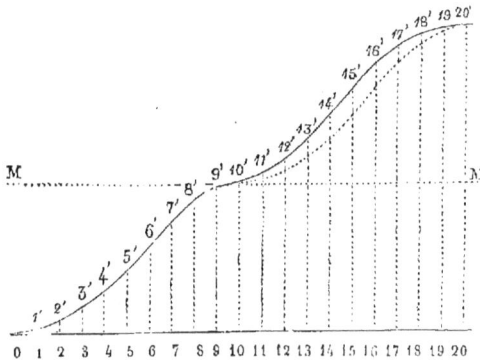

supérieur, il faudrait ajouter ses courses correspondantes

à la seconde demi-révolution à sa course totale dans la première, c'est-à-dire à l'ordonnée 10-10'. Or les courses de la seconde demi-révolution sont pour les points symétriquement placés à droite et à gauche de la verticale du centre exactement les mêmes que celles de la première. On obtiendra donc les points 11', 12', 13',..., 20' de la courbe qui donnera les chemins totaux cherchés, en portant au-dessus de l'horizontale 10'-M les hauteurs respectives des points 9', 8', 7',..., 0 au-dessous de cette ligne.

Dans le cas d'un seul piston à simple effet, la pompe ne produisant que dans une des demi-courses, la course descendante par exemple, on voit que la seconde branche de la courbe du produit sera inutile, et qu'il y aura intermittence du produit de ce piston pendant toute sa durée. Mais s'il y a deux manivelles dans le prolongement l'une de l'autre, conduisant chacune un piston à simple effet, le second sera précisément arrivé au sommet de sa course quand le premier sera au bas de la sienne. Le produit de ce second piston s'ajoutera à celui du premier, et étant déterminé par une courbe identique avec la branche 0, 1', 2', 3', ..., 10', il suffira de reporter cette courbe au-dessus de l'horizontale 10'-M, pour avoir la courbe du produit total pendant la durée d'une révolution entière. On voit que dans cette disposition des manivelles le produit est nul quand elles sont aux points morts, mais qu'à l'exception de ces positions, il y a continuité dans le produit.

Si les manivelles étaient d'équerre, et que, par exemple, la première étant au point mort supérieur, la deuxième fût en arrière au quart de la circonférence, il est clair que pendant le premier quart de la révolution la première produirait seule, et que le produit serait donné par la partie de courbe 0' 1'3'4'5'. A la fin de ce premier quart, le deuxième bouton étant au point mort supérieur et le piston qu'il conduit commençant à descendre, le produit de celui-ci s'ajouterait au produit du premier dans le deuxième quart de la révolution, et on aurait la courbe du produit en ajoutant les ordonnées 0, 1-1', 2-2', 3-3', 4-4', 5-5', respectivement aux ordonnées 5-5', 6-6', 7-7', 8-8', 9-9', 10-10'. On obtient ainsi la branche de courbe 5'6,7₁8,9,10₁. Mais

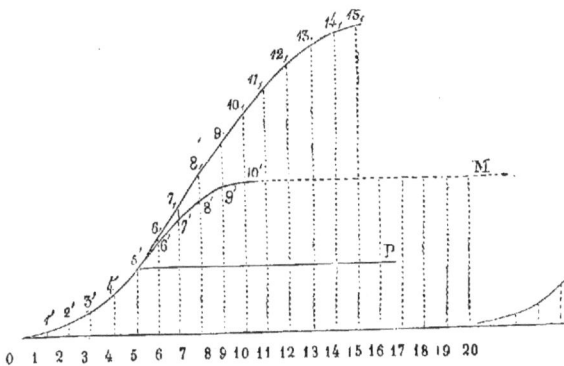

quand la deuxième manivelle a parcouru le premier quart de la demi-circonférence de droite, le premier piston est au point mort inférieur, et entre dans sa course ascendante, où il ne produit plus, et le produit ne s'accroît plus que de celui du deuxième, qui est alors au quart de la demi-circonférence de droite.

On obtient donc la courbe du produit en portant respectivement au-dessus de la ligne 10'-M les hauteurs des points 6'7'8'9'10' au-dessus de la ligne 0-20, et sur les ordonnées correspondantes aux points 12, 13, 14, 15, de la base.

Quand le deuxième bouton est arrivé au point mort inférieur, son piston cesse de produire aussi, et l'autre piston, n'ayant pas encore achevé sa course ascendante, ne produit rien non plus, de sorte qu'il y a interruption dans le produit des deux pompes. Cela dure ainsi pendant un quart de révolution ; après quoi, les boutons étant revenus à leur position initiale, tout recommence comme précédemment.

On voit donc que l'on obtient plus de continuité dans le produit en plaçant les boutons de manivelles des pompes à simple effet dans le prolongement l'un de l'autre, qu'en les mettant à angle droit.

108. *Second cas.* Lorsqu'il s'agit de pompes à double effet, on arrive à des résultats différents. Si d'abord nous

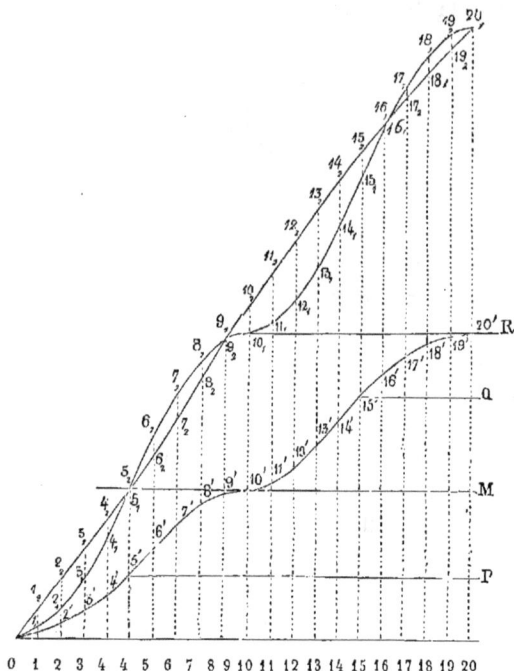

supposons que les manivelles soient dans le prolongement l'une de l'autre, il est facile de voir que, les produits des deux pistons s'additionnant, la courbe du produit sera obtenue en ajoutant aux ordonnées 0, 1-1', 2-2', 3-3', ..., 10-10', les hauteurs des points 10', 11', 12', 13', ..., 20' au-dessus de l'horizontale 10'-M, et qu'on aura ainsi d'abord la branche de courbe 0, 1_1, 2_1, 3_1, ..., 10_1, correspondante au produit pendant la première demi-révolution. Quant à la seconde demi-révolution, les choses se passeront de la même manière, et il suffira de reporter la même courbe au-dessus de l'horizontale 10_1-R pour compléter la courbe du produit relative à la révolution entière.

On voit que le produit est ainsi continu, mais qu'il est

nul aux points morts, et qu'il éprouve des variations indiquées par les inflexions de la courbe.

Si, au contraire, les boutons des manivelles sont à angle droit, et que, par exemple, le premier soit au point mort supérieur quand le second est au premier quart de la demi-circonférence de droite, il est facile de voir d'abord que les chemins simultanément parcourus dans le premier quart de tour par les deux pistons seront les ordonnées 0, 1-1′, 2-2′, 3-3′, 4-4′, 5-5′, pour le premier, et pour le second les hauteurs des points 5′, 6′, 7′, 8′, 9′, 10′, au-dessus de l'horizontale 5′-P, qui indique la hauteur à laquelle se trouvait ce second piston quand le premier était au point mort supérieur. Pour le second quart de tour, les ordonnées relatives au premier piston seront successivement 5-5′, 6-6′, 7-7′, 8-8′, 9-9′, 10-10′, et, pour le deuxième, les hauteurs des points 10′, 11′, 12′, 13′, 14′, 15′, au-dessus de la même ligne 10′M. La construction donnera ainsi la courbe 0 1_2 2_2 3_2 ..., qui se rapproche beaucoup d'une ligne droite, mais qui montre que le produit de cette demi-révolution, ou plutôt que la somme des courses simultanées est plus grande que le double d'une course totale de piston ; ce qui tient à ce que le second piston a parcouru la demi-circonférence inférieure, et que, par l'effet de l'obliquité de la bielle, les courses du piston dans chacun des quarts inférieurs de circonférence est plus grand que le rayon de la manivelle, tandis que le contraire a lieu dans les quarts supérieurs.

Pendant le troisième quart de la révolution, les courses totales du deuxième piston sont les hauteurs des points 15′, 16′, 17′, 18′, 19′, 20′, au-dessus de l'horizontale 0-20, et celles du premier piston sont les hauteurs des points 10′, 11′, 12′, 13′, 14′, 15′, au-dessus de l'horizontale 5′-P, qui correspond à sa position initiale; l'addition de ces courses donne la portion de la courbe du produit 10_2 11_2 12_2 13_2 14_2 15_2. A la fin du troisième quart, le premier piston continue à s'élever, et le deuxième commence à descendre. Les ordonnées de la courbe des produits s'augmentent donc d'abord, pour le premier piston, des hauteurs des points 15′, 16′, 17′, 18′, 19′, 20′, au-dessus de l'horizontale 15′-Q, et pour le deuxième, des ordonnées 0, 1-1′, 2-2′, 3-3′, 4-4′, 5-5′, ce qui fournit les points 15_2, 16_2, 17_2, 18_2, 19_2, 20_2.

Le tracé montre que la somme de toutes ces courses partielles pour les deux pistons est, comme il était d'ailleurs évident à priori, égale à quatre fois la course de la manivelle.

Si l'on compare cette courbe du produit 0, 1_2, 3_2, 4_2, ..., 19_2, 20_2, relative au cas où les manivelles sont d'équerre, avec la courbe 0, 1_1, 2_1, 3_1, ..., 19_1, 20_1, qui se rapporte à celui où les manivelles sont dans le prolongement l'une de l'autre, on voit de suite que, dans le premier cas, le produit n'est nul à aucun instant de la révolution, tandis que, dans le second, le produit est nul au commencement de chaque demi-révolution. On voit, de plus, que la courbe relative au premier cas se rapproche beaucoup de la ligne droite qui donnerait une loi de produit uniforme, et que d'un instant ou d'un 20ᵉ à l'autre de la révolution, les produits consécutifs diffèrent moins entre eux que dans le cas des manivelles placées dans le prolongement l'une de l'autre.

De cette discussion l'on doit donc conclure que, pour les pompes à double effet, il est préférable, sous le rapport de la régularité du produit, de placer les manivelles d'équerre plutôt que dans le prolongement l'une de l'autre; et comme d'ailleurs on fera voir plus tard que sous le rapport de la régularité de l'action motrice et du mouvement on arrive à la même conséquence, il en résulte que cette disposition est préférable sous tous les points de vue.

109. *Manivelles triples.* — Pour transmettre simultanément à trois tiges un mouvement rectiligne alternatif au moyen d'un mouvement de rotation continu, on est obligé de couder l'arbre, de manière à former trois manivelles, dont les directions partagent la circonférence en parties égales.

Ce dispositif présente de l'avantage pour la régularité du mouvement; mais il exige des précautions dans l'ajustage; dans le travail de la forge il faut apporter les plus grands soins pour que, dans les angles rentrants formés par les coudes de l'arbre, le fer ne soit pas altéré et n'offre pas de solution de continuité. A cet effet, tous ces angles doivent être arrondis.

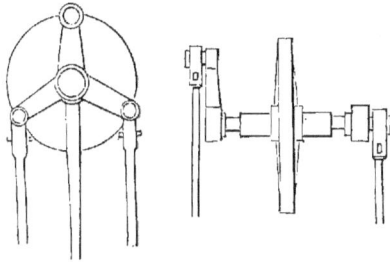

On peut, aussi facilement que pour les manivelles doubles, se rendre compte de l'effet des manivelles triples par une construction graphique, en distinguant toujours les deux cas où les tiges conduites sont à simple ou à double effet.

Premier cas. Les pompes à trois corps, dont les pistons sont presque toujours à simple effet, sont conduites par des manivelles triples, dont les boutons partagent la circonférence en trois parties égales, et sont par conséquent distants de $\frac{1}{3}$ de circonférence ou $\frac{2}{3}$ de demi-circonférence.

Cela posé, si l'on suppose toujours la circonférence décrite par les boutons développés en ligne droite et partagée en vingt parties égales numérotées de 1 à 20, lorsque le premier bouton sera au point mort supérieur représenté par 0, le second sera en avance à la position 13.33 dans le demi-cercle de gauche, et le troisième sera à la position 6.67 dans le demi-cercle de droite.

Les courses du piston conduit par le premier bouton et les produits de ce piston seront représentés par les ordonnées de la branche de courbe 01'2'3'4'....10'; passé le point 10 ou l'ordonnée 10-10', ce piston ne produira plus rien, puisque la pompe est à simple effet.

En même temps que ce piston produit, le second, qui est dans le demi-cercle de gauche, ne produit rien, et le troisième, qui passe de la position 6.67 à 10, produit des quantités d'eau proportionnelles à ses courses. Ainsi, quand le premier était à 0 et ne produisait encore rien, le troisième avait parcouru une course représentée par l'ordonnée correspondante à l'abscisse 6.67, et ainsi de suite; de sorte que les courses utiles correspondantes et simultanées de ces deux pistons devront être ajoutées, et que, pour avoir le produit de la pompe depuis l'instant où le premier bouton part du point mort supérieur jusqu'à celui où il est revenu à cette position, il faudra porter l'une au-dessus de l'autre les courses et les accroissements de course, ainsi qu'il est indiqué ci-dessous par sixième de tour.

Nos d'ordre des sixièmes de tour.	Hauteurs utiles parcourues simultanément, ou ordonnées de la courbe du produit.
1	1er piston de 0 à 3,3, et 3e piston de 6,6 à 10 au-dessus de 6,6P.
2	1er piston de 3,3 à 6,6 au dessus de 3,3M.
3	1er piston de 6,6 à 10 au dessus de 6,6P, et 2e piston de 0 à 3,3.
4	2e piston de 3,3 à 6,6 au-dessus de 3,3M.
5	2e piston de 6,6 à 10 au-dessus de 6,6P, et 3e piston de 0 à 3,3.
6	3e piston de 3,3 à 6,6 au-dessus de 3,3M.

Dans cette construction, les déplacements ou les courses de piston d'une ordonnée à l'autre s'ajoutent aux courses déjà parcourues. La seule attention à avoir, c'est de prendre les ordonnées qui se correspondent respectivement.

On obtient ainsi la courbe OA qui représente la loi d'accroissement du produit pendant une révolution entière, et l'on voit qu'elle diffère bien peu d'une ligne droite, ce qui indique que, *dans les pompes à simple effet à trois corps, le produit n'est jamais nul, et qu'il croît à fort peu près uniformément ou proportionnellement aux angles décrits par l'arbre des manivelles.*

Second cas. On emploie peu de pompes à double effet

à trois corps; mais, si l'on appliquait la même méthode de discussion à ce cas, on verrait facilement que, pour construire la courbe du produit, il faudrait ajouter suc-

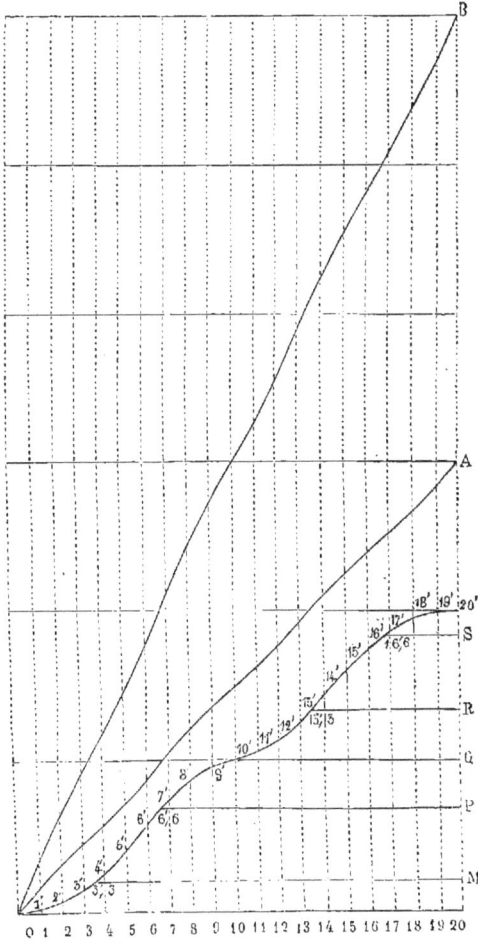

cessivement aux courses déjà obtenues les hauteurs parcourues par les pistons, ainsi qu'il est indiqué dans le tableau suivant, et comme le montre la figure précédente.

Nos d'ordre des sixièmes de tour.	Hauteurs utiles parcourues simultanément ou ordonnées de la courbe du produit.
1	De 0 à 3',3. De 13',3 à 16',6 au-dessus de 13',3R. De 6',6 à 10' au-dessus de 6',6P.
2	De 3',3 à 6',6 au-dessus de 3',3M. De 16',6 à 20' au-dessus de 17',6S. De 10' à 13',3 au-dessus de 10'Q.
3	De 6',6 à 10 au-dessus de 6',6P. De 0 à 3',3. De 13',3 à 16',6 au-dessus de 13',3R.
4	De 10 à 13',3 au-dessus de 10'Q. De 3',3 à 6',6 au-dessus de 3',3M. De 16',6 à 20' au-dessus de 16',6S.
5	De 13',3 à 16',6 au-dessus de 13',3R. De 0 à 3',3. De 16',6 à 10' au-dessus de 6',6P.
6	De 16',6 à 20 au-dessus de 16',6S. De 10' à 13',3 au-dessus de 10'Q. De 3',3 à 6',6 au-dessus de 3',3M.

On remarquera que les sommes des trois hauteurs simultanément parcourues par les pistons pendant chaque sixième de la révolution sont constantes et égales à la course totale de l'un d'eux ; ce qui donne six points de la courbe en ligne droite. On voit d'ailleurs par la figure que cette courbe OB diffère extrêmement peu d'une ligne droite, ce qui montre que, *dans les pompes à trois corps et à double effet, le produit n'est jamais nul, et croît à très-peu près proportionnellement aux angles décrits par l'arbre.*

110. *Transmission de mouvements à périodes inégales de durée.* — Il est quelquefois utile de pouvoir, à l'aide d'une manivelle animée d'un mouvement de rotation uniforme, transmettre à un autre axe de rotation ou à une autre manivelle un mouvement dont les deux périodes ou demi-révolutions s'accomplissent plus rapidement l'une que l'autre.

L'on y parvient à l'aide d'un dispositif analogue au suivant, dont l'idée première paraît due à M. Whitworth, qui lui a donné le nom de transmission de mouvement à retour rapide.

Considérons deux axes de rotation O et O' sur lesquels sont calées deux manivelles OA et O'A' de même rayon r. Admettons que la distance $OO' = D$ soit plus petite que le rayon r des manivelles, et que les boutons A et A' de celles-ci soient reliés par une bielle AA' de longueur égale à leur rayon commun r.

Nous aurons ainsi un qua- drilatère articulé, dont les sommets A et A' seront soli- daires par rapport aux mou- vements de rotation ; et si OA est la manivelle motrice, que nous pouvons supposer animée d'un mouvement uni- forme, elle entraînera la manivelle O'A' et lui communi- quera un mouvement varié, dont nous nous proposons d'étudier la loi.

A cet effet supposons que la manivelle motrice OA soit parvenue à la position horizontale A_1 par exemple. En dé- crivant du centre A_1 avec $OA = r$ pour rayon un arc de cercle, il coupera la circonférence décrite par l'autre manivelle en un point A', qui donnera la position corres- pondante O'A' de celle-ci. Si nous prolongeons les rayons $A_1 O$ et $A'_1 O'$ jusqu'à leur rencontre en I, ce dernier point sera, d'après un théorème connu de M. Chasles, le centre instantané de rotation des boutons A_1 et A'_1 pour ces posi- tions, et les vitesses de ces boutons seront entre elles dans le rapport des lignes A_1 I et A'_1 I. Le théorème cité nous permettra donc de déterminer ce rapport pour toutes les positions de l'un et de l'autre de ces boutons, en opérant d'un manière analogue.

111. *Tracé de la loi du mouvement de la manivelle conduite.* — Il sera d'ailleurs toujours facile de déterminer toutes les positions simultanées des deux manivelles, et les angles

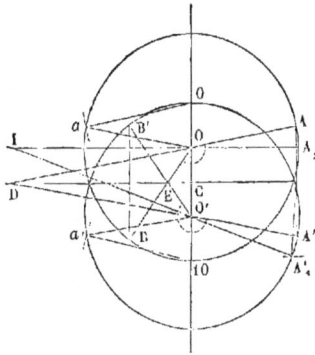

correspondants décrits par chacune d'elles ; et si la manivelle motrice est animée d'un mouvement uniforme de
sorte que les arcs qu'elle décrit soient proportionnels aux
tours, on pourra, par un tracé, obtenir la loi du mouvement de la manivelle conduite et la représenter par une
courbe, dont les abscisses seraient les arcs décrits par la
première, ou les tours, et les ordonnées les arcs correspondants décrits par la seconde. Les tangentes à cette
courbe donneraient par leur inclinaison la vitesse du
bouton de la manivelle conduite.

Ce tracé, qui ne présente aucune difficulté, pourra s'exécuter de la manière suivante :

On partagera la circonférence décrite par la manivelle
motrice en vingt parties égales, à partir d'une position
quelconque : celle, par exemple, où elle est verticale ; des

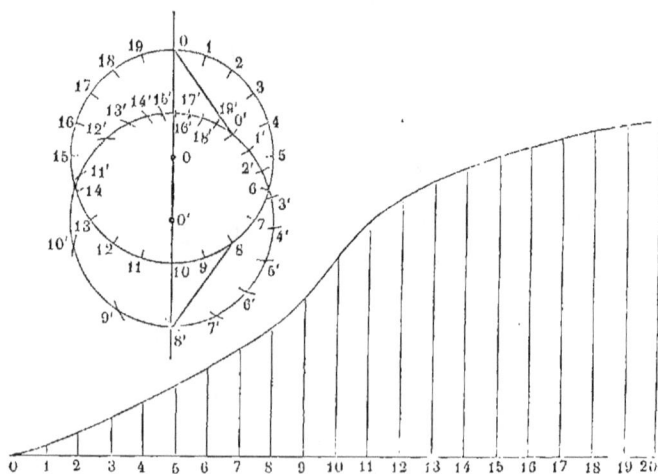

points 0, 1, 2, 3, .. , 19, 0 de division on tracera, avec un
rayon égal à la longueur de la bielle qui est celle du rayon
de la manivelle, des arcs de cercle qui couperont respectivement aux points 0', 1', 2', 3'. ., 18', 19' la circonférence dé-

crite par la manivelle conduite, dont ils fourniront les positions correspondantes.

Cela fait, connaissant la durée de la révolution, supposée uniforme, de la manivelle motrice, on développera la circonférence décrite par son bouton, dont chaque vingtième représentera une égale fraction de cette durée. En chacun des points de division correspondant aux arcs 0-1, 0-2, 0-3,...., 0-18, 0-19 on élèvera des perpendiculaires égales au développement des arcs 0'-1', 0'-2', 0'-3',..., 0'-18', 0'-19', et leur suite fournira la courbe représentative de la loi du mouvement du bouton de la manivelle conduite, dont on reconnaîtra à vue toutes les variations. Les tangentes menées à cette courbe fourniront par les tangentes trigonométriques de leurs inclinaisons sur l'axe ou par le rapport des ordonnées aux abscisses les vitesses correspondantes.

Il est d'ailleurs facile de reconnaître à quelles positions de la manivelle motrice correspondront l'égalité de vitesse des deux boutons de manivelle ainsi que le maximum et le minimum de vitesse de la manivelle conduite. Les positions d'égalité sont celles où cette dernière est verticale.

En effet, si nous traçons en C, milieu de OO', une perpendiculaire à cette ligne des centres, et si nous lui menons deux parallèles, l'une en dessus, l'autre en dessous, à une distance égale à la moitié du rayon ou de la bielle, elles couperont les circonférences décrites par les manivelles en des points A et A' à droite de OO' et B et B' à gauche, qui seront respectivement sur des verticales AA' et BB' égales à la longueur de la bielle.

Si l'on mène les rayons OA et O'A' et qu'on les prolonge jusqu'à leur rencontre D, il est évident, d'après le théorème connu de M. Chasles (n° 169), sur les centres instantanés de rotation, que, pour la position AA', les deux rayons DA et DA' étant égaux, les vitesses instantanées des points A et A' seront aussi égales.

Il en sera encore de même pour les positions symé-

9

triques B et B′ des boutons, où les rayons OB et O′B′ se coupent au point E, qui est le centre instantané de rotation correspondant.

Le maximum de vitesse du bouton A′ de la manivelle conduite correspondra à la position verticale inférieure O-10 de la manivelle motrice. En effet, lorsque le bouton A est arrivé en 10, on obtient la position a ou 10′ du bouton A′, en décrivant du point 10 avec AA′ $= r$ pour rayon un arc de cercle, qui coupe en $a′$ la circonférence du bouton A′ et donne sa position. O-10 et O′$a′$ sont alors les normales aux arcs par les boutons A′ et A décrits, et le centre instantané de rotation est O′. Le rapport des vitesses des boutons A′ et A étant celui des rayons O-10 $= r$ O′10 $= r - $OO′ $= r - d$, en nommant d la distance des centres, il a pour expression

$$\frac{r}{r-d},$$

et la figure montre que ce rapport est le plus grand que le tracé puisse donner.

Le minimum de vitesse du bouton A′ de la manivelle conduite correspond, à l'inverse, à la position verticale supérieure O′-O de cette manivelle. C'est ce que montre un tracé analogue au précédent, par lequel on déterminera la position a de la manivelle motrice, et qui fera voir que le centre instantané de rotation étant alors en O, le rapport des vitesses de A′ et de A est celui des rayons OO $= r - d$ et O$a = r$ ou

$$\frac{r-d}{r},$$

quantité qui est un minimum.

Ces deux expressions montrent que si $d = 0$, les vitesses des deux boutons sont toujours égales, tandis qu'elles s'écartent d'autant plus que la distance du centre O à O′ est plus grande.

112. *Cas où il s'agit de transmettre un mouvement rectiligne alternatif à retour rapide.* — Le dispositif que l'on vient d'étudier a été particulièrement appliqué à transmettre à des tiges ou à des outils un mouvement rectiligne alternatif, plus rapide dans une de ses périodes que dans l'autre. C'est dans ce but que M. Whitworth l'a introduit dans ses petites machines à raboter.

La construction précédente permet de tracer facilement la courbe représentative de la loi du mouvement de la tige ou de l'outil.

La direction de ce mouvement étant comprise dans le plan

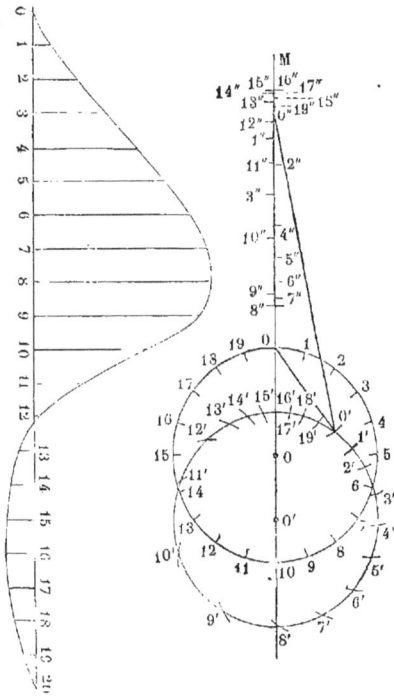

des axes de rotation des deux manivelles et représentée par la ligne O'OM, de tous les points 0', 1', 2', 3',..., 18', 19ᵉ correspondants aux positions équidistantes 0, 1, 2, 3,..., 18,19 du bouton de la bielle motrice et avec la longueur de cette bielle pour rayon, on tracera des arcs de cercle qui couperont la ligne O'OM en des points 0", 1", 2", 3",..., 18",19", qui donneront les positions du bouton d'articulation de la bielle et de la tige correspondantes à celles 0,1,2,3,...,18,19 du bouton de la manivelle motrice.

Il ne restera plus qu'à construire la courbe représentative de la loi du mouvement, dont les abscisses seront les arcs 0-1, 0-2, 0-3, ..., 0-18, 0-19, ou les temps et les ordonnées les chemins $0''$-$1''$, $0'$-$2''$, $0''$-$3''$, ..., $0''$-$18''$, $0''$-$19''$, et à tracer la courbe comme il a été dit plus haut.

113. *Tracé automatique des lois du mouvement précédent.* — Les tracés que l'on vient d'indiquer peuvent être automatiquement obtenus et fournis par les appareils eux-mêmes au

moyen de quelques dispositions simples et utiles à faire connaître pour l'enseignement. M. Laussédat, professeur suppléant du cours de géométrie appliquée au Conservatoire des arts et métiers, a fait construire à cet effet un modèle qui reproduit la loi du mouvement de l'appareil à retour rapide de M. Whitworth en choisissant pour exemple l'application que MM. Dubied et Ducommun, de Mulhouse, en ont faite à certaines machines à mortaises.

La figure ci-contre représente à la fois cette transmission et l'appareil enregistreur qui permet d'obtenir la courbe représentative de la loi du mouvement.

A est l'axe de rotation du moteur que, le plus souvent, on peut supposer animé d'un mouvement uniforme ; AA' est une première manivelle, calée sur cet arbre ; CC' est une bielle articulée d'une part avec la manivelle AA' et de l'autre avec la manivelle BB' calée sur un second arbre BD.

PP est un plateau-manivelle calé sur le même arbre.

EF est une seconde bielle articulée en E avec le plateau-manivelle, et en F avec la tige GG', guidée dans une glissoire verticale. Il est l'outil dont il s'agit d'étudier le mouvement. L'appareil enregistreur est composé ainsi qu'il suit :

rr est un cylindre recouvert d'une feuille de papier et qui se meut autour de son axe avec une vitesse dont le rapport avec celle de l'arbre moteur est constant et déterminé par le nombre de dents des roues *m*, *n*, et par la grandeur des rayons des poulies *p* et *q*. Il résulte des proportions adoptées que la circonférence décrite par le bouton de la première manivelle motrice AA' correspond à une longueur déterminée du développement de celle du cylindre *rr*.

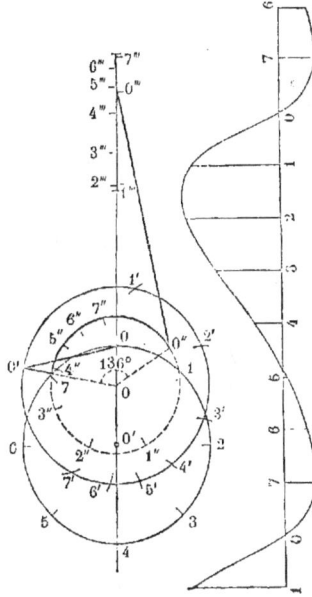

Le crayon *c* porté par la tige guidée GG', en parcourant des chemins égaux à ceux de l'outil, trace sur la surface du cylindre la courbe cherchée, puisque les arcs décrits par la circonférence de ce cylindre sont proportionnels aux tours et forment les abscisses de cette courbe, tandis que les ordonnées sont les chemins parcourus par l'outil. La figure reproduit la courbe développée fournie par cet appareil.

114. *Excentriques.* — Dans certains cas on est obligé, par la disposition de la machine, de placer la manivelle sur le corps même de l'arbre, et s'il s'agit de pièces légères à conduire, au lieu de le couder, on y cale un disque circulaire, dont le centre est à une distance de l'axe de rotation égale à la moitié de la course à produire, et dont le rayon est assez grand pour que ce cercle embrasse l'arbre

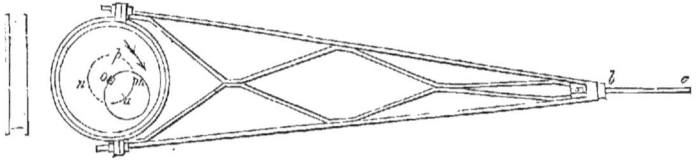

de rotation. Ce cercle se nomme *excentrique*. Il présente à sa circonférence extérieure une gorge, qui est enveloppée par une bague circulaire et assemblée à deux tiges, formant une sorte de triangle allongé, dont le sommet s'articule avec la tige à conduire ; ce triangle et sa bague remplacent la bielle. Il est facile de voir que ce dispositif fonctionne exactement comme la manivelle ordinaire, et que *la course de la tige douée du mouvement rectiligne alternatif est égale au diamètre du cercle décrit par le centre de l'excentrique autour de l'arbre, ou au double de la distance des centres qu'on nomme excentricité.*

En effet, quand le centre *o* de l'excentrique part du point *m*, situé sur la droite qui joint le centre *o* avec la tête de la tige *bc*, et tourne dans le sens de la flèche en parcourant la demi-circonférence *mon*, il est clair que l'excentrique entraîne sa bague et la bielle dans le même sens d'une quantité totale égale au diamètre du cercle décrit par le point *o*, et que, quand le centre parcourt l'autre demi-circonférence *pnm*, la bielle et la tige rétrogradent de la même quantité.

En procédant comme nous l'avons fait pour la manivelle simple, et regardant ici la distance des centres comme le rayon d'une manivelle, on construira la courbe qui représente la loi du mouvement de la tige conduite par l'excentrique.

L'excentrique jouit, comme la manivelle, de l'avantage d'éteindre et de communiquer le mouvement graduellement

et sans secousse; mais il faut remarquer que, pour une révolution ou une course entière, *les points de la bague qui enveloppe l'excentrique, et dans laquelle il tourne, parcourent en
frottant sur la surface un chemin égal à la circonférence de l'excentrique*, dont le diamètre est toujours notablement plus
grand que le double de l'excentricité ou de la course rectiligne ; tandis que, *dans la manivelle, le chemin parcouru
par les points frottants n'est égal qu'à la circonférence du bouton
de la manivelle*

Pour cette raison, l'usage des excentriques doit être
restreint aux cas où il s'agit de faire marcher des pièces
légères, telles que les appareils de distribution de la vapeur, etc.; mais il faut, autant que possible, éviter de l'employer pour des pompes, et pour toutes les parties de machines qui sont lourdes à conduire; cependant il est des
cas où la nature du travail de la machine oblige à s'écarter
de cette règle.

115. *Excentrique à course variable.* — Il importe quelquefois, et en particulier dans les locomotives, de faire varier
la course de la tige conduite par l'excentrique. Parmi les
moyens essayés, le plus simple pour la manœuvre, et le
plus généralement employé, est l'excentrique double de
Stephenson.

Cet appareil consiste en deux excentriques circulaires,
dont les centres sont diamétralement opposés, et que l'on

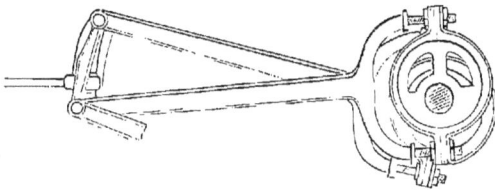

coule habituellement d'une seule pièce. Chacun d'eux conduit une bielle ; ces deux bielles marchent en sens contraire, et elles sont articulées aux deux extrémités d'une

coulisse ou d'un arc évidé, dans lequel s'engage la tête de la tige à conduire.

Il est facile de voir que, les deux extrémités de cette coulisse tournant en sens contraire, il y a un de ses points qui ne se déplace pas, et que, si la tête de la tige occupait ce point, elle ne marcherait pas du tout. Au contraire, plus cette tête sera près de l'extrémité de la coulisse, plus sa course sera grande. Un système de leviers coudés, que le mécanicien fait basculer à volonté, lui permet d'élever ou d'abaisser la coulisse, de façon que la tête de la tige du tiroir à conduire occupe une position plus ou moins rapprochée de l'extrémité, et parcoure par conséquent un espace plus ou moins grand ; il peut même, en déplaçant convenablement la coulisse, changer le sens du mouvement de la tige par rapport à celui de l'excentrique.

116. *Cames ou ondes.* — On emploie souvent, au lieu d'excentriques circulaires, des *cames* ou *ondes*, dont la forme dépend du mouvement rectiligne particulier qu'il s'agit de produire et de la relation qu'on veut établir entre le mouvement de rotation et celui de translation. Nous allons, par quelques exemples, indiquer la méthode que l'on doit suivre pour les tracer.

117. *Courbe en cœur.* — Lorsqu'il s'agit de conduire alternativement dans un sens rectiligne une tige ou un cadre au moyen d'un mouvement continu, avec la condition que, pour des angles égaux décrits par l'arbre tournant, la tige avance ou recule de quantités égales, on emploie des cames que l'on nomme *cames en cœur*.

118. *Tracé de la came en cœur.* — Voici le tracé ordinairement suivi. Étant donnée la course totale de la pièce et le diamètre de l'arbre qui doit recevoir la came, on décrit un cercle sur ce dernier diamètre ; en dehors, on porte l'épaisseur minimum ac qu'on veut donner à la came, et l'on trace le cercle correspondant de rayon oc ; on mène un diamètre *ce*, que l'on prolonge d'une quantité *ef* égale à la course totale que l'on veut imprimer à la tige. On partage cette course en un certain nombre de parties égales, en six par exemple, aux points 1, 2, 3, 4, 5 et *f*, puis avec des rayons égaux à *o*1, *o*2, *o*3, *o*4, *o*5, *of*, on décrit des circonférences ; on partage ensuite chaque demi-circonférence à partir du point *e* en un même nombre de parties égales aux points 1′2′3′4′5′; et les points où les rayons menés par ces points de division coupent les circonférences correspondantes aux divisions de même rang appartiennent à la courbe cherchée, que l'on trace ensuite avec une règle ployante.

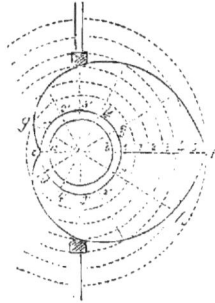

Les distances des points de cette courbe au centre *o* s'appellent les *rayons vecteurs* de la courbe, et l'on voit que, dans ce tracé, *les rayons vecteurs croissent proportionnellement aux arcs décrits.*

La came devant pousser et ramener alternativement la tige à conduire, on lui donne de l'autre côté une forme exactement symétrique, et il en résulte qu'une ligne quelconque menée par le centre *o* de l'arbre, et terminée de part et d'autre à la courbe, a toujours une même longueur égale à *cf*. C'est ce qu'il est facile de vérifier pour l'une quelconque, *gh* par exemple, qui, d'un côté, correspond au premier point déterminé au-dessus de *c* et au premier point au-dessous de *f*, c'est-à-dire au premier sixième de la demi-circonférence, car cette ligne est égale à 1′-1′, ou *ce* plus 1′*g*, ou $\frac{1}{6}$ de *ef* plus 1*h*′ ou $\frac{5}{6}$ *ef*, ou en tout à *ce* + *ef* = *cf*.

Il résulte de là que, si la courbe est placée dans un cadre à côtés parallèles éloignés de la distance *cf*, dans lequel on ne lui laisse que le jeu strictement nécessaire, elle poussera toujours l'un des côtés, et passera de l'un à l'autre sans choc; mais ce cadre ayant toujours une certaine épaisseur, on voit qu'il ne pourrait trouver place dans l'angle rentrant *c* jusqu'à l'origine de la courbe; il est donc nécessaire de faire en cet endroit un raccordement en ligne courbe qui permette le jeu de l'appareil. Au sommet *f,* quoique rien ne s'oppose au changement de courbe, il faut ménager un arrondissement, pour que cet angle ne s'use pas trop vite.

On remarquera que ces cames ou ondes agissent obliquement par rapport à la pièce qu'elles doivent conduire et la pressent contre ses guides, ce qui donne lieu à de grands frottements; et, de plus, les points de la tige qui glissent sur la came parcourent tout son développement, qui est considérable par rapport à la course utile *ef*; pour rendre ce mouvement plus doux, on garnit souvent la tige ou les côtés du cadre qui poussent la came de galets d'un grand rayon mobiles sur les petits axes, qui tournent et roulent sur la came au lieu de glisser; mais ce moyen, praticable pour des appareils légers, ne vaut rien pour des machines un peu lourdes à conduire, parce que la surface des galets s'altère ainsi que celle de la courbe, les axes s'usent, et bientôt les galets ne tournent plus.

Dans la plupart des cas, l'arbre qui porte la came tourne, ou doit tourner d'un mouvement uniforme, de sorte que les arcs décrits par un point quelconque du plan de la came sont proportionnels aux temps, et peuvent être pris à une certaine échelle pour représenter ces temps.

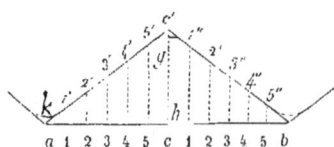

La relation entre les espaces ou les chemins parcourus par le cadre et les arcs parcourus par un point de la came peut donc aussi exprimer celle des espaces avec les temps, et, par suite, donner celle des vitesses. Si, par exemple, l'on veut trouver la relation du mouvement entre l'origine c de la came et le point du cadre ou de la tige qu'elle conduit, on développera la circonférence oc suivant une droite ab, et l'on partagera chaque moitié ac et cb en autant de parties égales que la course totale ef de la tige, soit en six parties. En chaque point de division 1, 2, 3, 4, 5, 6, on élèvera une perpendiculaire $11'$, $22'$, etc., représentant à une certaine échelle la course correspondante de la tige. Or, dans le cas actuel, les courses de la tige étant proportionnelles aux arcs décrits, il s'ensuit que les points $1'$, $2'$, $3'$, $4'$, $5'$, $6'$, seront tous en ligne droite. Le rapport des espaces parcourus par la tige aux arcs décrits ou aux temps étant constant, le mouvement est uniforme, et sa vitesse est donnée par l'inclinaison de la droite $a\, 1'$, $2'$, etc.

En réalité, les arrondissements de l'origine et du sommet de la courbe modifient un peu la loi du mouvement. Si, par exemple, on a pris $cc' = ef$ ou à la course demandée, et que, par des arcs de cercle tangents aux deux droites qui représentent la relation des mouvements, l'un vers le point a, l'autre vers le point b, on ait raccordé ces deux droites, il arrivera que la course réelle sera égale à la hauteur gh du creux de l'arc inférieur au-dessous du sommet du raccordement supérieur.

Si donc on tient à obtenir exactement une course donnée, égale par exemple à gh, on tracera par les points g et h, correspondants au sommet et à l'origine de la courbe, deux arcs de cercle, dont le centre sera sur gh et sur ak, et dont le rayon sera pris égal, par exemple, à celui de l'arrondissement du cadre, ou au rayon du galet si on en emploie un.

Cela fait, on mènera une tangente commune à ces deux arcs de cercle, et cette droite sera la relation du mouvement, de la tige à celui de l'arbre.

119. *Inconvénient des courbes en cœur et tracé d'une autre courbe.* — On voit qu'avec cet excentrique le mouvement de la tige, nul au commencement et à la fin de chaque course, acquiert et perd dans un instant très-court la vitesse uniforme qu'on veut lui imprimer, ce qui produit un passage trop brusque du repos au mouvement, contribue beaucoup à altérer les parties en contact, et présente des inconvénients.

Pour les cas où l'uniformité de mouvement de la tige n'est pas nécessaire, il serait plus convenable de s'imposer la condition que le mouvement s'accélérât uniformément depuis l'origine de la course de la tige jusqu'au milieu, et se retardât aussi uniformément depuis le milieu jusqu'à la fin de la course; de sorte que la vitesse croîtrait et décroîtrait de quantités égales dans des temps égaux. Le raccordement des deux courbes se ferait naturellement et offrirait toute la douceur convenable.

Si, par exemple, la course totale doit être de 0^m,20, dans une demi-révolution, pour la période d'accélération cor-

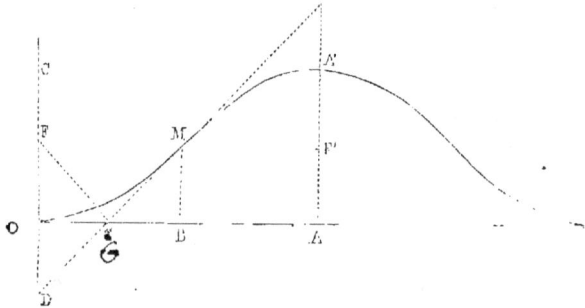

respondante au quart de la circonférence elle sera de 0^m,10, et le tracé de la relation des mouvements circulaire et de translation sera facile à exécuter dans ces conditions nouvelles.

Sur une ligne d'abscisses AO on portera le développement de la circonférence correspondante à la naissance de la courbe, et dont le rayon peut être déterminé à volonté, pourvu qu'il soit plus grand que celui de l'arbre. On prendra OA égal à la moitié, et OB égal au quart de cette circonférence, et au point B on élèvera une perpendiculaire égale à la moitié 0^m,10 de la course : on aura ainsi une abscisse et une ordonnée de l'un des points de la courbe de la relation des mouvements, et, comme on sait que cette relation doit représenter un mouvement uniformément accéléré, la courbe sera *une parabole*, dont l'axe sera la perpendiculaire OC, et dont OB sera la tangente à l'origine. D'après les propriétés connues de ce genre de courbe, on portera de O en D une distance égale à OD = BM = 0^m,10 ou à la demi-course; on joindra le point M au point D par la ligne MD, qui sera une tangente en M à la courbe et qui coupera OB en un point G; en ce point on élèvera à la ligne MD une perpendiculaire, qui rencontrera OC au point F, foyer de la parabole. Connaissant ainsi les axes et le foyer de cette courbe, on achèvera son tracé par la méthode connue. Cette portion de la courbe du mouvement étant tracée, les autres branches correspondantes aux 2e, 3e, 4e quarts de la circonférence développée doivent être exactement les mêmes, mais disposées symétriquement. On reportera de A' en F' la distance OF du foyer au sommet, et l'on tracera ainsi les deux parties supérieures de la relation des mouvements, et l'on complétera d'une manière analogue le dernier quart, qui donnera le tracé complet de la relation cherchée.

Cela fait, on divisera la ligne d'abscisses OA correspondante à la demi-circonférence en dix parties, on élèvera en chaque point de division des perpendiculaires limitées à la courbe. On partagera de même en dix parties égales la demi-circonférence décrite avec le rayon de la naissance de la courbe de là came; par chaque point de division on mènera des rayons, sur lesquels on portera, à partir de cette cir-

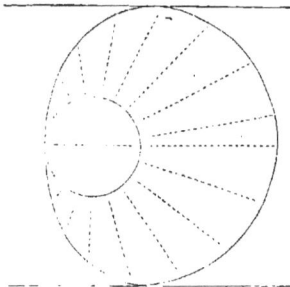

conférence, des longueurs égales aux ordonnées correspondantes de la courbe. On aura ainsi les points du contour de la came, que l'on achèvera de tracer avec une
règle ployante. La courbe que l'on vient de tracer présente,
comme on le voit d'après la figure, un contour très-con-
tinu, sans angle rentrant ni saillant, et doit par conséquent produire un mouvement régulier.

On remarquera d'ailleurs que le choix du rayon du cercle
qui correspond à la naissance de la courbe est à peu près
arbitraire; en l'augmentant par rapport à la course à obtenir, on rend le contour plus adouci, et l'action de la came
sur la tige moins oblique; mais on accroît en même temps
le chemin parcouru par les points frottants. Il convient
donc de ne pas augmenter ce rayon au delà de ce qui est
nécessaire dans chaque cas.

Enfin, pour deux arcs correspondants au même diamètre,
ou dont la somme est égale à la demi-circonférence, les
deux quantités que l'on ajoute au rayon de la naissance
forment une somme égale à la course, la courbe a tous ses
diamètres égaux, et par conséquent elle peut être comprise entre deux points ou parties saillantes distantes l'une
de l'autre d'une quantité égale à l'un de ces diamètres
sur lesquelles elle agira alternativement dans un sens ou
dans l'autre. Quoique les diamètres soient égaux, l'on voit
à l'inspection de la figure que deux tangentes parallèles
ne sont jamais équidistantes et que par conséquent cet
excentrique ne peut être compris dans un cadre à côtés
parallèles.

120. *Cames doubles.* — Dans le cas où la tige à conduire
devrait parcourir deux courses pour un tour de l'arbre à
cames, on supposerait que la même relation que précédemment existe entre des arcs ou des tours moitié moindres et les mêmes chemins parcourus par la tige; on partagerait la demi-circonférence en vingt parties, et, sur les
rayons correspondants à chacune d'elles, on porterait des

longueurs égales aux courses. Le même tracé, pour l'autre demi-circonférence, fournirait une seconde came semblable, comme l'indique la figure.

On remarquera que, malgré sa continuité, et quoiqu'elle satisfasse à la condition de transmettre un mouvement d'abord uniformément accéléré, puis uniformément retardé, cette came double offre un creux un peu brusque.

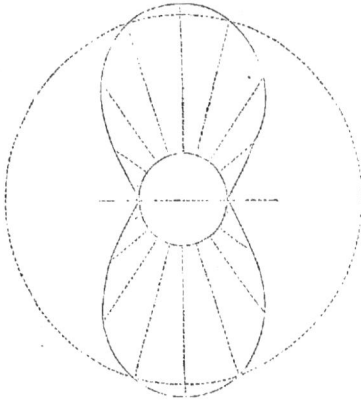

Pour obtenir deux courses de la tige à conduire dans le même temps, il serait préférable de faire marcher l'arbre qui reçoit l'excentrique deux fois plus vite, et de conserver à la came la forme du numéro précédent.

121. *Observation sur le mode de construction indiqué.* — La marche que nous venons d'indiquer et le tracé préalable d'une courbe à coordonnées rectangulaires, qui représente la relation que l'on veut obtenir entre les chemins parcourus par les deux organes, offre une méthode générale dont nous montrerons d'autres applications.

122. *Excentrique triangulaire.* — On emploie aussi, pour transformer le mouvement circulaire continu en mouvement rectiligne alternatif, un excentrique formé par un triangle équilatéral à côtés circulaires, fixé en saillie sur un plateau monté sur l'arbre doué du mouvement de rotation, et entouré d'un cadre rectangulaire sur les côtés duquel il agit. Voici le tracé adopté pour certains cas, et en particulier pour le mouvement des tiroirs des machines à vapeur d'Edwards du système de Woolf.

Soit *ao* la course totale que l'on veut faire parcourir deux

fois, l'une en descendant, l'autre en montant, aux boites
à vapeur pour une descente de piston ; avec *ao* pour rayon,
on décrit un cercle, que l'on partage en six parties égales.
Des points *a* et *c* ou 4 de division comme centres, on décrit
des arcs de cercle *oc*, *ao*, qui, avec *ac*, forment un triangle

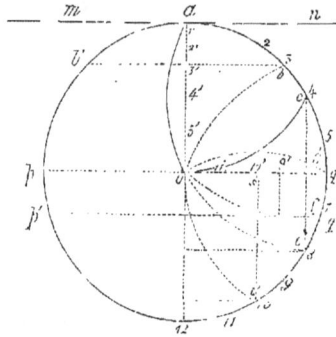

curviligne équilatéral.
Ce triangle, auquel on
donne une épaisseur
de 3 à 4 centimètres,
et que l'on fait en
acier, pour qu'il s'use
peu, est fixé en saillie
par un bouton sur un
plateau circulaire de
rayon *ao*, dont l'un des
sommets occupe le

centre. Ce plateau accomplit une révolution entière pendant une course simple du piston, et il se trouve inséré dans
un cadre rectangulaire *mnpq*, dont les côtés *mn* et *pq* ont
un écartement égal au rayon *ao*, ou à la course
d'un demi-millimètre pour la facilité du jeu, et qui ne peut
prendre qu'un mouvement de translation alternatif.

Cherchons la relation du mouvement circulaire et du
mouvement rectiligne, et supposons que l'excentrique,
partant de la position *aoc* en tournant de *a* vers *c*, soit
parvenu d'abord à la position *bof*. Le côté inférieur du
cadre, pressé par la convexité de l'arc *oc* venu en *of*, arrivera de *pq* en *p'q'*. Il est évident que ce côté se sera abaissé
de la flèche de l'arc *of*, qu'il est toujours facile de mesurer,
et qui est égale à celle de l'arc *bub'* déterminé par la
corde *bb'* parallèle à *od*, ou à ce qu'on nomme le *sinus-
verse* de l'arc décrit *ab*. Le mouvement se continuant, le
point de contact de l'arc de l'excentrique avec le cadre se
rapproche de plus en plus de l'angle *c* ; et quand celui-ci
est parvenu en *c*, ou a décrit $\frac{1}{6}$ de circonférence, la corde

ce se trouve perpendiculaire à *oq* ou au côté du cadre, et celui-ci a marché de la moitié de la corde *ce*, ou de la moitié du rayon *ao*, ou de la moitié de sa course totale. Ainsi, après que l'excentrique a décrit $\frac{1}{3}$ de circonférence, le cadre a marché de la moitié de sa course. Au delà de cette position, l'excentrique agit sur le côté inférieur du cadre par son angle *c*, et la relation des mouvements éprouve un changement. Lorsque cet angle *c* est parvenu en *e'*, le chemin décrit par le cadre est *e's*, quantité qu'il est facile de relever sur la figure, et qui a d'ailleurs pour valeur

$$e's = ao \, \cos \left(\frac{1}{3}\pi + a_1\right),$$

a_1 étant l'arc décrit depuis le commencement.

On voit d'ailleurs que *e's* va en croissant, mais de plus en plus lentement, jusqu'à sa valeur maximum, égale à la course totale *ao*, qui correspond au moment où le plateau de l'excentrique a décrit les $\frac{2}{3}$ de la circonférence.

Passé cette position, l'excentrique ne touche le côté inférieur du cadre que par son arc de cercle *ca* concentrique au plateau, et par conséquent il glisse sur ce côté sans l'éloigner davantage du centre.

L'effet de l'excentrique peut donc se partager en trois périodes correspondantes aux premier, deuxième et troisième tiers de la demi-circonférence : dans le premier, le mouvement rectiligne de la tige s'accélère graduellement, et elle parcourt la moitié de la course; dans le deuxième, le mouvement se retarde, et, à la fin de cette période, la tige reste stationnaire. La tige faisant deux courses ou une allée et un retour par révolution de l'excentrique, si celui-ci fait un tour pour une course simple du piston, l'on voit que le tiroir conduit par la tige s'ouvre d'un mouvement accéléré pendant le premier sixième de la course, d'un mouvement retardé pendant le second sixième, reste stationnaire pendant le troisième sixième, commence à se refermer d'un mouvement accéléré pendant le quatrième, continue à

10

se refermer d'un mouvement retardé pendant le cinquième, et reste fermé pendant le dernier. Toutes les circonstances de ces mouvements respectifs peuvent être représentées par un tracé analogue à celui que nous avons donné pour l'excentrique précédent.

En prenant pour la ligne des abscisses la circonférence dont le rayon est la course à obtenir pour la tige, et la partageant en vingt-quatre parties égales, de même que le cercle de rayon ao (fig. du n° **122**), on abaissera des points

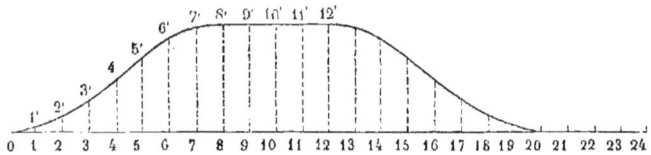

1, 2, 3 et 4 du cercle des perpendiculaires 11', 22', 33', 44', sur ao, lesquelles donneront les courses $a1'$, $a2'$, $a3'$ et $a4'$ de la tige correspondantes, ou les ordonnées 11', 22', 33', 44' de la relation des mouvements; quoique, au delà du premier tiers de la demi-révolution, le mouvement de la tige ne soit plus dû à la convexité de l'arc oc, on pourra, pour faciliter la continuité du tracé, abaisser encore la perpendiculaire qui passerait par le point 5 et élever l'ordonnée correspondante.

Pour le deuxième tiers de la demi-révolution on abaissera des points 7, 8, 9, 10, 11, etc., sur le diamètre op des perpendiculaires, telles que 10-10'..., qui seront les ordonnées à élever aux points 5, 6, 7 et 8 de la ligne des abscisses; puis, par le point 8 dont l'ordonnée 88' $= ao$, on mènera une parallèle à la ligne des abscisses, qu'on limitera à l'ordonnée 12-12' correspondante à la fin de la demi-circonférence; puis on construira le reste de la relation des mouvements symétriquement à la partie précédente.

On voit par ce tracé que les branches 1', 2', 3', 4', et 4', 5', 6', 7', 8' se raccordent tangentiellement au point 4' sans jarret, et satisfont sinon tout à fait, du moins très-approximativement, à la condition que le mouvement se transmette par accélération à peu près uniforme et s'éteigne aussi uniformément. D'une autre part, on remarquera que, pendant le premier tiers de la demi-révolution, l'excentrique agit en roulant par sa convexité *oc* et en glissant de la différence de l'arc à la corde; que, dans le deuxième tiers, l'angle *c* glisse sur le côté inférieur du cadre de la quantité *od*; et que, dans le dernier, l'arc entier *ac* glisse sur ce côté, mais sans le presser.

125. *Inconvénient du tracé précédent et modification pour l'éviter.* — Un inconvénient de ce dispositif, c'est d'exiger que l'excentrique soit en saillie sur un plateau placé à l'extrémité de l'arbre tournant, ce qui oblige à interrompre celui-ci; on y remédie par la modification suivante. On trace un cercle d'un rayon *oc* égal à celui de l'arbre, augmenté de l'épaisseur minimum qu'il faut conserver à l'excentrique, et un cercle d'un rayon *oa* égal à *oc* augmenté de la course alternative qu'il faut produire. On mène un diamètre *coa*; du point *a* comme centre, on décrit un arc de cercle *bc* avec *ca*

pour rayon, et du point *b* comme centre un arc semblable *aa'* avec le même rayon; on obtient ainsi le contour de l'excentrique, qui est formé de trois arcs de cercle de même rayon *ab*, *bc* et *aa'*, dont les deux der-

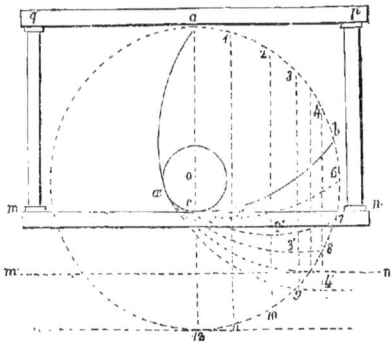

niers sont raccordés par l'arc *ca'* de rayon *oc*. Examinons la marche de cette transmission à partir de la position où le rayon *ca* est vertical ou à l'origine d'une demi-révolution. Le côté inférieur *mn* du cadre *mnpq* que l'excentrique doit conduire touche l'excentrique en dessous, et ce-

lui-ci commence à le pousser par sa convexité cb; la figure
montre que, la demi-circonférence étant partagée en douze
parties égales, si l'on suppose que le point a arrive successivement aux positions 1, 2, 3, 4, et qu'on trace de ces
points comme centres les positions successives du côté cb,
les quantités dont le cadre conduit aura marché seront
les flèches de ces arcs limitées à la corde cn ou à la position initiale de mn. Il sera donc facile de les relever et de
construire, comme pour le précédent excentrique, la relation des mouvements qui correspond à l'accélération.

Il est aussi aisé de déterminer la position dans laquelle
l'excentrique cesse de pousser le côté inférieur du cadre
mn par son côté convexe cb, et commence à agir par son
angle b. En effet, dans cette position, l'arc cb est tangent
au côté mn par son extrémité : le point de contact se trouve
donc à la fois sur mn et sur la circonférence de rayon ao;
et, comme mn est toujours horizontal, le rayon qui passe
par le point de contact est vertical, et son extrémité ou le
centre de l'arc cb devant en outre rester sans cesse sur la
circonférence ao, on voit qu'il suffira de mener dans cette
circonférence une corde verticale parallèle à ac et égale à
$ao + a'o = ab$, ou au rayon des côtés aa' et cb. Le point inférieur de cette corde sera la position où l'excentrique
commence à pousser par son angle b.

A partir de ce point, les pieds des perpendiculaires, telles
que $11'$, $22'$, $33'$, qui tombaient sur les arcs correspondants
en dedans du cercle, se trouvent comme $44'$ en dehors du
cercle de rayon ca, et ne correspondraient plus à des points
de la relation des mouvements. Les abaissements produits
par l'angle b sont donnés par les distances du point b dans
ses diverses positions au-dessous de la position initiale de
mn, et, comme on connaît les arcs décrits simultanément
pour chacune de ces positions, par le point a on trouve facilement la position de b, et, par suite, les distances qui
sont les ordonnées de la partie de la relation des mouvements qui correspond à cette portion de la révolution.

A partir du moment où le point *b* sera parvenu au bas de la demi-circonférence ou au point 12, cet angle cessera d'agir, et l'excentrique ne touchera plus le côté *mn* que par son arc *ab* concentrique à l'axe. Le mouvement rectiligne cessera donc, et le cadre sera au repos pendant cette pér'ode, qui répond au reste de la demi-révolution. Dans le tracé que nous venons d'indiquer, l'arc *ab* étant plus grand que le sixième de la circonférence, on voit que la tige reste stationnaire plus longtemps que dans l'autre dispositif.

La loi du mouvement produit par cet excentrique est représentée par la courbe A*bcd*. On voit que la vitesse y

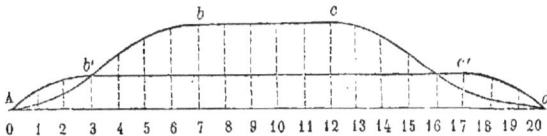

croît graduellement depuis l'instant où le mouvement commence jusqu'à un certain moment indiqué par l'inflexion de la courbe ; puis, qu'elle diminue et s'éteint graduellement, de sorte que le cadre arrive avec une vitesse nulle à sa position de repos.

124. *Modifications diverses des excentriques triangulaires.* — Quelques constructeurs, dans le but de maintenir le cadre de la tige que l'excentrique conduit plus longtemps dans une position fixe, augmentent l'angle ou la portion de circonférence embrassée par les côtés *aa'* et *a'b*. On peut se proposer, par exemple, la condition que le cadre ne marche que pendant $\frac{1}{4}$ de la demi-révolution de l'arbre, et l'on déterminera le rayon *ao* du cercle extérieur de l'excentrique, de façon que la condition précédente soit satisfaite, que l'angle *b* de l'excentrique commence à agir tangentiellement au côté du cadre, et que la course de celui-ci soit d'une longueur donnée. On remarquera que, puisque la course *rs* que l'excentrique produit, doit être accomplie dans $\frac{1}{4}$ de la demi-révolution, l'angle *sob* est égal à 45°, et les angles *osb* et *obs* égaux à 67°,5. Pour trouver *ao*, il suffira donc de porter sur une droite indéfinie *sa* la course donnée *sr*, d'élever en *r* une perpendiculaire à *rs*, et de

mener en *s* la droite *sb*, qui fasse avec *sa* ou *rs* un angle de 67°,5. Cette droite coupera *rb* en *b*, et le centre *o* cherché se trouvera à la rencontre de *sa* avec la perpendiculaire élevée au milieu de *sb*. Au point *b* on élèvera une perpendiculaire *bc* à la corde *rb*. Cette ligne, qui sera égale à la corde d'un angle droit, rencontrera la circonférence de rayon *ao* en un point *c*, qui sera le centre d'un des arcs de cercle qui formeront la came. La ligne *co* prolongée déterminera sur l'arc du rayon *cb* la longueur du rayon du noyau de l'excentrique. Du point *d*, extrémité du rayon perpendiculaire à *sa*, avec *da=cb* pour rayon, on décrira un arc de cercle de rayon *bc*, qui limitera l'excentrique, et sera tangent au cercle de rayon *a'o*.

Si maintenant on mène la ligne *pq* tangente en *a* au cercle, et *mn* parallèle à *pq*, touchant l'excentrique en *b*, l'on aura les deux côtés du cadre, et on voit que l'excentrique agira sur le côté inférieur du cadre par son angle *b*, jusqu'à ce que cet angle soit parvenu au point *s*, à partir duquel l'excentrique cessera de pousser le cadre pendant $\frac{3}{4}$ de la demi-circonférence.

La construction précédente, appliquée à ce cas, fournit, pour la relation des mouvements, la courbe A*b'c'd*, dont la partie rectiligne *b'c'* correspond à la partie de la révolution où le cadre est stationnaire.

On remarquera que, dans ce tracé, le côté inférieur du cadre, pressé par l'angle b, part brusquement du repos, et y revient aussi par un à-coup, ce qui n'est tolérable que pour des pièces légères; c'est donc à tort que quelques constructeurs emploient un dispositif analogue pour transmettre le mouvement à des tiroirs.

La construction de la relation des mouvements donne la courbe A$b'c'd$ (fig. du n° **123**), où l'on voit en effet que le cadre se met brusquement en mouvement et s'arrête de même.

125. *Excentrique formé par un cercle tournant autour d'un point de sa circonférence.* — On peut aussi former un excentrique analogue au précédent en fixant en saillie sur un plateau de rayon ao un cercle de diamètre ao, dont la circonférence passerait par le centre o et serait entourée par un cadre $mnpq$, dont les côtés parallèles seraient éloignés d'une quantité égale au diamètre de ce disque. On ferait ainsi conduire le cadre précisément comme il le serait par un bouton de manivelle placé à son centre o'. Le seul avantage que ce dispositif pourrait offrir pour quelques cas particuliers consiste en ce que le disque agit toujours normalement aux côtés

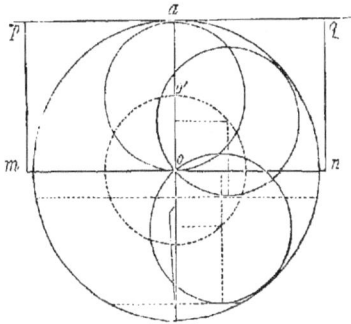

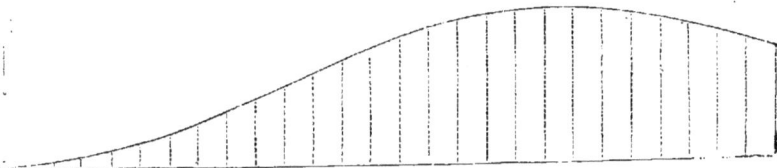

du cadre ; mais le chemin parcouru par les points glissants dans une révolution est considérable, et égal à l'excès de la circonférence du disque sur le double de son diamètre.

Le tracé de la courbe qui donne la loi des mouvements et des vitesses montre que les changements de vitesse se font avec beaucoup de douceur au moyen de cet excentrique.

126. *Excentrique Trézel.* — M. Trézel, mécanicien à Saint-Quentin, emploie dans ses machines à vapeur un excentrique qui diffère de l'excentrique triangulaire du n° **122**, en ce que les trois arcs principaux sont raccordés par des arcs de cercle d'un rayon plus petit, dont l'un est l'arc même de la douille de l'excentrique.

127. *Cas où l'on connaît la course du châssis ou chariot d'excentrique, le rayon de la douille et celui des deux arcs de raccordement.* — On procède alors à la construction de la manière suivante :

Du point O, centre de l'arbre, l'on décrit avec Oa rayon

de l'arbre et avec Ob rayon de la douille de l'excentrique deux circonférences. Sur le diamètre AB, on porte, à partir du point *b*, une longueur B*b* égale à la course de l'excentrique, et du centre O avec OB comme rayon, on décrit un arc de cercle concentrique à l'arbre; c'est un des arcs principaux de l'excentrique.

Pour déterminer les centres des arcs de raccordement et les deux autres arcs principaux, l'on prend sur AB, BC égal au rayon que l'on veut adopter pour ces arcs, et du centre O, avec OC pour rayon, l'on décrit l'arc DD'; puis en *i*, milieu de AB, on élève sur AB une perpendiculaire FF' sur laquelle on porte, de chaque côté du point *i*, des longueurs *i*F et *i*F' égales à *i*C; les parallèles FD et F'D', menées ensuite à AB, rencontrent l'arc DCD' en des points D et D' qui sont les centres cherchés. En décrivant de ces points comme centres, avec DK et D'K' comme rayons, deux arcs de cercle, l'on obtient les deux autres arcs principaux de l'excentrique, et on les raccorde avec le premier par les arcs *mp* et *nq*, décrits des centres D et D' avec D*p* = D'*q* = BC pour rayons.

Il est facile de vérifier que toutes les lignes passant par

les centres O, D et D' sont égales en longueur à AB, et que les arcs de raccordement sont tangents aux grands arcs.

Ainsi l'on voit d'abord de suite que $pK = AB$, attendu que $Op = OB$ et $OA = OK$ comme rayons des mêmes cercles; de même $qK' = AB$ et $DK = Dn = D'K' = AC$.

Mais

$$Dn = DD' + D'n = AB - 2BC + D'n,$$

à cause de

$$DD' = 2iC$$

et de

$$iC = \frac{AB}{2} - C.$$

On a aussi

$$AC = AB - BC,$$

et par suite,

$$AB - 2BC + D'n = AB - BC,$$

d'où

$$D'n = BC,$$

et de même

$$Dm = BC;$$

ce qui montre que les arcs décrits des centres D et D' avec les rayons Dp et $D'q$, égaux à BC, sont tangents aux grands arcs $K'm$ et Kn. Enfin

$$mn = mD + Dn = BC + AC = AB.$$

128. *Cas où l'on connaît la course du châssis, le rayon de la douille, et l'angle formé par les lignes qui joignent le centre de l'arbre aux centres* D *et* D' *des deux grands arcs latéraux.*

Dans ce cas, où la durée du grand repos du châssis est donnée, l'on décrit d'abord les circonférences Oa et Ob, sur AB l'on porte bB égal à la course, et l'on décrit l'arc CBC' avec OB comme rayon, et en lui donnant l'ouverture COC' voulue; sur le milieu i de AB on élève une perpendiculaire sur laquelle on prend $iF = iF' = \frac{1}{2} AB$, on mène Fp et $F'q$ parallèles à AB, Cm et $C'n$ tangentes à l'arc CBC' aux points C et C', et les rencontres m et n déterminent les angles Cmp, $C'nq$, dont les bissectrices mD et nD', par leurs rencontres D et D' avec les rayons OC et OC', déterminent les centres des arcs de raccordement ainsi que leurs rayons $DC = D'C'$. De ces points D et D' comme centres, avec

$DK = D'K'$ pour rayons, l'on décrit les grands arcs Kq et $K'p$.

129. *Loi du mouvement transmis par l'excentrique Trézel.* — L'excentrique étant construit, si l'on veut tracer la courbe qui représente la loi du mouvement qu'il produit, l'on procède ainsi qu'il suit :

On décrit avec un rayon quelconque Ob_1, que l'on peut prendre par exemple égal à celui de la douille s'il est assez

grand pour la commodité du tracé, une circonférence de cercle, que l'on développe en ligne droite, en la prenant pour une ligne d'abscisses dont la longueur totale et les diverses parties seront proportionnelles aux angles décrits par l'excentrique, ou aux temps si le mouvement est uniforme.

En supposant que l'excentrique tourne dans le sens de la flèche de la figure, l'on voit d'abord que quand l'arbre décrit l'arc A_1OK_1', le châssis qui est en contact en dessous avec cet arc et en dessus avec l'arc BC' restera stationnaire, et que par suite la loi de son mouvement sera représentée par une partie A_1K_1 de la ligne des abscisses égale en longueur à l'arc A_1K_1' développé.

A partir de la position où l'excentrique, en continuant de tourner, touche le côté inférieur du châssis par des points de son arc $K'pC$ de plus en plus éloignés de l'axe de rotation O, le châssis se déplace. Dans ce moment, le côté inférieur de ce châssis reste toujours tangent à l'arc de l'excentrique et vertical, et par conséquent perpendiculaire au rayon de l'excentrique mené par le centre D' de la partie de l'arc qui agit.

D'après cela, il est facile de déterminer les quantités dont le côté de châssis se sera déplacé pour chaque mouvement angulaire de l'excentrique. A cet effet, partageons l'arc $K_1'G_1$ en huit parties égales, et menons les rayons OK_1', O_1, O_2, O_3, ..., O_7, OG_1. Lorsque le rayon O_1 sera devenu vertical, le côté du châssis restant toujours horizontal, le rayon mené par le centre D' au point de contact de l'arc $K'pC$ avec ce côté, sera aussi vertical, et par conséquent parallèle à O_1. Donc tous les rayons de l'arc de l'excentrique qui déterminent les points de contact de cet arc avec les côtés des châssis dans les positions où les rayons O_1, O_2, O_3, ... deviennent verticaux, sont respectivement parallèles à ces rayons.

Ainsi, par exemple, si par le centre D' on mène $D's$ parallèle à O_1, le point s sera le point par lequel l'excentrique poussera le côté du châssis quand le rayon O_1 sera vertical. Donc aussi, à ce moment, le châssis aura marché de l'excès de la longueur Os sur le rayon OA de la douille. Il sera donc facile de déterminer les courses du châssis pour chacun des arcs $K_1'1$, $K_1'2$, $K_1'3$, ..., $K_1'G_1$, et en portant les longueurs développées de ces arcs sur la ligne des abscisses à partir du point K_1, élevant aux points ainsi déterminés des perpendiculaires égales aux courses correspondantes, on formera la courbe K_1sG_1, qui représentera la loi du mouvement d'abaissement du châssis pendant la première demi-révolution de l'excentrique.

L'on voit que le mouvement produit par cet excentrique est d'abord accéléré, puis retardé jusqu'au moment où le point de contact de l'excentrique avec le côté inférieur du châssis est le point C de l'arc CDC', à partir duquel le châssis redevient stationnaire pendant le reste de la demi-révolution, et la loi du mouvement est représentée par la ligne droite $g_1 b_1'$, menée parallèlement à la ligne des abscisses à une distance égale à la course totale.

Si, sur les mêmes abscisses, l'on construit la courbe qui représenterait un mouvement d'abord uniformément accéléré, puis uniformément retardé de même course, et qui est reproduite en ligne ponctuée dans la figure, on reconnaît que ces deux courbes diffèrent très-peu l'une de l'autre, et que, par conséquent, l'excentrique que nous venons de décrire satisfait à très-peu près à la condition de produire un mouvement d'abord uniformément accéléré à partir du repos, puis uniformément retardé en revenant au repos.

130. *Bouton de manivelle guidé dans un cadre.* — Au lieu de donner au disque du n° **125** un diamètre égal au rayon du plateau ou à la course totale qu'il s'agit de produire, on emploie quelquefois un simple bouton d'un petit rayon monté soit sur un plateau, soit au bout d'un bras de manivelle; dans ce cas, les côtés du cadre sont rapprochés, et forment une simple rainure ou coulisse dans laquelle le bouton se déplace et glisse d'une quantité qui, pour chaque révolution, est égale au double de l'excès du diamètre de la circonférence décrite par le centre du bouton sur la circonférence de ce bouton. Ce dispositif a, en outre, l'inconvénient que le bouton agit à une certaine distance de la tige à conduire, et la presse trop fortement contre les guides.

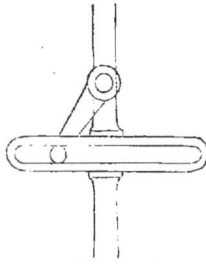

131. *Excentrique à course variée.* — On emploie dans quelques machines des excentriques destinés à produire plusieurs mouvements différents et des repos dans une même révolution. Nous indiquerons un exemple.

Excentrique à détente. — On trouve dans certaines machines à vapeur un excentrique qui, dans une même demi-révolution, produit deux déplacements du tiroir, et le laisse

aussi deux fois stationnaire. Pour faire le tracé de cet excentrique, et de tous ceux du même genre, on peut procé-
der ainsi qu'il suit :

Après avoir déterminé, d'après les dimensions de l'arbre
et l'épaisseur du métal à laisser à la came, à sa partie la
plus mince, la distance à l'axe de la partie de la came qui
en est la plus rapprochée, on développera la circonférence
correspondante en ligne droite, et on la partagera en cent
parties égales; soit *oo'* cette circonférence, et NAN la ligne
droite suivant laquelle elle est développée.

Donnons-nous, par exemple, pour condition, que pendant la demi-révolution la course totale du tiroir soit de
54 millimètres, partagés en trois parties égales, réparties
ainsi qu'il suit : deux portions de cette course, ou 36 millimètres, vers l'origine de la demi-révolution, pour ouvrir
rapidement une lumière, et mettre l'autre en communication avec l'échappement; repos pendant $\frac{1}{10}$ de la circonférence, ou $\frac{1}{5}$ de la course : 1° retour du tiroir de 18 millimètres, pour fermer la lumière d'admission et produire la
détente pendant $\frac{25}{100}$ de la différence, ou $\frac{1}{2}$ de sa course;
2° retour du tiroir pour permettre l'échappement. Dans
l'autre demi-révolution, repos du tiroir pour l'échappement
pendant $\frac{1}{3}$ de la course, puis marche du tiroir pendant
18 millimètres, permettant encore l'échappement pendant
le reste de la course.

Pour tracer l'excentrique de manière qu'il produise tous
ces mouvements, divisons la circonférence 00' en 100 parties égales, et, pour que l'ouverture du tiroir commence
juste avec la course, imposons-nous la condition que la
première moitié de la course de 36 millimètres soit parcourue pendant les $\frac{5}{100}$ de la révolution qui précèdent le
point *o* ou l'origine de la demi-circonférence, et que la se-

conde moitié soit parcourue dans les $\frac{5}{100}$ qui suivent, de telle sorte que le premier mouvement soit uniformément accéléré et le second uniformément retardé, selon ce qui a été dit au n° **124**.

Le tiroir étant, à l'origine de ce mouvement, supposé à 18 millimètres au-dessus de sa position la plus basse, nous

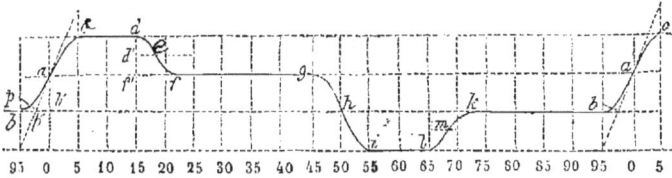

avons l'origine de la courbe qui représente la relation des mouvements au point b situé sur la perpendiculaire 95-b égale à 18 millimètres. Au point 0, élevons une perpendiculaire 0a égale à 18 millimètres, et nous aurons le point a correspondant à la première moitié de la course du tiroir. La courbe du mouvement de b en a devant être une parabole (n° **25**) tangente, à son origine en b, à la parallèle à la circonférence développée, il est facile de la tracer.

Pour cela, joignez les points a et 95 : cette ligne sera une tangente à la parabole au point a; elle coupera l'axe bb' en un point p'. Par ce point, élevez une perpendiculaire à la tangente a-95 : le point p où cette ligne coupera l'axe b-95 de la parabole sera le foyer. Dès lors il est facile d'achever le tracé de la courbe du mouvement de b en a.

De a en b la courbe a exactement la même forme, mais renversée; on la tracera donc aisément, et l'on aura ainsi la relation des mouvements pendant la marche du tiroir, sur 36 millimètres de course. A partir du point c, puisque le tiroir doit rester au repos pendant $\frac{1}{5}$ de la course, la relation du mouvement est représentée par la ligne cd correspondante aux ordonnées 5c et 15d.

A partir du point d on construira une courbe de retour produisant le premier retour de 18 millimètres, et composée de deux portions, l'une correspondante à un mouvement uniformément accéléré, l'autre à un mouvement uniformément retardé, et tous deux avec la même rapidité que le précédent. Pour cela il suffira de reporter en dessous de cd, à partir de d, la même parabole que pour le premier mouvement; mais comme le mouvement qu'elle représente ne doit avoir que 18 millimètres d'amplitude totale, à 9 millimètres au-dessous du point d on mènera par d' une parallèle de à cd, laquelle déterminera sur la courbe un point e, limite de la période d'accélération; puis, à partir du pied f' de la perpendiculaire $df' = 18$ millimètres $= cd$, on prendra sur ff' une distance ff' double de $d'e$, ce qui donnera le sommet f de la parabole, exactement symétrique à la précédente, et destinée à produire sa période de mouvement de retour uniformément retardé.

Après ce premier retour, le tiroir devant rester stationnaire, on mènera par le point f une parallèle à la circonférence développée, ou ligne des abscisses, qu'on limitera à l'ordonnée correspondante aux $\frac{45}{100}$ de la circonférence, ou aux $\frac{9}{10}$ de la demi-course, moment où le tiroir doit commencer à marcher pour permettre l'échappement de la vapeur. Ce second mouvement de retour du tiroir devant être de 36 millimètres en deux périodes, l'une d'accélération et l'autre de retard uniformes, la courbe ghi de relation du mouvement sera exactement semblable et égale, mais symétrique, à la courbe bac du premier mouvement de marche. Elle se raccorde en i à $\frac{55}{100}$ de la circonférence avec la droite qui représente la position rétrograde la plus éloignée du tiroir, correspondante à l'admission de la vapeur. Le tiroir reste ainsi stationnaire de i en l pendant $\frac{1}{10}$ de la course; puis il recommence à marcher et s'élève d'abord à 18 millimètres, ce qui l'amène au bord de la lumière, qui reste encore ouverte. Ce mouvement est représenté par la courbe *lmk*, exactement semblable et symétrique à la courbe *def*. Après ce mouvement, le tiroir devant rester stationnaire, la relation des mouvements sera exprimée par la droite kb_1, jusqu'aux $\dfrac{95}{100}$ de la révolution; puis, à partir du point b_1, la même série de mouvements se reproduira comme précédemment.

Le tracé de la relation des mouvements à obtenir étant fait en développement ou en coordonnées rectangulaires, rien n'est plus facile que de le reporter sur le plan de la came.

On partage le cercle O*o* du plus petit rayon de la came en 100 parties, comme on l'a fait pour son développement; on trace pour les parties comprises entre 95 et 5 les dix rayons qu'elles comprennent, et sur chacun d'eux on porte l'ordonnée correspondante de la courbe développée *bac*, pour laquelle on a aussi tracé les dix ordonnées équidistantes : on obtient ainsi la courbe BAC de la came qui produira le premier mouvement de marche de 36 milli-mètres. On opère de même entre les rayons OD et OF, menés de façon que l'arc de cercle O*o* compris entre eux soit égal à *ff'* ou à la base de la première courbe de retour développée *def*, et l'on obtient la courbe correspon-dante de la came DEF'; et de même pour les autres.

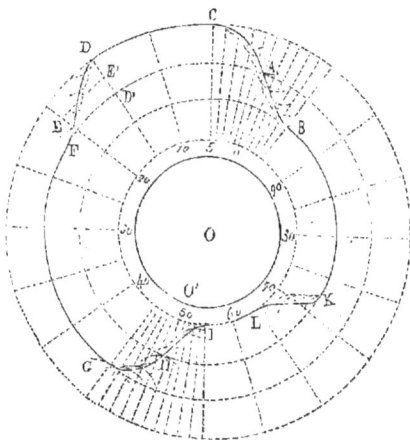

Tout ce que l'on vient de dire fournit le moyen d'établir

11

entre les angles décrits par l'arbre qui porte la came ou les arcs décrits à l'unité de distance, et les chemins parcourus par la tige ou les tiroirs, une relation déterminée, ou de déterminer le déplacement de cette tige quand on connaît l'angle décrit. On remarquera, de plus, que, si le mouvement de rotation de l'arbre est uniforme, ou peut être regardé comme tel, les arcs décrits ou les abscisses de la courbe sont proportionnels aux temps, dans un rapport facile à déterminer, et peuvent par conséquent les représenter à une échelle convenue.

Par conséquent (n° 19), les tangentes à la courbe en développement qui représente la relation des mouvements donneront par leur inclinaison ou par le rapport des espaces que représentent leurs ordonnées aux temps qu'expriment leurs abscisses la vitesse de la pièce douée du mouvement alternatif.

On remarquera que, par l'effet de la symétrie du tracé, toutes les lignes menées par le centre O de la came et limitées à la courbe de la came sont égales ; ce qui lui permettra de tourner dans un cadre à côtés parallèles, dont la distance n'excéderait ce diamètre que du jeu strictement nécessaire.

Mais il faut d'abord remarquer que ces courbes, en poussant le cadre dans lequel elles seraient insérées, frotteraient et glisseraient sur les côtés de ce cadre pendant tout leur développement, ou au moins pendant celui des courbes de marche et de retour, ce qui produirait rapidement leur usé ou leur déformation. Pour diminuer cet inconvénient, on a recours à l'emploi de rouleaux ou galets, sur lesquels la came agit ; mais alors, comme c'est le centre du galet qui doit recevoir le mouvement que le cadre transmet au tiroir, il faut remplacer les courbes que nous venons de tracer par d'autres qui puissent produire ce mouvement du centre des galets, en agissant sur leur circonférence. Voici comment on procède : sur tous les rayons qui ont servi au tracé des courbes, on porte, à partir de ces courbes, le rayon du galet, soit 25 millimètres pour l'exemple que nous avons choisi, et, de tous les points ainsi déterminés, comme centres, on décrit des arcs de cercle de 25 millimètres de rayon, dont les intersections successives donnent un nouveau contour, que l'on trace avec une règle ployante, et qui fournit le profil qu'il convient de donner à la came destinée à agir sur les galets.

Ce tracé révèle des difficultés d'exécution de la came vers les sommets, et particulièrement en b et en k, où les arcs se rapprochent tellement, et s'entrecoupent de façon qu'il n'est pas possible de tracer réellement la courbe, et que l'on est obligé de lui substituer une courbe approximative. et qu'ainsi le tracé n'est plus exact. Aussi, malgré la facilité que donne ce genre de cames et l'emploi que l'on en a fait dans quelques machines à vapeur, je ne saurais en conseiller l'usage pour conduire des pièces qui offrent de la résistance, parce que les mouvements sont trop durs. Les galets se déforment et s'usent rapidement, ainsi que leurs axes. Il faut réserver ce moyen pour faire marcher des pièces légères.

152. *Détente de M. Fairbairn.* — Un dispositif analogue à celui qu'on vient de décrire, mais plus simple, a été employé par M. Fairbairn, illustre ingénieur anglais, pour ouvrir et fermer des soupapes pendant une portion déterminée de la course du piston des machines à vapeur. Sur la tige verticale qui porte la soupape est assemblé horizontalement un axe, qui porte deux galets ou roulettes de 0m,15 à 0m,20 de diamètre ; quand la soupape est fermée, ces roulettes reposent sur un plateau horizontal en fonte ab, auquel un mouvement de rotation est imprimé, et qui fait deux tours par course double du piston.

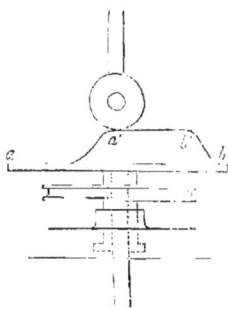

La surface de ce plateau se compose de deux plans horizontaux *ab* et *a'b'*, raccordés par des courbes analogues à
celles de l'excentrique précédent pour faciliter la montée
et la descente des roulettes. Le plan supérieur maintient
les roulettes élevées, ou les soupapes ouvertes, pendant
un intervalle qui dépend de l'amplitude de l'arc que les
roulettes parcourent. Quand cette portion du plateau est
passée sous les roulettes, celles-ci redescendent sur le
plan inférieur, et alors la soupape est fermée. Ce dispositif est plus simple que le précédent, et permet l'emploi
de galets d'un grand diamètre.

On pourrait faire en sorte que les disques, en s'éloignant ou se rapprochant du centre, se trouvassent sur des
parties du plan du plateau supérieur d'amplitudes différentes, de façon que la soupape restât levée pendant plus
ou moins longtemps, ce qui constituerait un appareil à
détente variable, analogue à celui que nous décrirons dans
le numéro suivant.

On remarquera que ce dispositif transmet le mouvement alternatif dans le sens de l'axe même du mouvement
de rotation.

153. *Excentrique de Maudslay.* — Cet habile ingénieur a
employé pour ouvrir et fermer, pendant un temps plus ou

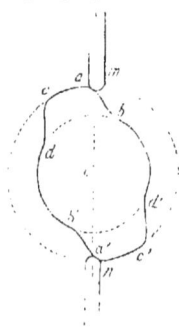

moins long, la soupape d'admission de
la vapeur, un excentrique qui a été aussi
adopté dans les machines à détente variable de M. Meyer.

Si l'on coupe cet excentrique par un
plan perpendiculaire à son axe, on obtient le profil indiqué par la figure ci-
contre; une première courbe *ab* agit sur
le côté *m* du cadre, l'éloigne du centre *o*
jusqu'à la distance *oa*, et lui fait donc
parcourir la distance *oa — ob*, qui est la course totale du
cadre dans un sens. La portion *ac* est concentrique à l'axe,

et quand elle passe, le cadre ne bouge pas; mais dès qu'elle a dépassé le côté m, un ressort en spirale comprimé dans une douille qui guide la tige formant la queue ramène celui-ci en arrière, en le faisant glisser sur la courbe de raccordement cd, et ce cadre, revenu à sa première position, reste ensuite stationnaire pendant le passage de l'arc db'. Ce tracé est, comme on le voit, analogue à celui de l'excentrique précédent; mais le dispositif qui nous occupe a cela de particulier, que le profil ci-dessus n'est pas le même sur toute l'étendue de la came. L'amplitude des courbes ab et cd, ou des courses qu'elles produisent, restant sensiblement la même, celle des arcs ac et $a'c'$ varie graduellement depuis sa base supérieure, dans des limites qui dépendent uniquement de la portion de circonférence pendant laquelle on veut maintenir le cadre immobile ou le passage de vapeur ouvert. On donne d'ailleurs à cette came une longueur suffisante pour que les amplitudes puissent varier graduellement de faibles quantités. La courbe ab qui produit le mouvement doit ici, comme dans l'excentrique décrit au numéro **131**, être tracée par la condition d'imprimer au cadre un mouvement uniformément accéléré pour la première moitié de la course, et uniformément retardé pour la seconde; et elle répond dans toute l'étendue de la came à une même génératrice du cylindre, afin que la marche du cadre ou l'ouverture du passage ait toujours lieu au même instant de la course du piston. Le cadre conduit par la came reste à la même hauteur, et est maintenu entre des guides fixes; mais la came, qui est ordinairement placée verticalement, monte ou descend, selon qu'il convient de diminuer ou d'augmenter la durée du repos du cadre ou de l'ouverture du passage. Ce mouvement lui est communiqué par un dispositif dont ce n'est pas ici le lieu de parler.

134. *Usage des tracés précédents pour comparer les mouvements simultanés de divers organes des machines.* — Les tracés dont nous venons de donner quelques exemples sont fort utiles pour se rendre compte de toutes les circonstances du mouvement des divers organes des machines, et ils peuvent servir à trouver les positions relatives et simultanées de plusieurs d'entre eux dont les mouvements dépendent d'une pièce commune, et doivent être réglés de manière à concourir à un même but.

Ainsi, dans une machine, toutes les fois que plusieurs manivelles ou cames agissent sur différentes pièces ou outils dont les actions doivent être combinées, il sera très-utile de rapporter toutes les lois des mouvements produits par ces organes à un mouvement commun, celui de l'arbre qui les porte. On s'assurera ainsi que chaque pièce se meut comme il est nécessaire au but de la machine.

Dans les machines à vapeur, par exemple, le mouvement du piston et celui de la manivelle sont liés par une loi géométrique que l'on étudiera aux n°s 162 et suivants, et l'arbre de la manivelle porte un excentrique qui détermine le mouvement du tiroir qui distribue la vapeur. On conçoit facilement qu'en reportant sur la même figure les courbes qui représentent la loi du mouvement du piston et celle que produit l'excentrique, tandis que la ligne commune des abscisses donne la loi du mouvement du bouton de la manivelle, on pourra reconnaître les positions et les mouvements simultanés du piston et du tiroir, et en tirer des inductions utiles.

Dans beaucoup de machines de fabrication, telles que celles à fabriquer les clous, les chaînes, le filet, etc., les machines à emboutir, les machines monétaires, etc., il est indispensable que chaque organe fonctionne juste à un moment déterminé, et pendant le temps qui lui est assigné; les tracés que nous venons d'indiquer peuvent seuls permettre d'apprécier toutes les circonstances de ces mouvements quand ils sont établis, ou de les obtenir à coup sûr quand ils sont donnés et qu'il s'agit de construire la machine.

Ce n'est pas ici le lieu de donner des exemples de ces applications. Il nous suffit pour le moment d'en indiquer l'importance; MM. les professeurs pourront les faire appliquer à quelques exemples simples.

155. *Des rainures servant de guides.* — Les différents tracés de cames que nous venons d'indiquer peuvent s'exécuter en creux sur des plateaux, et alors, si une cheville, ou un boulon, est constamment engagée dans cette rainure, la pièce dont elle fait partie sera forcée de prendre le mouvement alternatif produit par l'excentrique.

Au lieu de cames planes, on peut alors employer des cylindres ou des cônes, sur lesquels on trace et l'on creuse des rainures propres à produire le mouvement que l'on veut obtenir. Ce tracé ne présente aucune difficulté, et s'exécuterait par une méthode toute semblable à celle que nous avons indiquée pour les cames. Pour en donner un exemple, supposons qu'on se propose de transmettre à une tige le mouvement alternatif varié que donne l'excentrique des machines à vapeur à détente, décrit au n° **154.**

On construira un cylindre dont le diamètre soit celui du cercle dont le développement suivant une ligne droite a fourni la ligne des abscisses; puis, après avoir exécuté le tracé de cette figure, qui représente la relation des mouvements à obtenir, on l'enroulera sur le cylindre, et l'on reportera la courbe de relation des mouvements sur la surface de ce cylindre, ce qui fournira le tracé de la rainure à creuser.

Si, au contraire, le cylindre était donné, on ferait le développement de sa surface, et on prendrait pour base du tracé la longueur de la circonférence de sa base.

On conçoit facilement que ce moyen de transmission s'applique à toutes les espèces de mouvement alternatif, avec ou sans repos, et que le tracé de la rainure peut être exécuté dans tous les cas par la même méthode, pourvu que la courbe du mouvement à produire tracée sur le développement de la surface du cylindre soit continue, que ses différentes parties se raccordent sans jarrets brusques, et qu'après une révolution entière, elle vienne se terminer tangentiellement à la ligne d'abscisses pour recommencer une nouvelle période identique avec la première.

Lorsqu'il s'agira d'un mouvement varié, on devra encore avoir soin d'employer les mouvements uniformément accélérés ou retardés pour le passage d'une vitesse à une autre, ou du repos à une vitesse finie, et *vice versa*, c'est-à-dire qu'on devra faire partir les pièces du repos et les y faire arriver par des mouvements analogues, de façon que la rapidité de leur marche croisse lentement et régulièrement, et s'éteigne de même.

136. *De la transformation du mouvement circulaire continu en un mouvement alternatif parallèle à l'axe de rotation.* — Lorsqu'on emploie des rainures tracées sur un cylindre, le mouvement produit est dirigé parallèlement à l'axe de ce cylindre; on transforme ainsi le mouvement circulaire continu en un mouvement alternatif parallèle à l'axe de rotation du mouvement circulaire.

L'enroulement des fils sur les bobines se produit par un moyen semblable, et comme la condition de cet enroulement est que le fil avance ou rétrograde uniformément de quantités égales pour des angles égaux décrits par la bobine, il s'ensuit que la courbe du mouvement développée doit avoir ses ordonnées proportionnelles à ses abscisses ou être une ligne droite; or, une ligne droite enroulée sur un cylindre y produit la courbe qu'on nomme *hélice :* ainsi la courbe de la rainure sera composée de deux hélices, l'une montante, l'autre descendante, qu'on raccordera à leurs points de réunion par un contour convenablement arrondi.

137. *Cas où le mouvement rectiligne alternatif doit être oblique à l'axe de rotation.* — Si le mouvement rectiligne à produire devait être oblique à l'axe du mouvement de rotation, on pourrait tracer la rainure sur la surface d'un cône qui aurait pour axe celui du mouvement de rotation et pour arête une parallèle au mouvement alternatif rectiligne demandé. On procéderait au tracé de la rainure d'une manière analogue à ce qui a été fait dans les cas précédents.

On développerait la surface du cône, on partagerait le développement du cercle de sa base en parties égales, on tracerait les génératrices pour chaque point de division, et sur chacune d'elles l'on porterait, à partir du cercle de base, les distances que la tige mobile devrait parcourir : on aurait ainsi le développement de la rainure; puis, en enveloppant ce tracé sur le cône, on y reporterait la rainure elle-même.

Soient, par exemple, *so* l'axe du mouvement de rotation, et *sa* la direction du mouvement rectiligne alternatif, qui doit être de $0^m,10$ pour un demi-tour, et autant pour le retour ; soit $ab = 0^m,16$ le diamètre du cercle que l on

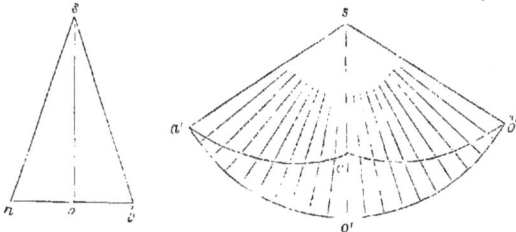

prend pour base du tracé ou pour lieu de départ de la rainure : on tracera l'arc de cercle $a'o'b'$ de rayon $sa' = sa$, et sur cet arc on prendra une longueur égale au développement du cercle dont ab est le diamètre, ce qui sera facile, attendu que, pour des arcs au centre égaux en développement, les angles au centre sont entre eux en raison inverse des rayons ; on a donc

$$\frac{ao}{sa} = \frac{\text{angle } a's'b'}{360^0},$$

d'où l'on tire

$$\text{angle } a's'b' = \frac{ao}{sa} \cdot 60^0.$$

On partagera l'arc $a'o'b'$ en 20 parties égales, on mènera les génératrices du cône; si le mouvement alternatif doit être proportionnel aux angles décrits, on portera sur les génératrices correspondantes, etc., des longueurs égales à 1, 2, 3... centimètres jusqu'à la génératrice $s'o'$, sur laquelle on portera une longueur égale à $0^m,10$; puis on diminuera en ordre inverse les longueurs portées sur les génératrices, jusqu'à $s'b'$, et l'on obtiendra ainsi la courbe $a'c'b'$, qui, reportée par enveloppement sur la surface du cône, donnera le tracé de la rainure à creuser pour produire le mouvement demandé. Il est d'ailleurs évident que le tracé pourrait être fait directement sur la surface même du cône, en partageant la circonférence de diamètre ab en parties égales et menant les arêtes ou génératrices correspondantes du cône; mais cela peut souvent présenter des difficultés matérielles, parce que ce cercle ab n'est pas la base même du cône, et se trouve parallèle à cette base; alors le tracé d'un patron ou gabarit développé, que l'on enroule ensuite sur la surface du cône, est beaucoup plus commode.

158. *Observation sur l'inconvénient de ces transmissions de mouvement par des rainures.* — En général, ce système de transmission par des rainures ne doit être adopté que pour des pièces très-légères donnant lieu à peu de frottement, parce que *le chemin parcouru par les points frottants est égal à tout le développement de la rainure.*

159. *Double crémaillère conduite par une circonférence dentée.* — L'on a quelquefois employé, pour transformer un mouvement circulaire continu en rectiligne alternatif, un cadre, dont les longs côtés portent des dents d'engrenage, et forment ce qu'on nomme deux crémaillères dirigées entre des guides. Entre ces côtés tourne, sur un axe perpendiculaire au plan des crémaillères, un cercle dont une demi-circonférence seulement porte des dents. On conçoit

facilement que ces dents, engrenant alternativement avec
l'une ou l'autre de ces crémaillères, le mouvement circulaire continu de cette roue se
trouve transformé en un mouvement rectiligne alternatif, produit dans un plan perpendiculaire à l'axe du mouvement de rotation.

Ce dispositif a le défaut grave que le
mouvement change brusquement de direction et qu'il donne lieu à des chocs ; aussi
ne doit-il être employé que pour des mouvements lents et des pièces assez légères,
et encore vaut-il mieux lui préférer quel-
qu'une des dispositions précédentes.

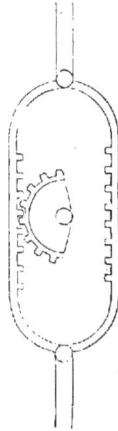

140. *Pignon conduisant une crémaillère à fuseaux cylindriques mobiles.* — On a aussi employé pour le même but une
sorte de crémaillère formée de fuseaux cylindriques im-
plantés par l'une de leurs extrémités seulement dans une
traverse dirigée par des guides, et conduite par un pignon,
dont l'axe, parallèle à celui des fuseaux, peut se déplacer
de manière à passer de dessus en dessous, ou de droite à
gauche, par rapport aux fuseaux, en tournant autour du
dernier qu'il conduit. Il résulte de là que le pignon, tournant toujours dans le même sens, conduit la crémaillère
alternativement dans un sens et dans l'autre. Comme le
changement de direction du mouvement est déterminé par
le passage du pignon autour du dernier fuseau, on voit
que l'amplitude de la course de la crémaillère dépend du
nombre des fuseaux, que l'on peut varier à volonté en les
enlevant ou en en ajoutant. C'est ce qui a quelquefois fait
adopter ce dispositif pour conduire des chariots de machines-outils ; mais il présente de nombreux inconvénients.

La mobilité des fuseaux et celle de l'axe du pignon empêchent l'engrenage de se faire convenablement, et le
mouvement produit est irrégulier et saccadé, ce qui nuit

à la perfection du travail. On ne peut tout au plus employer ce mode de transmission que pour des machines qui marchent très-doucement et n'exigent que de faibles efforts.

De la transformation du mouvement circulaire alternatif en rectiligne intermittent.

141. *Encliquetage à frottement.* — M. Saladin, de Mulhouse, a imaginé, pour la compression des paquets d'écheveaux de fil, un appareil qu'il appelle *encliquetage à frottement*, et qui se compose d'un levier *ab*, mobile autour d'un axe *c*, et qui reçoit de la main de l'homme un mouvement circulaire alternatif.

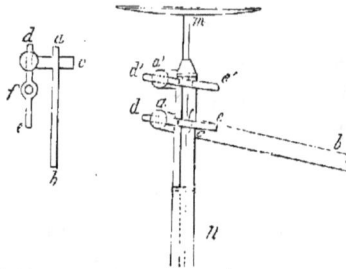

L'extrémité *a* du levier est coudée horizontalement et parallèlement à l'axe *c*; ce bras horizontal est traversé à frottement doux par une tige inclinée *de*, qui présente en son milieu une bride à anneau *f*, dans lequel passe, avec un certain jeu, la tige verticale *mn* du plateau de la petite presse.

Lorsque l'extrémité *b* du levier se relève, elle abaisse le bras *d*, et rapproche la bride à anneau de l'horizontale, de sorte que la tige *mn*, se trouvant libre dans l'anneau, retomberait par son propre poids ; mais une autre bride semblable *d'e'*, mobile autour d'un axe *a'* et qui est aussi traversée par la tige *mn*, tendant, par son poids et par l'action même du poids du plateau, à s'incliner et à se placer obliquement, retient cette tige par le frottement qui s'exerce entre ses angles opposés, de sorte que la tige ne descend pas.

Quand, au contraire, le levier *ab* s'abaisse, il tend à élever la bride *de*, qui, s'inclinant sous cet effort, pince la tige entre ses angles opposés et la force à s'élever avec elle.

La tige *mn* est d'ailleurs guidée dans son mouvement d'ascension par des coulants qui assurent la verticalité de sa marche.

142. *Emploi des embrayages.* — On préfère généralement, pour transmettre un mouvement rectiligne alternatif aux chariots des machines-outils au moyen d'un mouvement circulaire continu, un des dispositifs suivants.

Un arbre *ab*, qui tourne toujours dans le même sens, porte deux pignons coniques égaux *cd* et *ef*, montés à frottement doux sur cet arbre, de façon qu'il peut tourner librement dans leur œil sans leur communiquer son mouvement de rotation ; ces deux pignons engrènent à droite et à gauche d'un troisième *df*, calé sur un arbre *gh*, dont la direction est perpendiculaire au premier arbre et dans le même plan. Entre les deux pignons *cd* et *ef* est un manchon, qui, en glissant sur l'arbre *ab*, peut, par les griffes dont il est muni, embrayer avec les moyeux de ces pignons, qui sont taillés de même. Ce manchon, qui glisse sur l'arbre dans le sens longitudinal, est rendu solidaire avec ce même arbre, quant au mouvement de rotation, par une languette longitudinale, et dès lors, quand il est embrayé avec l'un des pignons *ef*, il force celui-ci à tourner avec lui et oblige le pignon conduit *df* à tourner dans un certain sens; si, au contraire, le manchon est embrayé avec le pignon *cd*, il oblige celui-ci à tourner avec l'arbre *ab*, et entraîne le pignon conduit en sens contraire du cas précédent. On voit donc que, selon que le manchon embraye avec l'un ou l'autre des pignons placés sur l'arbre *ab*, le pignon conduit, et l'arbre *gh* sur lequel il est calé, tournent dans un sens ou dans l'autre. Si donc sur cet arbre *gh* on place un pignon qui conduise une crémaillère ou une chaîne sans fin, ces pièces marcheront d'un mouvement

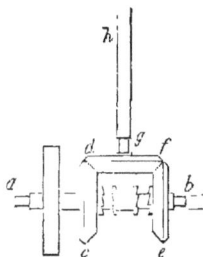

rectiligne alternatif, qu'elles communiqueront au chariot
et aux autres pièces avec lesquelles elles seront liées.

143. *Appareil régulateur.* — Un dispositif analogue s'emploie pour certains régulateurs, et en particulier pour ceux

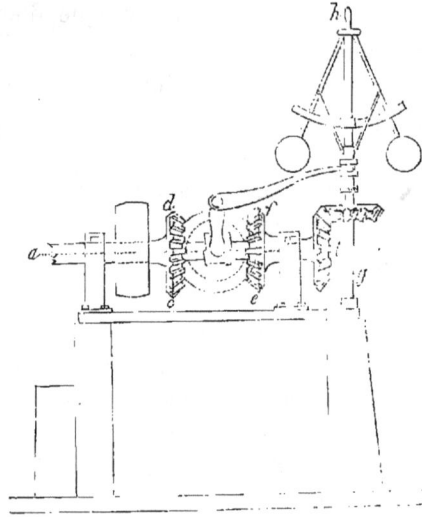

des roues hydrauliques : l'arbre *gh* porte alors ordinairement une vis sans fin qui, par des engrenages intermédiaires, transmet un mouvement alternatif de montée ou de
descente à la vanne.

144. *Pendule conique.* — Si l'on conçoit qu'on fixe à un
arbre vertical, doué d'un mouvement de rotatio. continu.
deux tiges *cd* et *c'd'*, articulées et mobiles a tour des points
c et *c'*, et terminées par deux masses sphériques ou lenti-
culaires *d* et *d'*, ordinairement en fonte, et que sur ces tiges
soient aussi articulées deux autres tiges *cf* et *c'f'*, formant
avec les premières un parallélogramme, ou, au moins, un
quadrilatère dont les côtés soient égaux deux à deux, c'est-
à-dire *cc=c'e'*, *cf=c'f'*, et que ces dernières tiges soient
assemblées à articulation, avec un manchon *fgg'f'* mobile
sur l'axe *ab*, on observera ce qui suit :

Lorsque l'arbre ab commencera à tourner, les boules dd'
seront en repos, et leurs tiges ployées le plus près possible
de l'axe; à une certaine vitesse, elles
commenceront à s'écarter de cet axe,
et, en faisant ouvrir le parallélogramme, soulèveront le manchon.

Si la vitesse de l'arbre ab est constante, l'écartement des boules restera
le même, ainsi que la position du manchon; mais si le mouvement devient
plus rapide, les boules s'écarteront de
plus en plus et le manchon continuera
à s'élever. Si, au contraire, le mou-
vement se ralentit, les boules se rapprocheront de l'arbre
et le manchon s'abaissera.

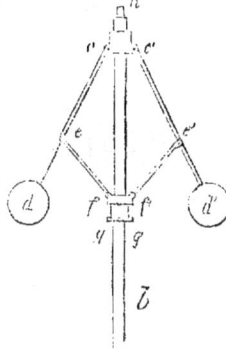

Ainsi le mouvement de rotation continu, mais de vitesse
variable, de l'arbre ab, produit le mouvement d'écartement
circulaire intermittent des boules, et, subsidiairement, le
mouvement rectiligne alternatif et intermittent à intervalles variables du manchon.

Ce mouvement du manchon peut ensuite, à l'aide d'une
fourche, être transmis à un manchon d'embrayage, comme
dans l'appareil dont il vient d'être parlé au n° **143**, ou à
des poulies, qui remplaceraient ce manchon, en faisant
passer la courroie motrice de l'une à l'autre, pour régula-
riser le mouvement d'une machine.

Cet appareil, connu sous le nom de *régulateur à boules*,
ou régulateur conique, est fort employé pour cet usage, et
quand il est convenablement proportionné, il fonctionne
très-bien.

145. *Vis sans fin tournant alternativement dans un sens et
dans l'autre.* — Un des moyens les plus réguliers pour
transformer un mouvement de rotation continu en un
mouvement rectiligne alternatif consiste dans l'emploi
d'une vis sans fin à laquelle on imprime un mouvement

de rotation alternatif, soit par un dispositif de pignons coniques et d'embrayages analogue à celui qu'on vient de décrire, soit par le suivant :

Un arbre GG′ traverse deux arbres creux F″, F‴, portant deux pignons coniques, qui engrènent avec une roue de même forme, montée à l'extrémité de l'arbre ou du noyau de la vis. L'arbre creux du premier pignon F″ est calé sur l'arbre GG′, tourne toujours avec lui et reçoit le mouvement d'une poulie H′ calée à l'extrémité de cet arbre. L'arbre creux du second pignon F‴ est à frottement doux sur le premier arbre, et ne participe pas à son mouvement de rotation. Cet arbre se prolonge au delà du support I′ et reçoit une poulie H″ de même diamètre que H′. Entre les deux poulies H′ et H″ est une poulie folle qui reçoit la courroie motrice quand la machine est au repos. Lorsque, par l'effet d'un embrayage, cette courroie passe sur la poulie H′, c'est le pignon F″ qui conduit la vis sans fin ; quand, au contraire, cette courroie passe sur la poulie H″, le pignon F‴ devient conducteur. On voit que la vis reçoit un mouvement de rotation alternatif, et que son écrou, qui peut être lié à l'organe qu'il s'agit de conduire, prend ainsi un mouvement rectiligne alternatif.

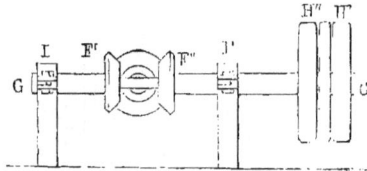

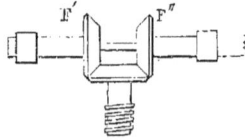

Ce dispositif a été employé dans les machines à raboter de M. Withworth ; il communique au chariot qui porte la pièce à façonner un mouvement très-doux et très-régulier. Il n'a que le défaut de donner lieu à des frottements considérables, par suite de l'emploi d'une vis et d'un écrou.

On remédie en partie à cet inconvénient en remplaçant l'écrou par des galets, qui, en tournant sur leurs axes, transforment le frottement de glissement de la vis en un frottement de tourillons sur leurs coussinets, tout en diminuant le chemin parcouru.

La vis employée dans les machines à raboter est à deux filets, et son écrou est remplacé par deux galets AA', dont les rebords se placent dans le creux de la vis ; ces galets sont solidement montés sur deux tourillons BB' roulant dans des coussinets CC' qui sont ajustés sur le plateau qui porte la pièce à raboter. Lorsqu'on imprime un mouvement de rotation à la vis, les filets en tournant forcent les galets eux-mêmes à tourner, en même temps que leurs axes se déplacent pour suivre le mouvement de translation comme le ferait un écrou ; il y a donc un simple roulement au contact des filets et des galets ; mais, en même temps, le mouvement transmis aux galets se communique à leurs tourillons, et le glissement n'a lieu qu'à la surface des tourillons. Si l'on appelle A le chemin parcouru par un point de la circonférence extérieure, et a le chemin parcouru par un point de la circonférence des tourillons dans le même temps, ces deux chemins seront proportionnels aux rayons des circonférences dont ils font partie, et donneront la proportion

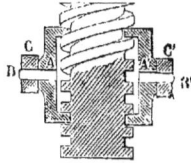

$$A : a :: R : r,$$

d'où
$$a = A \frac{r}{R};$$

ce qui nous montre que le chemin parcouru par les points qui glissent se trouve, par l'emploi de ces galets-écrous, diminué dans le rapport du rayon du tourillon au rayon du galet.

146. *Modification de ce dispositif.* — On peut, dans certains cas, employer un dispositif semblable, en plaçant les trois poulies entre les pignons, avec lesquels elles sont alors solidaires, et l'on simplifie ainsi beaucoup le mécanisme, puisque l'on supprime les arbres creux ; ces trois poulies sont à frottement doux sur l'arbre.

Cette modification a été introduite avec succès dans les régulateurs à boules des vannes de roues hydrauliques, et elle en rend le mouvement plus doux et plus sensible.

147. *Mouvement alternatif intermittent.* — Il y a des machines dans lesquelles la tige à mouvoir doit être animée d'un mouvement rectiligne alternatif intermittent : tels sont les moulins à pilons employés à fabriquer la poudre, à préparer les chiffons pour les transformer en pâte à papier, les bocards des forges qui servent à concasser le minerai ou les crasses de forge, etc.

La tige du pilon ou bocard porte alors une saillie appelée *mentonnet*, sur laquelle agit, de bas en haut, une *came* ou *levée* fixée dans l'arbre doué du mouvement de rotation. La came vient frapper le mentonnet en dessous, l'enlève ainsi que le pilon, et quand son extrémité quitte la levée, le pilon retombe par son propre poids dans le mortier qui contient la matière à travailler, puis il reste au repos jusqu'à ce qu'une nouvelle came vienne le saisir. Afin d'éviter des chocs obliques, qui fatigueraient beaucoup tous les assemblages de la machine et donneraient lieu à des pressions et à des frottements considérables, il convient de placer l'arbre à cames et le mentonnet de façon que le dessous du mentonnet soit à hauteur de l'axe de l'arbre à cames au moment du choc ou de la prise, qui a ainsi lieu dans un plan horizontal. On a d'ailleurs soin, dans le tracé du mentonnet à cette position, de supposer le mortier chargé et contenant, au fond, une épaisseur moyenne de matières à préparer.

148. *Tracé des cames.* — Le diamètre de l'arbre qui porte les cames est presque toujours donné d'avance par les conditions de résistance et de solidité auxquelles il doit satisfaire. Mais nous indiquerons cependant plus loin la

marche à suivre pour déterminer la grandeur du plus petit rayon qu'il soit possible d'adopter, d'après la levée et
le nombre de coups de pilon que l'on veut
obtenir. Admettons donc que ce rayon soit
connu : on trace alors une circonférence
d'un rayon d'au moins 2 à 3 centimètres
plus grand pour assurer le libre jeu du
mentonnet, puis on entoure cette circonférence d'un fil à l'extrémité duquel on
fixe un style formé par un crayon ou une
pointe d'acier. On déroule graduellement
le fil en le tenant tendu et, par conséquent,
toujours tangent au cercle, et on trace la
course décrite par le style. Cette course,
qu'on nomme *développante de cercle*, est celle du profil
qu'il convient de donner à la came. Puisqu'elle est décrite avec des tangentes au cercle comme rayons successifs, ses normales sont ces mêmes tangentes; et, comme
en ses points successifs de contact avec le mentonnet horizontal, elle a la même normale que ce mentonnet qu'elle
prendra à la position horizontale, cette normale commune
sera toujours la verticale *bc*, située à une distance *ob* du
centre égale au rayon du cercle développé. Il est facile de
voir que *le chemin décrit par le mentonnet est égal à la différence des deux tangentes menées des extrémités de* c *et* c' *jusqu'à
la courbe, ou à l'arc décrit pendant le contact par la circonférence développée.* Quant au chemin décrit par les points
frottants, il est égal au développement entier de la courbure de la came[*], mais le mentonnet touche et frotte toujours par le même point, ce qui use son extrémité.

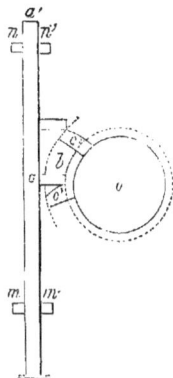

La hauteur *bc* à laquelle le pilon doit être élevé étant
donnée, du point *o* comme centre, avec *oc* pour rayon, on

[*] Ce développement entier de l'arc de la développante est, comme on le
démontre, égal au rayon du cercle développé multiplié par la moitié du
carré de l'arc de cercle de rayon égal à l'unité correspondant à l'angle compris entre les tangentes extérieures.

décrira un arc de cercle qui coupera la développante, ce qui limitera la longueur de la came. La tige du pilon aa' devra passer à une distance du centre o plus grande que oc, pour qu'elle ne soit jamais touchée par la came. Cette tige est d'ailleurs dirigée dans son mouvement vertical par des guides, formés par deux pièces moisées mm', nn', nommées *prisons*, que l'on place au-dessus et au-dessous du mentonnet, à la plus grande distance que puisse comporter la machine.

Quant au mentonnet, sa face inférieure est plane, ainsi que nous l'avons dit; quand le pilon est au repos, cette face doit être, à très-peu près, à la hauteur du centre de l'arbre.

Lorsque la came, en tournant avec l'arbre, a dépassé le point c correspondant à la levée maximum, elle cesse de toucher le mentonnet; le pilon retombe et reste en repos, jusqu'à ce qu'une autre came le saisisse. Il faut que l'intervalle qui sépare deux cames consécutives à la circonférence de l'arbre soit assez grand pour que le pilon ait le temps de retomber avant que la came suivante ne vienne le saisir, et c'est d'après cette condition que l'on peut déterminer le plus petit rayon qu'il soit possible d'adopter pour le cercle à développer.

149. *Détermination du plus petit rayon que l'on puisse donner à un arbre à cames.* — La courbure de la came étant formée par une développante, la levée h du pilon est égale à l'arc de cercle développé décrit pendant la durée du contact; de sorte que, si l'on nomme r le rayon du cercle à développer, et a l'arc décrit à l'unité de distance pendant le contact, on aura $h = ra$.

Si l'on appelle m le nombre de cames qui doivent agir sur le même pilon pendant une révolution, et n le nombre de tours de l'arbre en 1′, la durée d'une révolution de l'arbre sera

$$t = \frac{60''}{n},$$

et l'intervalle d'une levée à l'autre sera

$$\frac{t}{m} = \frac{60''}{mn}.$$

C'est pendant ce temps que la levée et la chute du pilon doivent s'accomplir; mais comme il se pourrait que le frottement de la tige entre les guides ralentît un peu la chute, il sera prudent de ne consacrer au mouvement du pilon qu'une partie de celui qui correspond au passage d'une came, par exemple les $\frac{6}{7}$, et de fixer ce temps à

$$\frac{6}{7} \cdot \frac{60''}{mn};$$

de sorte que le pilon pourrait à la rigueur, s'il n'éprouvait aucun retard, rester au repos pendant

$$\frac{1}{7} \cdot \frac{60''}{mn}.$$

La vitesse à l'extrémité du rayon r est évidemment égale à

$$\frac{2\pi r}{\left(\dfrac{60}{n}\right)} = \frac{2\pi r . n}{60} = \frac{6.28 rn}{60}.$$

On a donc, en appelant t_1 la durée de la levée,

$$rn = h = \frac{2\pi r . n}{60} . t_1,$$

d'après la loi des mouvements uniformes; d'où l'on déduit pour cette durée

$$t_1 = \frac{60 . h}{2\pi r . n}.$$

D'une autre part, le pilon tombant d'un mouvement uniformément accéléré, si l'on appelle t' le temps de sa chute et la hauteur de levée h, on a

$$h = \frac{1}{2} g t'^2,$$

d'où

$$t' = \sqrt{\frac{2h}{g}}.$$

La somme des temps t_1 et t' devant être égale à

$$\frac{6}{7} \cdot \frac{60''}{mn},$$

on a donc la relation

$$\frac{60.h}{2\pi r.n} + \sqrt{\frac{2h}{g}} = \frac{6}{7} \cdot \frac{60''}{mn};$$

d'où l'on déduit

$$2\pi r.n \left[\frac{6}{7} \cdot \frac{60''}{mn} - \sqrt{\frac{2h}{g}} \right] = 60.h,$$

et, par suite,

$$r = \frac{60.h}{2\pi n \left(\frac{6}{7} \cdot \frac{60''}{mn} - \sqrt{\frac{2h}{g}} \right)},$$

formule qui donnera le plus petit rayon que l'on puisse adopter pour le cercle à développer; mais il n'y a pas d'inconvénient, et l'on est le plus souvent conduit, par les conditions de solidité, à adopter un rayon plus grand pour le cercle.

150. *Répartition symétrique des cames.* — On remarquera que, dans ce mode de transmission, il y a choc de la came contre le mentonnet au moment de la prise, d'où résulte l'ébranlement de tout l'appareil; puis, après l'échappement de la came, l'arbre se trouvant déchargé du poids du pilon, il en résulte une accélération de sa marche. Pour diminuer ces irrégularités, on a soin de répartir le nombre total des cames symétriquement sur la surface de l'arbre, de manière que leurs projections sur un plan perpendiculaire à l'axe partagent la circonférence en parties égales. Pour ne pas trop compliquer cette division lorsqu'il y a plus de 6 pilons, et pour se réserver des appuis pour les moises qui forment les guides, on partage le nombre total des pilons en batteries de 4 ou 6 pilons chacune. Il convient de plus de placer un volant sur l'arbre à cames, on évite ainsi beaucoup de fatigue et d'ébranlement aux engrenages, à l'arbre et à toute la charpente.

151. *Cames des tiroirs.* — Dans quelques machines à vapeur, on emploie des cames semblables aux précédentes pour produire le mouvement des tiroirs; mais comme il en résulte toujours des chocs, il convient en général de préférer l'emploi des excentriques.

152. *Cames des machines soufflantes.* — On a aussi mis de semblables cames en usage pour élever les tiges des soufflets de forge, qui retombaient ensuite librement, ou redescendaient guidées et soutenues par une courbe de retour, et les différents tracés que nous avons indiqués aux nos **118** et suivants pourraient, selon les cas, être appliqués à ces cames. Mais en général, comme il convient pour les soufflets que le vent soit régulier, et par conséquent que le mouvement du piston soit aussi uniforme que possible, il faut donner la préférence aux courbes susceptibles de produire ce mouvement, et en particulier à la développante de cercle, qui a en outre l'avantage de conduire la tige dans une direction verticale toujours la même.

Connaissant la course totale du piston, qui ne doit ici être soulevé qu'une fois par révolution, on déterminera le plus petit rayon du cercle à développer, et pour cela il faut fixer la portion de la révolution pendant laquelle le piston devra monter. Généralement, pour qu'il n'y ait pas d'interruption dans le vent, il convient, s'il n'y a que deux pistons, que chacun agisse et refoule l'air pendant un peu plus de la moitié de la demi-révolution, soit $\frac{11}{10}$. Il faut de plus réserver $\frac{1}{10}$ de la demi-circonférence pour le raccordement de là courbe de montée et de la courbe de descente. La levée étant donnée et l'arc de cercle à développer devant lui être égal en longueur, on aura donc, en appelant toujours r le rayon de cet arc,

$$\frac{11}{10}.3.14r = h ;$$

d'où
$$r = \frac{10h}{11 \times 3.14},$$

ce qui donnera le rayon cherché.

On développera le cercle de ce rayon sur $\frac{12}{10}$ de sa demi-circonférence, en laissant la partie correspondante au premier dixième pour le raccordement des deux courbes; on conservera les onze autres pour la courbe de montée.

Cela fait, il faudra tracer une courbe de descente qui soutienne et dirige le piston dans son mouvement, afin de l'empêcher de retomber trop brusquement. Cette courbe correspondant aux $\frac{9}{10}$ de la demi-circonférence à partir de l'extrémité de la courbe de montée, et à une hauteur de chute égale à la levée h, on la tracera par la méthode du n° **118**, de façon que le piston descende de hauteurs égales pour des arcs égaux, et l'on raccordera ensuite, par des arcs de courbe convenablement tracés, les courbes de montée et de descente, de façon que le changement de sens du mouvement ne soit pas trop brusque.

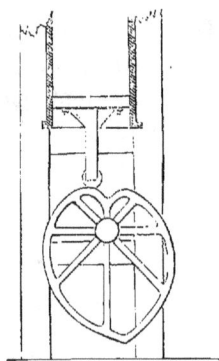

Il y a lieu dans le cas actuel de placer au bas de la tige du piston une roulette d'un assez grand diamètre pour diminuer le frottement, et alors on substitue à la courbe dont on vient d'indiquer le tracé une autre courbe formée par l'enveloppe de tous les cercles tracés des différents points de la première comme centres avec un rayon égal à celui de la roulette.

Nous n'avons donné ces détails que pour montrer comment on devrait s'y prendre pour remplacer des cames mal construites par un tracé convenable, si l'on voulait utiliser des soufflets ou des appareils analogues existants : car, ainsi que nous l'avons fait voir aux nᵒˢ **119** et suivants, tous ces dispositifs de cames, et en particulier ceux qui transmettent plus ou moins rapidement un mouvement uniforme, offrant des inconvénients qui deviennent d'autant plus graves que les pièces à mouvoir sont plus lourdes, on doit en restreindre l'usage à des organes très-légers et adopter pour les machines soufflantes d'autres dispositions.

De la transformation du mouvement rectiligne alternatif en rectiligne intermittent.

155. *Sonnette à enfoncer les pilots*. — Cet appareil, employé dans les constructions au battage des pieux, offre un exemple d'un mouvement rectiligne alternatif transformé en un autre mouvement de même espèce, mais en sens contraire ; les hommes employés à la manœuvre agissent sur des cordages appelés *tiraudes*, et amarrés autour de l'extrémité du câble ; celui-ci passe sur une poulie et soutient par son autre extrémité un corps pesant, nommé *mouton*, que l'on élève à une certaine hauteur au-dessus du pilot à enfoncer. Le plus souvent le mouton est suspendu à une espèce de tenaille appelée *écrevisse*, qui, par l'action d'un arrêt placé à une hauteur convenable, s'ouvre et laisse tomber le mouton sur le pilot. Afin que, dans sa chute et après le choc, ce mouton ne dévie pas de la verticale, il est armé de deux oreilles, qui sont guidées entre des coulisses ménagées aux hanches de la sonnette ; après chaque coup on laisse redescendre l'écrevisse, qui doit être disposée de façon à saisir d'elle-même l'anneau du mouton.

154. *Mouton à vapeur*. — M. Nashmith, habile constructeur anglais, a remplacé dans ces derniers temps l'appareil incommode et lent de la sonnette par un *mouton à vapeur* ou *marteau à pilots*, qui apporte dans l'exécution des travaux une immense économie et une grande perfection.

La machine se compose d'un bâtis en fonte qui se place sur la tête du pilot à enfoncer, et sert à la fois de support au cylindre à vapeur et de guide au mouton ; il résulte de cette disposition que tout l'appareil est supporté par le pilot lui-même, et descend à mesure qu'il s'enfonce. Les tuyaux qui conduisent la vapeur de la chaudière au cylindre sont articulés d'une manière ingénieuse, et permettent à celui-ci de suivre la marche du pilot.

La vapeur, introduite sous le piston au moyen d'un tiroir, soulève le piston, sa tige et le mouton ; puis, quand elle s'échappe dans l'air, elle leur permet de retomber sur la tête du pilot. La facilité que l'on a de régler à volonté la durée de cette introduction, permet de varier selon le besoin la longueur de course et la hauteur de chute des pilots ; mais en général l'idée fondamentale qui a présidé à la construction de cet instrument a été de limiter la hauteur de chute et d'augmenter l'effet par l'accroissement du poids du mouton. Entre autres avantages importants, on y trouve celui de ne pas déformer la tête des pilots comme avec les anciens moutons à sonnette.

Dans un appareil de ce genre, employé en 1845 à Devenport, au battage de pilots de 14 à 20 mètres de longueur et $0^m,35$ à $0^m,40$ d'équarrissage, la charge portée sur le pilot, y compris le cylindre, le guide et le mouton, pesait 7000 kilogrammes ; le mouton seul pesait 3000 kilogrammes ; il battait moyennement 60 coups en 1 minute. Dans un sol de dureté moyenne on employait 20 *minutes* pour mettre le pilot en place, 2 à 3 *minutes* pour l'enfoncer de 7 à 12 mètres. Dans une journée de dix heures on a enfoncé jusqu'à 32 pilots ; mais le nombre moyen était de 16 par jour.

155. *Machines à percer et à découper à action directe.* — On se sert depuis plusieurs années avec succès, pour percer, pour découper, pour estamper, de machines à vapeur dans lesquelles le mouvement alternatif est directement transmis du piston, ou à l'aide d'articulations, à l'outil qui doit opérer.

De la transformation du mouvement rectiligne alternatif en rectiligne alternatif.

156. *Des mouvements de sonnettes.* — Lorsque l'on veut transmettre un mouvement rectiligne alternatif à de grandes distances et dans un plan différent de celui dans lequel il est produit, on se sert du dispositif très-connu du *mouvement de sonnettes*, qui se compose simplement d'une équerre à branches égales ou inégales tournant autour d'un axe placé au sommet de l'angle droit; et, pour changer de direction, on a soin de placer les axes alternativement dans la direction verticale et dans la direction horizontale. Pour assurer la tension constante des fils de fer qui réunissent les branches de deux mouvements consécutifs, on interpose sur leur longueur des ressorts en spirale ou à boudins en laiton.

Les chemins parcourus par les extrémités des équerres sont entre eux comme les côtés de ces équerres.

157. *Des valets ou varlets.* — Ce genre de transmission de

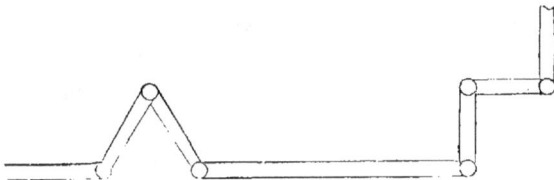

mouvement est quelquefois employé dans les mines pour transmettre à des tiges de pompe le mouvement d'un moteur à une grande distance du puits.

Les équerres ou fausses équerres, solidement construites en bois ou en fer, sont réunies par des bielles, que l'on supporte souvent sur des rouleaux pour les empêcher de fléchir.

Cette transmission, ordinairement établie à ciel ouvert, est sujette à se dégrader; elle donne lieu à des chocs, à des frottements considérables. On doit éviter de l'employer, et il sera, en général, plus convenable de transmettre le mouvement de rotation continu du moteur jusqu'au puits par des arbres de rotation établis avec soin sur des paliers solides, et de transformer ensuite sur le puits même le mouvement de rotation continu en mouvement rectiligne alternatif au moyen d'une manivelle et de bielles convenablement disposées.

158. *Marteau-pilon mû par courroies.* — On produit aussi la transformation d'un mouvement circulaire en un mouvement rectiligne alternatif au moyen de rouleaux de pression, d'une manière analogue à ce qui se pratique pour les tire-sacs. Nous en donnerons un exemple en décrivant un système de marteaux de forges qui peut être fort utile dans les ateliers.

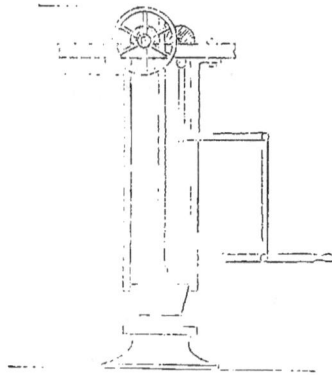

L'arbre, doué d'un mouvement circulaire, est mû par une courroie et placé à la partie supérieure d'une charpente solide. Il porte une poulie en fonte, solidement calée sur son arbre, et devant laquelle est placée une tige verticale en fer, dont l'extrémité reçoit le marteau. De l'autre côté de cette tige est une autre poulie, formant rouleau de pression, que l'on appuie à volonté contre la tige du marteau au moyen d'un système de leviers placés à la portée de l'ouvrier.

Lorsque la tige est comprimée entre les deux rouleaux ou poulies, elle est entraînée dans leur mouvement, et le marteau s'élève jusqu'à l'instant où l'ouvrier, jugeant la levée suffisante, fait cesser la pression des leviers ; alors le marteau retombe. On presse de nouveau, et l'on obtient ainsi successivement autant de coups que l'on veut, en variant la levée du marteau suivant le besoin du travail.

La facilité d'installation et de manœuvre de ces marteaux, en même temps que la liberté que le forgeron a de tourner autour de l'enclume, les rendent d'un usage très-commode. Au lieu de supporter l'arbre supérieur sur trois ou quatre pieds, comme l'indique la figure, il est plus convenable, dans certains cas, de le faire soutenir à la partie supérieure de l'atelier, et, par des tirants en fer descendant obliquement de haut en bas, de maintenir les guides qui assurent la direction verticale du marteau.

De la transformation du mouvement circulaire alternatif en circulaire continu.

159. *Pédale du rémouleur.* — La pédale du rémouleur et celle du tour en l'air nous offrent un exemple simple de cette transformation de mouvement.

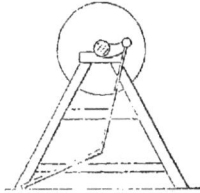

Dans ce cas l'action motrice du pied n'agit que dans la descente de la pédale, dont l'extrémité est liée par une corde, ou mieux par une espèce de bielle rigide en fer ou en bois, avec une manivelle fixée sur l'axe de la pièce à mouvoir.

Dans cette transmission de mouvement, le chemin décrit par l'extrémité de la pédale, ou le point d'attache de la bielle, dans une oscillation et dans le sens vertical, est égal au diamètre du cercle décrit par le bouton de la manivelle. Le premier de ces deux chemins est limité par l'amplitude des flexions du pied, qui n'est guère que de 10 à 12 centimètres, mesure prise au pouce.

Comme le pied n'agit qu'en descendant, le mouvement serait irrégulier : on diminue cet inconvénient en donnant à la roue conduite par la manivelle un poids assez considérable, et surtout à son anneau d'assez fortes dimensions pour que cette meule, une fois mise en mouvement, entraîne le passage de la manivelle dans la demi-circonférence montante.

160. *Voitures à pédales.* — On a imaginé un grand nombre de voitures dans lesquelles le voyageur agit alternativement, par chacun de ses pieds, sur des pédales dont le mouvement alternatif, transmis par des bielles à deux manivelles montées sur un même arbre dans le même plan, produit un mouvement continu des roues du véhicule. Mais ce moyen de transport, où la force musculaire de l'homme est employée d'une manière désavantageuse, ne présente dans ce cas aucune utilité.

Un dispositif semblable est cependant employé dans certains métiers pour produire un mouvement de rotation continu, ou deux mouvements continus simultanés mais distincts, à l'aide de chacun des pieds.

161. *Draisienne.* — Un véhicule fort anciennement connu et qu'on vient de remettre en vogue sous le nom de *vélocipède* offre un autre exemple de la transformation du mouvement de rotation des jambes, autour de l'articulation du fémur avec la hanche, en un mouvement de rotation continu, et par suite en un mouvement rectiligne continu.

162. *Balanciers.* — Les balanciers qui reçoivent un mouvement de rotation alternatif autour d'un axe horizontal, transmettent, par une bielle assemblée à l'une de leurs extrémités, un mouvement de rotation continu à une manivelle liée à l'autre extrémité. Dans cette transmission de mouvement, l'action motrice du balancier peut s'exercer successivement dans la montée et dans la descente, auquel cas il est, ainsi que la machine dont il dépend, à double effet ; ou seulement dans l'une de ces deux périodes, et alors l'appareil est dit à simple effet. Le mouvement est plus régulier dans le premier cas que dans le second. Quand le balancier est à sa position la plus élevée, il en est de même de la manivelle, qui se trouve au point mort supérieur, et la bielle est alors en ligne droite avec la manivelle. Lorsque le balancier est à sa position la plus basse, il en est de même de la manivelle, qui se trouve au point mort inférieur, et la bielle, ainsi que la manivelle, se retrouvent encore en ligne droite. Pour que le passage de la bielle à ces deux positions extrêmes se fasse avec douceur, il est indispensable que la distance de la tête du balancier à l'axe de rotation de la manivelle soit égale, dans le premier cas à la somme, et dans le second à la différence des longueurs de la bielle et de la manivelle. Pour faciliter l'ajustement, les coussinets des extrémités de la bielle sont mobiles dans le sens de sa longueur, et peuvent être serrés à volonté par des clefs de calage. On voit par ce qui précède que la *quantité dont*

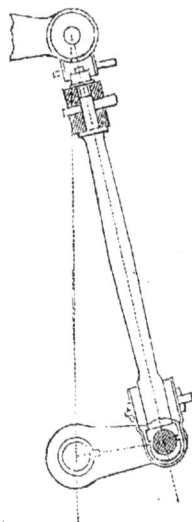

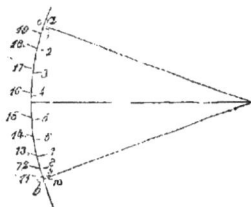

s'abaisse la tête du balancier dans une oscillation est égale à la corde de l'arc qu'elle décrit et au diamètre du cercle décrit par le bouton de la manivelle.

Si l'on voulait avoir la relation des deux mouvements du bouton de la manivelle et de la tête du balancier, on opérerait à peu près comme nous l'avons indiqué pour les manivelles qui produisent un mouvement rectiligne. Ayant tracé le cercle O, décrit par le bouton de la manivelle, et l'arc de cercle *ab*, décrit par la tête du balancier, on partagerait la circonférence décrite par le bouton en 20 parties égales, par exemple aux points 0, 1, 2, 9, ..., 10, et, par chacun de ces points de division comme centre, avec la longueur de la bielle pour rayon, on décrirait des arcs de cercle qui couperaient l'arc *ab* aux points 1', 2', 3', ..., 9', ce qui donnerait les arcs *a*1', *a*2', *a*3',..., *a*9', décrits par la tête du balancier pendant que le bouton de la manivelle décrit les arcs 01, 02, 03,..., 09. En prenant ces derniers

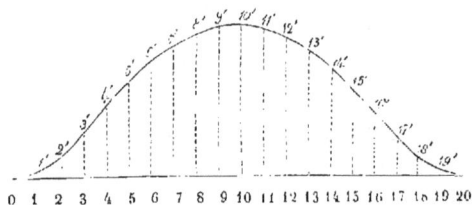

arcs décrits pour abscisses d'une courbe dont les précédents, ceux décrits par la tête du balancier, seront les ordonnées, on aura par la courbe 01'2'3'4'... 9'10'... 19'20, la relation cherchée du mouvement. On observera que cette courbe n'est pas tout à fait symétrique dans ses deux branches par suite de l'obliquité de la bielle et de la forme curviligne de l'arc décrit par la tête du balancier.

L'examen de cette courbe montre que le mouvement s'accélère jusqu'aux environs du premier quart de la circonférence, et se retarde ensuite dans le reste de la demi-révolution, à la fin de laquelle le mouvement de la tête du balancier est égal à l'arc total décrit, et recommence une nouvelle ascension qui suit des variations analogues.

Le mouvement de l'axe de la manivelle est ordinairement uniforme ou à peu près, et alors les abscisses de la relation des mouvements qui correspondent à des arcs égaux sont proportionnelles aux temps. Il en résulte que les inclinaisons des tangentes à cette courbe, mesurées comme il a été dit au n° **19** par le rapport des espaces que représentent les ordonnées aux temps qu'expriment les abscisses, donnent les vitesses, et l'on voit qu'ici la vitesse maximum de la tête du balancier, qui correspond à la tangente au point d'inflexion de la courbe, l'emporte de beaucoup sur la vitesse moyenne, qui est égale à l'arc qu'il parcourt dans une de ses oscillations divisé par la durée de cette oscillation.

Nous reviendrons plus loin sur la méthode générale à suivre pour déterminer pratiquement les lois des mouvements respectifs des différentes pièces dans les transmissions de ce genre.

163. *Emploi des chaînes articulées.* — On se servait autrefois pour transformer le mouvement de rotation d'un balancier, ou d'un axe de rotation, en un mouvement rectiligne, d'une disposition qui peut encore être employée pour les machines légères.

La tige à faire marcher porte des pitons *a* et *b*, l'un en bas, l'autre en haut. A chacun de ces pitons est fixée l'extrémité d'une chaîne à maillons plats,

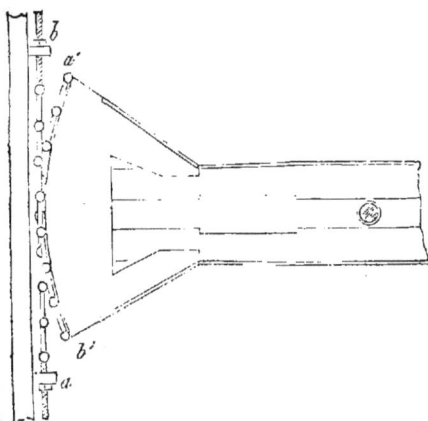

13

réunis par de petits boulons; l'autre extrémité du bout fixé en *a* est attachée à la partie supérieure d'un balancier doué du mouvement de rotation alternatif. A l'inverse, l'extrémité du bout fixé en *b* est attachée à la partie inférieure du balancier.

On voit de suite que, quand le balancier ou son arbre tourne de façon à enrouler le premier brin et à dérouler le second, la tige monte, et qu'au contraire quand le second brin se déroule, la tige descend. On a renoncé à ce dispositif pour les machines puissantes.

164. *Balanciers avec tiges rectilignes de transmission.*
— Quelquefois aussi, quand la pièce à mouvoir en ligne droite est une tige qui dépasse le balancier ou descend en dessous, on l'articule avec ce balancier au moyen d'une ou deux tiges rectilignes, qui la tirent et la poussent alternativement dans un sens ou dans l'autre comme la figure le représente.

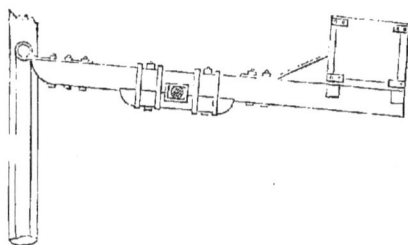

De la transformation du mouvement rectiligne alternatif en circulaire continu.

165. *Béquilles appliquées à des manivelles.* — Dans certaines machines à épuiser les eaux, telles que la vis d'Archimède, les chapelets, etc., où l'on a pour force motrice celle d'un assez grand nombre d'hommes, on fixe sur une ou plusieurs manivelles coudées des bielles, appelées dans ce cas *béquilles* à cause de la poignée qui les termine, et les hommes, en tirant et poussant alternativement les béquilles à peu près en ligne droite, produisent le mouvement de rotation continu de la machine.

Ici, comme pour les autres bielles et manivelles, *le chemin parcouru par la poignée de la béquille dans chaque course est égal au diamètre du cercle décrit par la manivelle.*

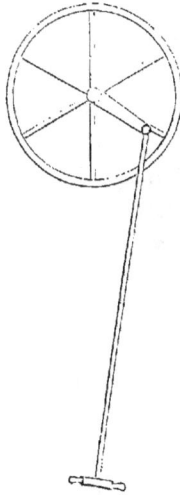

Quelquefois, au lieu de béquilles rigides, on se sert de cordes, appelées *tiraudes*, sur lesquelles les hommes ne peuvent agir qu'en tirant : il en résulte plus d'irrégularité dans le mouvement que par le dispositif précédent.

Ces moyens de transmission présentent de grands inconvénients et ne doivent être employés que pour des travaux momentanés.

166. *Pistons des machines à vapeur.* — Le mouvement rectiligne alternatif des pistons de ces machines est transformé en un mouvement circulaire continu de plusieurs manières.

167. *Machines sans balancier.* — La disposition la plus simple est celle des machines sans balancier, dont le piston dirigé en ligne droite par des guides analogues à ceux dont il a été parlé aux n⁰ˢ **53** et suivants, est articulé avec une bielle assemblée à l'autre bout avec le bouton d'une manivelle. Cette transmission est précisément l'inverse de celle qui a été décrite au n° **105**, et l'on obtiendra d'une manière analogue la courbe qui représente la relation des mouvements.

On doit remarquer que l'obliquité de la bielle produit sur les guides des pressions et des frottements d'autant plus grands qu'elle est plus courte par rapport à la mani-

velle. Il en est de même des irrégularités du mouvement.
Il convient donc de ne pas employer des bielles trop courtes.
En général on doit leur donner une longueur égale à 5 ou
6 fois le rayon de la manivelle.

Lorsque la tige du piston est assemblée directement par
sa tête avec la bielle, il en résulte que l'arbre de la manivelle est placé au-dessus du cylindre, ce qui donne beaucoup de hauteur à la machine et diminue sa stabilité. Quelques constructeurs, pour atténuer cet inconvénient, as-
semblent sur la tête de la tige du piston une traverse en
forme de **T**, et articulent aux deux extrémités de cette
pièce deux bielles pendantes qui agissent simultanément
sur deux manivelles correspondantes; mais il en résulte
de la complication et des difficultés dans le reste du montage de la machine.

Toutefois cette disposition est adoptée et en quelque
sorte commandée pour les bateaux à vapeur.

En général la transmission directe du mouvement des
pistons ne s'emploie que pour les machines de force
moyenne, à moins que le cylindre en soit horizontal, ce
qui se pratique beaucoup maintenant.

163. *Machines à cylindre oscillant.* — Un autre genre de
machines à transmission directe du mouvement est celui
qui a été adopté par M. Cavé pour ses machines à vapeur.

Le cylindre, au lieu d'être fixe, est supporté, vers son
milieu, par deux tourillons : le piston, en le parcourant,
agit par son extrémité supérieure sur le bouton de la manivelle, et son mouvement alternatif produit, d'une part,
le mouvement de rotation continu de l'arbre de la manivelle, et, de l'autre, le mouvement oscillatoire du cylindre.

L'obliquité de la tige du piston sur la manivelle oblige
à guider cette tige : à cet effet on monte sur le chapeau du
cylindre des supports et des guides analogues à ceux que
nous avons décrits au n° 56 pour les machines à cylindre
fixe. La mobilité du cylindre, qui cède aux efforts obliques

que les guides éprouvent, rend dans ce dispositif les frottements un peu moindres que dans le précédent; mais les sujétions de différents genres qu'il entraîne, et surtout les difficultés qui en résultent pour le jeu de la distribution de la vapeur, compensent cet avantage.

Cependant, pour quelques machines où il importe que la transmission soit directe et aussi simple que possible, telles que les marteaux de forge, on l'emploie avec succès.

169. *Machines à balancier.* — Dans ces machines, le piston agit, par l'intermédiaire d'un des systèmes de parallélogramme que nous avons décrits précédemment, sur l'une des extrémités du balancier, dont l'autre tête est articulée avec une bielle qui transmet le mouvement de rotation à une manivelle, comme il a été dit au n° **162**.

Les deux bras du balancier sont ordinairement égaux, et, dans ce cas, *la course du piston est égale au diamètre du cercle décrit par le bouton de la manivelle.*

Pour que le piston soit convenablement guidé en ligne droite, que les obliquités d'action du balancier sur la bielle et de celle-ci sur la manivelle ne soient pas trop grandes, on adopte ordinairement les proportions suivantes :

La distance horizontale entre la verticale de la tige du piston et celle qui passe par l'axe de la manivelle doit être égale à trois fois la course du piston.

La distance entre les centres des articulations des extrémités du balancier doit être de 3,0825 fois la longueur de la même course.

Nous avons donné aux articles concernant les guides directeurs les proportions qu'il convient d'adopter pour les pièces du parallélogramme.

170. *Manière de déterminer la relation des mouvements et les vitesses simultanées du piston et de la manivelle.* — Les relations qui lient ces mouvements et ces vitesses, dans les différents systèmes de machines à vapeur dont nous venons

de parler, peuvent être représentées et déterminées graphiquement au moyen de tracés, faciles à exécuter en
suivant la marche que nous avons indiquée précédemment
pour les mouvements transmis par des manivelles, mais
dont l'exécution peut être rendue plus simple et plus
exacte à l'aide du théorème suivant de géométrie, dû à
M. Chasles.

171. *Théorème de M. Chasles sur les mouvements des systèmes articulés.* — Lorsqu'un système articulé, d'une forme
quelconque, et dont nous
prendrons pour exemple un
balancier CI de machine à
vapeur, conduisant une manivelle AB par l'intermédiaire
d'une bielle CB, éprouve un
déplacement quelconque, on
peut toujours le ramener à
sa position primitive par un
mouvement circulaire, dont
le centre est facile à déterminer.

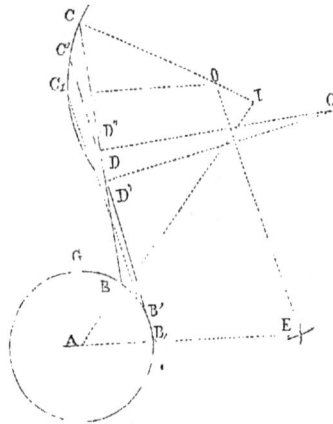

En effet supposons que, par
le mouvement du balancier,
le point C soit venu en C', B en B', et la bielle BC en B'C'.
Les deux positions de la bielle se couperont en un point
D, qui pourra être considéré comme appartenant à chacune
d'elles. Or le point de BC qui est venu en D par le déplacement était évidemment à une distance de C égale à CD″=C'D,
ou en D″; et le point de B'C' qui est venu en D par ce même
déplacement était en D', à une distance C'D'=CD. Donc, pour
que le système reprenne sa place, il suffit de ramener D en D″
et D' en D, ce qui, évidemment, peut être fait en faisant mouvoir ces points sur un cercle qui passe par les trois points
D', D, D″, et dont le centre est en O' à l'intersection des
perpendiculaires élevées au milieu des lignes DD' et DD″.

Il est évident d'ailleurs que dans tout système articulé analogue à celui dont on vient de parler et composé de pièces rigides, les vitesses ou les déplacements de tous les points d'un même organe dans le sens même de sa direction sont égales entre elles, quelque déplacement général qu'il éprouve.

Ainsi, quand la bielle CB passe à la position C′B′ et que son extrémité C décrit l'arc CC′, le déplacement de cette extrémité C dans le sens de CB étant la projection Cc de l'arc CC′ sur CB, et celui du bouton B dans le même sens étant la projection B′b′ de l'arc BB′ sur la même ligne CB prolongée, ces deux déplacements Cc et B′b′ sont nécessairement égaux. Cette observation est due à feu M. Tom Richard.

172. *Cas où le déplacement du système est infiniment petit.* — Lorsque le système articulé s'est déplacé d'une quantité finie, il est clair que le mouvement circulaire par lequel on peut le ramener à sa position primitive n'est pas le même que le mouvement réel par lequel il s'est déplacé. Mais s'il ne s'agit que d'un mouvement élémentaire, chaque point du système décrit un élément de courbe qui se confond avec un arc de cercle dont le centre est sur la normale à la courbe réellement décrite par le point que l'on considère. Donc, dans ce cas, le mouvement circulaire par lequel on ramènerait le système à sa position primitive se confond avec le mouvement élémentaire réel ; donc, réciproquement, celui-ci peut à chaque instant être remplacé par un mouvement circulaire autour d'un centre variable ou *instantané*, qui, pour chaque position particulière, peut être déterminé par la rencontre des normales menées en deux points quelconques aux courbes ou chemins décrits par deux des points d'une même pièce, et, pour l'exemple choisi, par les extrémités de la bielle, qui sont assujetties à parcourir des courbes données, courbes dont l'une est, pour le point C, le cercle de rayon CO, dont la normale est CO, et l'autre, pour le point B, le cercle du bouton de la manivelle, dont la normale correspondante est AB. Les deux lignes CO et AB prolongées se rencontrent au point I, qui est le centre instantané de rotation.

175. *Détermination de la vitesse du piston.* — Il résulte donc de l'énoncé de ce théorème que les arcs ou les chemins élémentaires décrits dans le même élément de temps par les extrémités C et B de la bielle sont entre eux comme les lignes CI et BI. Or, si l'on regarde le mouvement de rotation du bouton de la manivelle B comme sensiblement uniforme, ce qui arrive, en effet, par l'action régulatrice du volant, les arcs de cercle décrits par ce bouton seront proportionnels aux temps, de sorte que, si l'on nomme b le rayon de la manivelle, la circonférence que décrit son extrémité sera $2\pi b = 6,28b$, et si T est la durée totale d'une révolution, la vitesse uniforme du bouton de la manivelle sera $\frac{2\pi b}{T}$; et si, d'une autre part, l'on désigne par V la vitesse variable de l'articulation du balancier, on devra avoir entre ces vitesses la proportion

$$V : \frac{2\pi b}{T} :: CI : BI ;$$

d'où l'on tire pour la vitesse de cette articulation la relation

$$V = \frac{2\pi b}{T} \cdot \frac{CI}{BI}.$$

On voit que cette vitesse est :

1° Proportionnelle au rayon de la manivelle ;

2° En raison inverse de la durée de la révolution ;

3° Proportionnelle au rapport $\frac{CI}{BI}$.

Le tracé graphique donne immédiatement pour chaque position du bouton de la manivelle, ou pour chaque instant, les valeurs de CI et de BI, et par suite celle du rapport $\frac{CI}{BI}$.

Si l'on partage la circonférence décrite par le bouton de la manivelle en 20 parties égales, et que pour chacune des

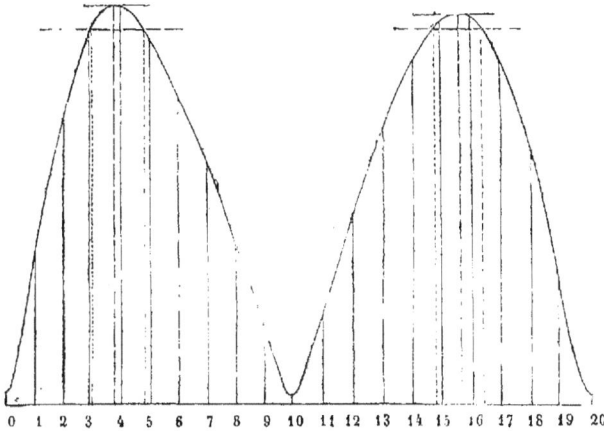

positions correspondantes de la manivelle et de la bielle on détermine, ainsi qu'on vient de le dire, la vitessse du bouton du balancier, on pourra représenter la loi de variation de cette vitesse par une courbe dont les abscisses seront les arcs parcourus par le bouton de la manivelle et dont les coordonnées seront valeurs du rapport $\dfrac{CI^*}{BI}$.

La figure ci-jointe montre que, dans les proportions adoptées pour le tracé, le maximum du rapport $\dfrac{CI}{BI}$ excède l'unité et correspond pour la première demi-circonférence, à gauche de la verticale, à un arc décrit par le bouton de la manivelle égal à 0,19 de la circonférence, où il a pour valeur 1,063 et pour la deuxième demi-circonférence

---

* Il convient de remarquer que la construction conduit à une valeur du rapport $\dfrac{BI}{CI}$ qui n'est pas nulle par les points morts supérieur et inférieur, tandis qu'en réalité la vitesse du bouton du balancier est évidemment nulle en ces positions. Cela prouve que le théorème ne s'applique pas aux points de rebroussement des mouvements.

à un arc égal à 0,777 de la circonférence, où il est égal à 1,030.

Ce rapport surpasse donc l'unité, et la vitesse du bouton du balancier est égale pour le premier maximum à $V = 1,063 \frac{2\pi b}{T}$ et pour le second à $V = 1,030 \frac{2\pi b}{T}$.

La course du piston qui est guidé en ligne droite par le parallélogramme étant égale au double du rayon b de la manivelle, et le piston faisant une course double dans une révolution, sa vitesse moyenne est

$$U = 2 . \frac{2b}{T};$$

de sorte que le rapport de la vitesse maximum du bouton du balancier à la vitesse moyenne du piston serait dans le cas actuel à

$$\frac{V}{U} = 1.064 \frac{\pi}{2} = 1,67,$$

si le piston avait la même vitesse que l'articulation de la bielle à laquelle il est lié, ce qui n'est tout à fait exact que pour les machines à communication directe du mouvement et sans balancier; l'expression ci-dessus montre que la vitesse maximum du piston serait égale à peu près à 1,67 fois sa vitesse moyenne.

La loi de la variation de la vitesse du piston en fonction du temps pourrait donc se déduire facilement, avec une approximation suffisante, par construction graphique de l'expression

$$V = \frac{2\pi b}{T} . \frac{CI}{BI},$$

pour l'application de laquelle on pourra supposer comme exemple $b = 1$ et $T = 2''$, ce qui correspond à une vitesse de 30 tours par $1'$ pour le volant. La formule prend alors la forme très-simple

$$V = \pi . \frac{CI}{BI} = 6,28 \frac{CI}{BI}.$$

La construction ne présente aucune difficulté, puisqu'il suffit de mener les rayons correspondants aux différentes positions du bouton de la manivelle, et les lignes milieu du balancier pour ses positions simultanées, ce qui donne pour chaque cas le point I, et, par suite, les longueurs CI et BI, ainsi que leur rapport. L'on n'a pu la représenter dans le texte par une figure de dimension convenable, mais il sera bon de s'exercer à l'exécuter.

On peut aussi tracer très-facilement, en procédant

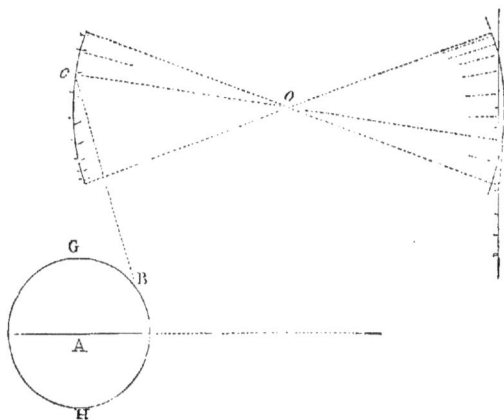

comme on l'a fait précédemment, la loi du mouvement du piston. Il suffit encore de partager la circonférence décrite par le bouton de la manivelle en 20 parties égales, de déterminer les positions simultanées de l'extrémité supérieure de la bielle, puis celles de la ligne milieu du balancier et celles de son bouton du côté du parallélogramme. De chacune de ces dernières positions comme centre, avec la longueur des brides du parallélogramme comme rayon, on décrira un arc de cercle qui coupera la verticale que doit parcourir la tête du piston, et l'on aura ainsi la série des positions ou des courses du piston correspondantes aux différentes positions du bouton de la manivelle ou aux temps.

Prenant comme par le passé le développement des arcs décrits par le bouton de la manivelle pour abscisses et les

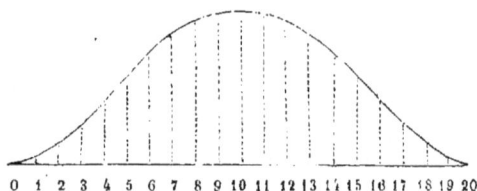

0 1 2 3 4 5 6 7 8 9 10 11 12 13 14 15 16 17 18 19 20

chemins parcourus simultanément par le piston pour ordonnées, on aura la courbe ci-dessus qui représentera la loi du mouvement. Si le mouvement de l'arbre du volant est assez régulier pour qu'on puisse le regarder comme uniforme, les abscisses seront proportionnelles aux temps, et l'inclinaison des tangentes à cette courbe mesurée comme il a été expliqué au n° **19**, par le rapport des espaces parcourus que représentent les ordonnées aux temps correspondants qu'expriment les abscisses, donnera la vitesse du piston aux points correspondants.

On verra d'ailleurs que cette courbe n'est pas tout à fait symétrique de part et d'autre des points morts, par suite des obliquités différentes de la bielle par rapport à l'arc décrit par le bouton du balancier.

174. *Méthode rigoureuse pour mener les tangentes aux courbes qui représentent les lois du mouvement articulé.* — Si l'on se rappelle qu'au n° **19** nous avons montré que la vitesse d'un point dont la loi de mouvement était représentée par une courbe ayant les temps pour abscisses et les espaces parcourus pour ordonnées était donnée par l'inclinaison de la tangente à la courbe menée au point qui correspond à l'instant que l'on considère, il est facile de voir que le théorème précédent, qui donne cette vitesse par un tracé exact, dispense du tracé approximatif que nous avons indiqué au n° **21** et permet de mener rigoureusement les tangentes à ces courbes.

Il suffira en effet de mener par le point donné m de la courbe une parallèle $m\mathrm{I}'$ à la ligne des abscisses égale à la valeur à la ligne BI correspondante à la position considérée du poids mobile sur la figure qui représente le mouvement articulé, puis au point I' d'élever une perpendiculaire $\mathrm{C}'\mathrm{I}'$ à $m\mathrm{I}'$ égale à $\frac{2\pi b}{\mathrm{T}}.\mathrm{CI}$. En joignant le point C ainsi déterminé au point m, on aura la tangente cherchée, puisque son inclinaison qui doit représenter la vitesse doit aussi être égale au rapport $\frac{2\pi b}{\mathrm{T}}\times\frac{\mathrm{GI}}{\mathrm{BI}}$. Mais cette application du théorème du n° **170** est plus curieuse qu'utile, puisque la seule chose dont on ait parfois besoin, c'est de connaître la vitesse du point mobile, et qu'il la donne directement.

La construction qui permet de déterminer la vitesse maximum de l'extrémité du balancier et l'arc GB_1, ou le temps correspondant qui est l'ordonnée du point d'inflexion de la courbe du mouvement, fournit aussi le moyen de fixer la position de ce point. Il suffit pour cela de mener parallèlement à la ligne des abscisses une droite qui en soit distante d'une quantité égale au temps correspondant à l'arc GB_1.

175. *Machines sans balancier.* — Dans le cas où la communication du mouvement du piston à la bielle est directe, la ligne CI est toujours horizontale.

176. *Machines oscillantes.* — Pour les machines oscillantes, le chemin parcouru par le piston quand il passe de la position quelconque B à la position infiniment voisine B', est égal à la projection Bb de l'arc BB' sur sa direction; de sorte que les vitesses V de la tête du piston et $\frac{2\pi b}{\mathrm{T}}$ du bouton de la manivelle sont entre elles dans le rapport de Bb à BB', égal à celui de AO à AB. On a donc

$$\mathrm{V}:\frac{2\pi b}{\mathrm{T}}::\mathrm{AO}:\mathrm{AB},$$

d'où
$$V = \frac{2\pi}{T} \cdot AO,$$

si l'on prend $\qquad AB = 1.$

En supposant donc le bouton de la manivelle successivement parvenu aux différents points de la demi-circonférence, à partir du point mort C, et abaissant les perpendiculaires

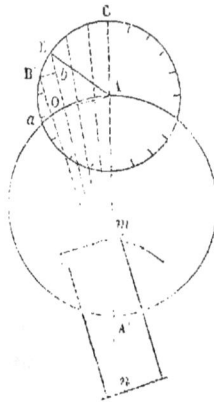

AO sur les directions correspondantes de la tige, on aura les vitesses du piston correspondantes aux différents instants de la révolution du bouton. Il est d'ailleurs évident que la plus grande de ces vitesses aura lieu pour la valeur maximum de AO, qui est précisément le rayon de la manivelle, et répond à la position où la tige du piston est tangente au cercle décrit par le bouton de cette manivelle.

L'exécution du tracé que nous venons d'indiquer se fait de la manière suivante : la demi-circonférence étant, à partir du point mort supérieur, partagée en dix parties égales, on joint ces points de division avec le centre A' de l'axe de rotation du cylindre; on décrit un cercle dont le diamètre est la distance AA' des deux centres. Il coupe toutes les lignes 0A', 1A', 2A', 3A'..., en des points 1'', 2'', 3'' dont les distances au point A seront les grandeurs de la perpendiculaire AO, dont le maximum correspond évidemment à l'intersection a du cercle de diamètre AA' avec celui que décrit le bouton de la manivelle.

On multiplie ces distances par le rapport $\frac{2\pi}{T}$, qui, pour le cas où la durée T de la révolution est de 2'', devient $\frac{6,28}{2} = 3,14$, et les produits sont les vitesses ou les ordonnées de la courbe représentée par la figure suivante.

Cette figure montre que la vitesse du piston croît avec
continuité depuis le point mort jusqu'à un point qui se
trouve d'autant plus au delà du quart de la circonférence
que la distance AA' des centres est plus petite. Dans la

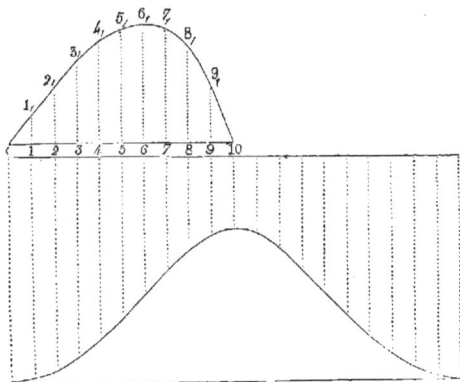

figure, ce point est au delà de 0,6 de la demi-circonférence,
et la vitesse est égale à 1,57 fois la vitesse moyenne du piston. A partir de ce point, la vitesse diminue plus rapidement qu'elle n'a augmenté dans l'autre partie de la demi-
circonférence.

Il y a d'ailleurs symétrie complète pour les deux demi-
révolutions; c'est-à-dire que dans la deuxième, commençant au point mort inférieur, la vitesse croît rapidement
jusqu'à 0,40 de la demi-circonférence, puis décroît jusqu'au
point mort supérieur, en repassant exactement par les
mêmes valeurs pour les points symétriques.

On voit de suite que l'irrégularité de vitesse ou de marche de la machine est d'autant plus grande que la distance
des centres de rotation du cylindre et de l'axe de la manivelle est plus petite par rapport à la manivelle ou à la
course du piston.

Si l'on voulait aussi construire la courbe qui donne la
relation des espaces parcourus par le piston avec les temps
ou avec les arcs décrits par le bouton de la manivelle, on

procéderait d'une manière analogue à ce qui a été indiqué précédemment.

Les positions m et n du piston correspondantes au point mort supérieur 0 et au point mort inférieur 10 étant déterminées sur la ligne AA', on décrira la circonférence dont mn est le diamètre. On joindra successivement les points 1, 2, 3..., avec le centre A', et l'excès de la distance Cm' correspondante au point mort supérieur sur chacune des distances des points 1, 2, 3..., à la circonférence du rayon $A'm$, sera le chemin parcouru par le piston pendant que le bouton de la manivelle a décrit les arcs 01, 02, 03....

Pour la construction, il sera commode d'élever aux points de division 0, 1, 2, 3..., de la demi-circonférence développée en ligne droite, des perpendiculaires au-dessus de cette ligne, sur lesquelles on portera directement, à partir des points 0, 1, 2, 3..., les longueurs Cm.... La série des points ainsi obtenus donnera la courbe cherchée représentée ci-dessus.

177. *Tour à archet.* — Cet instrument simple consiste en un archet à poignée formé par une lame d'acier terminée par un crochet. Une corde de boyaux est fixée par une boucle à ce crochet, et s'enroule par l'autre sur un petit treuil à cliquet logé, en avant de la poignée, dans un enfourchement pratiqué dans la lame. Une petite manivelle, placée à l'extérieur, sert à tendre la corde; lorsqu'on l'a enroulée sur la gorge d'une poulie au centre de laquelle est fixée la pièce à tourner, on communique à celle-ci un mouvement alternatif de rotation.

Le tour à archet est aussi fort employé par les ouvriers en fer pour communiquer le mouvement à des forets qui leur servent à percer des métaux.

De la transformation du mouvement circulaire alternatif en circulaire intermittent.

178. *Levier.* — Le moyen le plus simple de produire cette transformation de mouvement est l'emploi du levier, qui sert principalement à remuer les fardeaux. On sait, par exemple, que, pour soulever une pierre, on engage sous cette pierre l'extrémité *a* du levier, qu'on nomme la *pince*, puis qu'on place aussi près que possible de cette extrémité une petite pierre, un morceau de bois *c*, qui sert de point d'appui au levier ; puis, en faisant effort de haut en bas à l'extrémité, on abaisse le point *b*, qui décrit un arc de cercle, dont le rayon *cb* se nomme le *bras de levier* de l'effort, autour du point d'appui *c* comme centre ; tandis que l'autre extrémité *a* décrit autour du même point un autre arc de rayon *ca*, qu'on appelle aussi bras de levier. Les arcs décrits autour de la ligne *c* qui sert d'axe de rotation étant proportionnels à leurs rayons, on voit que *le chemin décrit par le point* b, *où l'homme applique son effort, est au chemin décrit par le point* a, *où pèse la pierre, comme le rayon ou bras de levier* bc *est au rayon ou bras de levier* ca.

On voit donc que, si le levier donne d'autant plus de facilité pour soulever un fardeau que le rapport du bras de levier *bc* au bras de levier *ac* est plus grand, ce n'est qu'avec la condition que le point d'application *b* de l'effort parcoure un chemin d'autant plus grand par rapport à celui que décrit le point *a* qui agit sur la pince. Si, par exemple, le bras de levier *bc* est égal à huit fois le bras de levier *ca*, le chemin décrit par le point *b* sera égal à huit fois le chemin décrit par le point *a*.

Il en est encore de même quand le levier sert à soulever et à pousser la pierre en prenant son point d'appui sur le sol et en agissant sur la pierre par un point *a* situé entre

14

le point d'appui et l'extrémité *b* sur laquelle l'homme agit. Le point *b* et le point *a* décrivent des arcs de cercle qui sont en raison directe des bras de levier *bc* et *ac*. Si, par exemple, *cb* est égal à dix fois *ca*, le chemin parcouru par le point *b* sera égal à dix fois celui qui sera parcouru par le point *a*.

Après chaque levée, on soutient par des cales le fardeau dans la position à laquelle il est parvenu; on abaisse le levier et l'on fait une nouvelle pesée, de sorte que le fardeau s'élève par intermittences.

Le levier s'emploie aussi dans la manœuvre des treuils des machines à élever les fardeaux. A cet effet, des mortaises sont pratiquées dans les extrémités ou têtes de treuils, et l'on y engage la pince du levier. En reportant leurs mains vers les extrémités, les hommes font effort et produisent un mouvement circulaire intermittent.

Ce moyen est lent; on lui substitue aujourd'hui avec avantage une modification du levier de La Garousse, dont nous allons parler.

179. *Levier de La Garousse.* — Au moyen d'un levier qui tourne autour d'un axe fixe, et qui porte à l'une de ses extrémités un pied de biche ou un cliquet à crochet, on transforme le mouvement circulaire alternatif produit par la main de l'homme, qui agit à la poignée de ce levier, en un mouvement circulaire d'une roue à rochet et de son arbre. Selon que l'amplitude du mouvement du levier est plus ou moins grande, le cliquet, dans son mouvement de retour saute d'une ou de plusieurs dents, et produit dans l'autre oscillation une marche plus ou moins rapide. Le levier est souvent armé de deux cliquets, disposés de part et d'autre de son axe, de manière que quand l'un

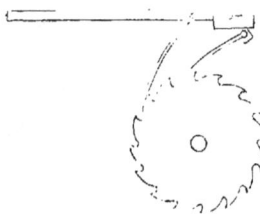

d'eux recule, l'autre agit, et que le mouvement de rotation est produit dans chacune des oscillations du levier.

Sachant de combien de dents le cliquet saute à chaque oscillation, et l'écartement de celles-ci à la circonférence, il est facile de déterminer la quantité dont l'arbre tourne à chaque oscillation du levier.

On a adapté avec succès un dispositif du même genre aux treuils des haquets, des camions, aux grues, aux presses, etc., en le modifiant un peu. Le levier est terminé par une fourche ayant deux ouvertures traversées par l'arbre du treuil, sur lequel elle peut tourner librement. Entre les bras de cette fourche est une roue à rochet, calée sur l'arbre. Le cliquet porté par le levier est toujours appliqué sur le rochet par un ressort de pression. Lorsque le levier est relevé, le cliquet saute une ou plusieurs dents, et le ressort l'engage au point où il s'arrête; puis, quand le levier s'abaisse, le cliquet, qui marche avec lui, entraîne l'arbre par son action sur les dents.

Dans les appareils de ce genre, il est nécessaire que le cliquet d'arrêt soit d'un effet bien assuré pour éviter les accidents.

La roue à rochet, que l'on nomme aussi roue à minutes, est employée dans les scieries et dans beaucoup d'autres machines-outils, pour produire un déplacement circulaire ou rectiligne d'un outil ou d'un objet à façonner, au moyen de leviers qui agissent d'une manière analogue à ce qui vient d'être dit.

180. *Encliquetage de Dobo*. — Les encliquetages ordinaires ont l'inconvénient que l'action du cliquet ou du pied de biche se produit toujours par un choc ou par un intervalle de temps, qu'on nomme temps perdu, dans la transmission du mouvement.

On remédie à ce défaut par l'emploi d'un dispositif auquel on a conservé le nom de son auteur, Dobo, horloge, mécanicien.

La roue *aa*, qui reçoit le mouvement et doit le transmettre à l'arbre *o*, est libre et à frottement doux sur cet
arbre. Celui-ci porte quatre ailes ou leviers *bbbb* articulés
du côté de son axe, et mobiles autour
de ces articulations *cccc*. Ces leviers
sont terminés du côté de la circonférence intérieure de la roue dans
laquelle ils sont placés par une courbe
qui peut rencontrer cette circonférence quand le levier *b* tourne autour
de son articulation *c* en s'éloignant de l'arbre. Enfin de
petits ressorts *dddd*, fixés par une extrémité à l'armature
des centres *cccc*, obligent les leviers ou cames *bbbb* à tourner autour de leurs axes *cccc*, de façon que l'extrémité de
leur courbe extérieure touche toujours la circonférence
intérieure de la roue.

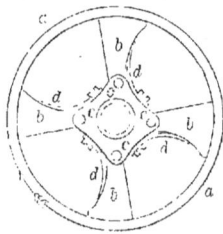

Ceci étant entendu, il est facile de comprendre le jeu de
l'appareil. Quand la roue tourne dans le sens de la flèche,
sa circonférence intérieure frotte contre la courbe extérieure des leviers, oblige les petits ressorts à fléchir, et
n'entraîne pas l'arbre dans son mouvement, parce que la
came cède et fléchit sous l'action du frottement de la roue.
Quand la roue tourne en sens inverse, elle force les leviers
à tourner autour de leur axe *c*; l'angle de ces leviers
s'écarte de l'axe de l'arbre, et, comme il peut s'en éloigner
à une distance plus grande que le rayon extérieur de la
roue, il y produit un arc-boutement de ces leviers contre
l'intérieur de la roue, ce qui les rend, ainsi que l'arbre,
solidaires avec elle; quant au mouvement de rotation, l'arbre est donc obligé de tourner avec la roue. Les ressorts *d*
ayant pour effet d'appliquer toujours l'angle extérieur des
leviers contre la surface intérieure de la roue, l'action de
cet encliquetage se produit dès que le mouvement de la
roue a lieu en sens contraire de la flèche.

La transmission intermittente du mouvement de rotation
a donc lieu par ce moyen sans choc et sans temps perdu.

181. *Transformation par encliquetage d'un mouvement circulaire alternatif en circulaire continu.* — Une application fort ingénieuse de l'encliquetage de Dobo a été faite par M. Clair, mécanicien, à la transformation d'un mouvement circulaire alternatif en un mouvement circulaire continu.

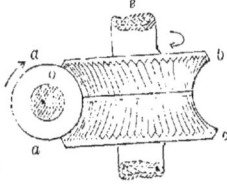

Le mouvement circulaire alternatif de l'arbre *o* est transmis par une vis *aa* à doubles filets croisés en sens contraire, à deux pignons coniques *b* et *c*, de sorte que ces pignons sont aussi doués d'un mouvement circulaire alternatif. Ces deux pignons sont à frottement doux sur la douille de l'arbre auquel il s'agit de transmettre un mouvement circulaire continu, et ne le feraient mouvoir dans aucun sens, si cet arbre ne portait deux encliquetages de Dobo, disposés en sens contraire, dont l'un se loge dans la roue inférieure et l'autre dans la roue supérieure, de façon à rendre cet arbre alternativement solidaire des deux mouvements de rotation des roues.

Il résulte de cette disposition que quand l'arbre *o* tourne de gauche à droite, par exemple, le pignon supérieur, dont l'encliquetage entre en jeu, tourne de droite à gauche et entraîne l'arbre vertical *e* dans le même sens, et que quand l'arbre *o* tourne de droite à gauche, c'est l'encliquetage du pignon inférieur qui agit; mais alors ce pignon inférieur tournant de droite à gauche, comme le premier dans l'autre période, l'arbre vertical continue à tourner dans le même sens que précédemment, c'est-à-dire de droite à gauche.

182. *Transformation du mouvement circulaire alternatif en circulaire continu intermittent.* — M. Saladin a appliqué à ce cas le principe de son encliquetage à frottement, pour transformer un mouvement circulaire alternatif en un mouvement circulaire de même sens, mais intermittent

Sur l'arbre auquel il s'agit de transmettre le mouvement

circulaire intermittent est monté à frottement doux un levier *ab*, sur lequel l'homme agit directement ou par l'intermédiaire d'un organe. L'extrémité *a* du levier est coudée parallèlement à l'axe de rotation et traversée à frottement libre par le prolongement d'une bride à anneau *de*, mobile autour d'un axe *aa'*, parallèle à l'axe de rotation, qui embrasse par son autre extrémité, ouverte à cet effet, la jante d'une roue fixée sur l'arbre de rotation, et qui, par l'effort de son propre poids, s'abaissant au-dessous du rayon, tend à pincer obliquement cette jante entre ses angles opposés *r* et *s*. Lorsque le levier se relève par son extrémité *b*, l'extrémité *a* de la bride s'abaisse, la direction de cette bride se rapproche du rayon, et la jante de la roue devient libre dans l'espèce de mâchoire de la bride.

Quand, au contraire, le levier *ab* s'abaisse, la bride, dont

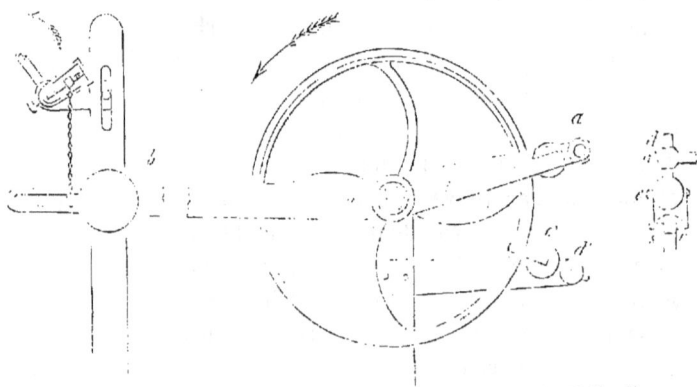

l'extrémité *a* obéit à ce mouvement, s'incline sur le rayon *ac*, et son extrémité *e* pince la jante entre ses angles *r* et *s*; de sorte que le levier, la bride et la roue deviennent solidaires quant au mouvement de rotation; la roue est donc forcée de tourner.

Pour éviter que, dans le mouvement d'ascension du levier et de reprise de la bride, la jante ne soit exposée à tourner en sens contraire, une seconde bride *d'e'*, montée sur le bâtis, et qui, par son propre poids et par l'effet d'un mouvement rétrograde, s'il se produisait, tendrait toujours à pincer la jante, s'oppose à ce mouvement rétrograde.

On voit que, par ce dispositif, le mouvement de rotation alternatif est transformé en circulaire intermittent, toujours dans le même sens.

De la transformation du mouvement circulaire continu en circulaire continu.

185. *Différents cas.* — Cette transformation est celle qui se pratique le plus souvent dans les machines, et elle peut présenter quatre cas, selon la disposition relative des axes de rotation du mouvement donné et du mouvement à produire ou à transmettre :

1° Le cas où ces axes sont dans le prolongement l'un de l'autre ;

2° Le cas où ces axes sont parallèles ;

3° Le cas où les axes se rencontrent ;

4° Le cas où les axes ne se rencontrent pas.

Axes placés dans le prolongement l'un de l'autre.

184. *Manchon d'embrayage.* — Dans ce cas, il suffit de placer les deux arbres de rotation dans le prolongement l'un de l'autre, et de les réunir par une pièce de jonction appelée *manchon d'assemblage* ou *d'embrayage*. Souvent on assemble les deux arbres d'une manière fixe, de façon à n'en former qu'un seul, et alors la partie qui imprime le mouvement est tout à fait et toujours solidaire avec celle qui le reçoit, tandis que, par l'emploi des manchons d'embrayage, l'on a la facilité de désunir les deux arbres, et d'arrêter l'un indépendamment de l'autre.

Dans le dispositif général qui résulte de l'emploi des embrayages, et qui rentre dans celui qu'on appelle treuil (n° **29**), toutes les parties tournent en même temps, et tous les points décrivent des chemins ou des arcs proportionnels à leurs distances à l'axe.

Il ne sera pas inutile de donner ici quelques notions sur les principales dispositions à suivre pour le montage des arbres placés dans le prolongement l'un de l'autre, et sur les moyens de les réunir ou de les séparer.

185. *Embrayages. Dispositions à donner aux arbres placés dans le prolongement les uns des autres.* — Les arbres qui transmettent le mouvement aux diverses machines d'un grand atelier sont ordinairement placés à la partie supérieure de l'étage, près du plafond, et supportés, de distance en distance, par des paliers auxquels il convient de donner beaucoup de stabilité pour que les différentes parties d'un même arbre ne cessent jamais d'être dans le prolongement les unes des autres. L'arbre principal, qu'on nomme assez souvent *l'arbre de couche* ou *l'arbre moteur* de l'atelier, est habituellement supporté par des consoles en fonte, qui font partie de colonnes de même métal espacées de 3^m,50 à 4 mètres au plus, et disposées dans l'axe longitudinal du bâtiment ou parallèlement à cet axe. Si l'on emploie des poteaux en bois, les consoles y sont solidement boulonnées ; il en est de même quand l'arbre doit être établi le long des murs de face. Sur ces consoles reposent les paliers proprement dits, qui sont placés dans un encastrement, dans lequel ils sont solidement calés et boulonnés, après avoir été ajustés tant pour la hauteur que pour la direction. Les modèles des consoles doivent être disposés de manière à laisser pour ce montage assez de latitude dans l'emplacement du palier pour que l'on puisse rectifier les irrégularités légères résultant du placement des consoles sur les piliers.

Tous les arbres principaux et ceux qui ont une grande longueur doivent, autant que possible, être ainsi soutenus par des supports très-solides, et l'on ne doit suspendre aux charpentes du plafond que les arbres particuliers des diverses machines de fabrication, quand ils sont assez légers pour ne pas occasionner de flexions. Dans des cas pareils, il faut consolider les solives auxquelles on attache les consoles pendantes, en en réunissant plusieurs par des traverses boulonnées.

L'écartement qu'il convient de donner aux supports a été limité à 3 mètres ou 3^m,50, et tout au plus à 4 mètres, parce que c'est aussi la distance des entr'axes des bâtiments, et surtout parce qu'avec des longueurs de 4 mètres et plus, les arbres sur lesquels on place les poulies destinées à transmettre le mouvement aux machines de fabrication fléchiraient et vibreraient, ce qui nuirait beaucoup à la stabilité et à la bonne marche des machines.

186. *Embrayages fixes.* — Pour la facilité du placement des poulies motrices, il convient que les arbres de transmission soient tournés dans toute leur longueur; leurs extrémités, exactement terminées à des plans perpendiculaires à l'axe, sont réunies dans un manchon alésé au même diamètre, et fixé sur l'un des arbres par un boulon, qui serre la clef de calage et le manchon sur l'arbre. Ce dispositif est celui qui affaiblit le moins l'arbre, et il est préférable au système d'entailles par lequel on engage quelquefois les deux extrémités l'une avec l'autre dans l'intérieur du manchon. On y ajoute une clef de calage, qui supporte l'effort de torsion produit par la transmission de mouvement et empêche le boulon d'être coupé, celui-ci ayant seulement pour objet d'empêcher le manchon de glisser, dans la longueur de l'arbre si la clef de calage se desserrait un peu, ce qui occasionnerait l'interruption de la transmission.

La portion de l'arbre qui s'engage dans le manchon a, comme nous l'avons dit, exactement le même diamètre que ¡e reste, afin que l'emmanchement des poulies se fasse

partout facilement, et qu'une simple clef de calage suffise
pour les fixer. Il convient de faire le long d'une même
arête, sur toute la longueur des arbres, une cannelure destinée à recevoir les clefs et à assurer leur position. S'il
s'agit de machines légères à conduire, on se contente d'une
partie méplate ; mais les poulies doivent toujours avoir une
cannelure. Les clefs se font ordinairement en acier, quand
on tient à la précision du montage.

Lorsqu'une série d'arbres, de même diamètre, sont ainsi
réunis par des manchons, et portés, de distance en distance,
par des paliers, de manière à ne former qu'un seul arbre,
il importe de rendre leur mouvement de transport ou de
glissement longitudinal impossible, et il suffit, pour cela,
de ménager à celle des extrémités qui est placée du côté
du moteur un tourillon à collets qui embrassent le coussinet du premier palier, et de laisser cet arbre libre dans
tous les autres paliers ; s'il arrive après la pose quelques
déplacements, quelques changements légers dans les distances des supports, la liberté de mouvement des arbres
n'en est pas altérée.

187. *Embrayages mobiles*. — Lorsqu'on a besoin de se
réserver les moyens de faire cesser et de rétablir à volonté
la solidarité du mouvement de deux
arbres placés dans le prolongement l'un
de l'autre, on compose le manchon
d'embrayage de deux pièces, l'une fixe
et calée sur l'un des arbres, et l'autre
susceptible de glisser à volonté sur le
second arbre, mais rendue solidaire
quant au mouvement de rotation par
une languette ; ce second manchon
porte sur son moyeu une gorge dans
laquelle est engagée une fourche ou simplement un levier
mobile autour d'un axe fixe. En agissant à l'extrémité du
levier de cette fourche, on la pousse d'un côté ou de l'au-

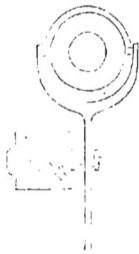

tre, et elle entraîne avec elle la partie mobile du manchon. Les faces des deux portions de ces manchons qui se rapprochent présentent chacune des parties en saillie et des creux de même forme, de sorte que, quand on les presse l'une contre l'autre pendant qu'un des arbres est immobile et que l'autre tourne, les saillies de l'un venant correspondre aux creux de l'autre, elles s'y engagent, et, dès lors, les deux portions qui sont calées sur leur arbre deviennent, ainsi que les arbres, solidaires quant au mouvement de rotation.

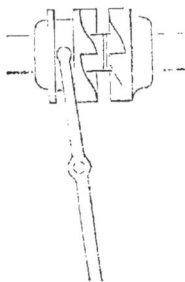

A l'inverse, si l'on écarte le manchon mobile, la solidarité de mouvement cesse dès que les parties en saillie sont dégagées des creux du manchon fixe.

La forme des saillies et des creux est assez indifférente; il importe seulement que les angles des parties saillantes destinées à se rencontrer, et parfois à se choquer, soient arrondis, pour en éviter la rupture, et que les saillies aient peu de jeu dans les creux, afin qu'il n'y ait pas de battements dans la transmission du mouvement si la vitesse vient à varier. C'est pourquoi l'on substitue aujourd'hui es embrayages exécutés avec soin et précision à ceux que l'on employait autrefois et qu'on nommait des *tocs*

Cependant il est des cas où l'on est obligé de laisser au manchon un jeu assez considérable : c'est lorsque, par la nature même du travail de la machine, les arbres doivent se déplacer parallèlement l'un à l'autre, et, par conséquent, cesser d'être dans le prolongement l'un de l'autre. Ce cas se présente dans les laminoirs, où l'un des cylindres se soulève au moment du passage du métal et retombe après.

188. *Embrayage des machines lourdes à conduire.* — Le système d'embrayage que nous venons de décrire peut servir à engager et à dégager le mouvement de deux arbres, par l'action rapide d'un seul homme, quand l'effort à exercer n'est pas trop considérable; mais si les machines à conduire sont très-lourdes, il arrive que le désembrayage est difficile à produire, et que l'embrayage brusque est dangereux et compromet la solidité des pièces de la machine.

189. *Désembrayage instantané.* — Dans les grands laminoirs à grosses tôles, par exemple, il arrive quelquefois que, par suite de maladresse, les cylindres se trouvent trop

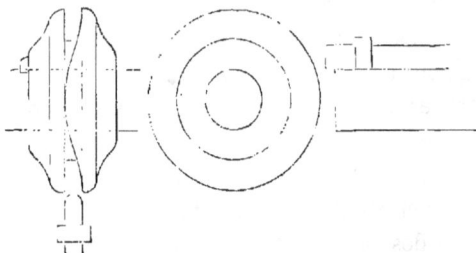

serrés pour que le passage du fer puisse avoir lieu sans danger de rupture de quelque organe. Il importe alors d'avoir un moyen de désembrayer rapidement pour permettre aux cylindres de s'arrêter.

A cet effet, le joint des deux manchons d'embrayage présente sur une portion de son pourtour une fente de 4 à 5 centimètres de large, tandis que le reste offre une saillie, un plan très-incliné, qui remplit cet intervalle. Un levier, posé sur le sol et maintenu entre des guides qui le dirigent perpendiculairement à la direction des arbres et en dessous, étant poussé rapidement par un homme, sa pince, d'abord engagée dans la partie ouverte du joint, se trouve ensuite dans celle qui est occupée par le plan incliné, et par l'insertion de son épaisseur dans le joint, elle oblige le manchon mobile à s'écarter, et produit le désembrayage.

Quand ensuite on veut rétablir la solidarité du mouvement, on est obligé d'arrêter toute la machine et de ramener le manchon mobile à sa position.

190. *Désembrayage à vis.* — On peut aussi dans certains

cas produire le mouvement de glissement du manchon mobile, soit pour désembrayer, soit pour embrayer pendant le
mouvement, au moyen d'une vis qui pousse ou ramène le
manchon graduellement. Mais
cette disposition ingénieuse
ne paraît préférable à l'embrayage ordinaire que pour les
machines puissantes, qui ont
des manchons d'embrayage
trop lourds pour qu'un ou deux hommes puissent facilement les faire glisser sur l'arbre, et, dans ce cas, l'embrayage ne peut guère se faire pendant la marche.

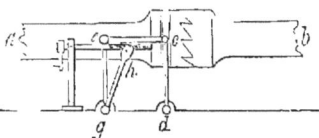

La figure ci-dessus représente un de ces embrayages.

Cet appareil se compose d'un arbre *ab*, sur lequel sont
fixés deux bras *e* et *g*, placés à droite et à gauche de l'arbre
moteur, et reliés par deux petites brides *ce* avec deux autres
bras *cd*, fixés sur un même arbre, et qui portent des boutons engagés dans la gorge de la partie mobile du manchon
à hauteur d'un même diamètre. A l'extrémité de l'arbre *g*
est fixé un bras de levier *gh*, terminé par une fourche *h*,
dans laquelle se meut un petit arbre formant écrou. Une
vis terminée par une manivelle tourne dans cet écrou, et,
comme la mobilité de l'arbre dans lequel il est ménagé permet de prendre le point d'appui de la vis en différents points
par rapport au bras *gh*, il s'ensuit que, par l'action de la
vis, on force ce bras à tourner dans un sens ou dans l'autre, de façon à opérer l'embrayage ou le désembrayage.

191. *Embrayage ordinaire à friction.* — Pour éviter l'inconvénient et les accidents qui peu-
vent résulter d'un embrayage brusque entre un arbre en repos et un
arbre en mouvement, on a proposé
depuis longtemps un dispositif que
l'on appelle *embrayage à friction*, et
qui consiste principalement en ce que le manchon fixe pré-

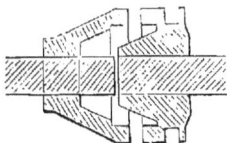

sente un tronc de cône creux, dans lequel s'engage un tronc de cône en relief porté par le manchon mobile : à mesure que le levier à fourche appuie davantage celui-ci contre le premier, le frottement qui tend à les empêcher de glisser l'un sur l'autre augmente, et bientôt l'arbre immobile participe au mouvement. La transmission du mouvement se fait ainsi plus graduellement et sans secousses brusques.

Pour prévenir l'interruption du mouvement que produirait le moindre mouvement rétrograde du manchon mobile, on peut employer divers moyens, et, entre autres, composer le manchon mobile de deux parties, dont l'une, le cône en relief, produit l'embrayage, et dont l'autre, munie de saillies comme dans l'embrayage ordinaire, maintient la solidarité du mouvement.

Ce dispositif, qui a été proposé principalement pour les machines lourdes à conduire, exige alors que l'on donne aux cônes de grandes dimensions pour prévenir la rapide destruction des surfaces frottantes, et cette sujétion en limite beaucoup l'emploi.

Autre disposition des manchons d'embrayage par frottement. — Il faut remarquer que le dispositif indiqué par la figure ci-dessus exigeant que le manchon saillant exerce un effort assez grand dans le sens longitudinal de l'arbre contre le manchon creux, il en résulte une poussée générale sur l'arbre et sur ses supports. ce qui offre des inconvénients. On y a remédié par la disposition suivante, adoptée pour les arbres de transmission de la galerie d'expériences du Conservatoire.

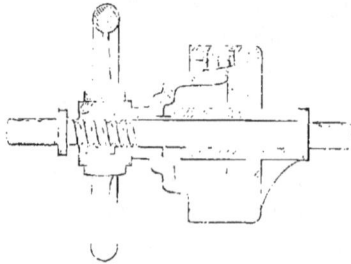

La figure ci-contre fait voir que les deux manchons sont serrés l'un contre l'autre par traction et non par poussée de sorte qu'au lieu de tendre à éloigner l'une de l'autre les deux parties de l'arbre que le manchon doit rendre solidaires quant au mouvement de rotation, elles tendent à les rapprocher et à les serrer l'une contre l'autre par leurs extrémités. L'inconvénient d'une poussée des arbres sur leurs supports est donc tout à fait évité, si l'on a eu la précaution de régler la longueur des parties de l'arbre de façon qu'elles se touchent toujours à peu près bout à bout.

Des axes parallèles.

192. Ce cas est celui qui se présente le plus fréquemment dans les machines. Il peut être partagé en deux autres : celui où les axes sont à une petite distance l'un de l'autre, et celui où ils sont à une grande distance.

193. *Axes parallèles à une petite distance.* — Soient c et c' les centres des deux axes, c étant celui du moteur, c' celui de l'arbre auquel on veut transmettre le mouvement. Si l'on monte sur ces deux axes deux roues ou tambours en bois, exactement tournés et dont les rayons soient déterminés, de manière que leur somme soit égale à la distance cc' des centres, ces roues se toucheront en t. Si elles sont ainsi suffisamment pressées l'une contre l'autre, quand la roue c tournera, elle entraînera la roue c', qui tournera ainsi autour de son axe ; et, comme dans ce mouvement nous supposons les roues assez exactement tournées et pressées l'une contre l'autre pour qu'elles ne glissent pas, il est clair que les arcs qui s'enrouleront l'un sur l'autre seront égaux. Si, par exemple, on suppose les roues en contact au point t et que le mouvement ait lieu dans le sens des flèches,

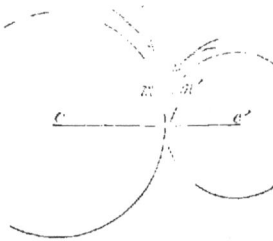

les arcs *tm* et *tm'* qui s'enrouleront l'un sur l'autre, et qui amèneront au contact les points *m* et *m'*, seront égaux. Il suit de là que, si le rayon C*m* de la roue conductrice est double du rayon C'*m'* de la roue conduite, et par conséquent, si la circonférence de la première est double de la seconde, la circonférence entière de celle-ci sera venue en contact ou se sera enroulée sur la demi-circonférence seulement de la première. La roue C'*m'* aura donc fait deux tours pendant que la roue C*m* n'en aura fait qu'un. On verrait de même que si le rayon C*m* est égal à 3, 4, 5 fois C'*m'*, le nombre de tours de la circonférence C'*m'* sera 3, 4, 5 fois celui des tours de la circonférence C*m*.

En général, dans cette transmission de mouvement par contact ou par roulement de deux roues dont les axes sont parallèles, *les arcs décrits ou développés sur chacune des circonférences sont égaux*

Les nombres de tours faits par les deux roues sont en raison inverse des rayons, et par conséquent dans un rapport constant; de sorte que, si l'une d'elles se meut uniformément, il en est de même de l'autre.

Il est d'ailleurs évident que les roues tournent en sens contraire; c'est-à-dire que, si l'une d'elles tourne de gauche à droite, l'autre tourne de droite à gauche.

Le dispositif que nous venons de décrire, et dans lequel le mouvement se transmet d'un arbre à l'autre, par l'effet de la pression qui appuie les roues ou tambours l'un contre l'autre, est employé particulièrement pour des machines qui ne travaillent qu'à certains moments, par intermittences et à volonté.

De ce nombre est le *tire-sacs* des moulins à farine, au moyen duquel un ouvrier fait monter ou descendre les sacs de farine à tous les étages d'un moulin, les reçoit ou les envoie sans se déplacer.

194. *Emploi des rouleaux à axes parallèles pour les machines de précision.* — M. Savart, père de l'illustre physicien de ce nom, avait imaginé et construit une machine à diviser, dans laquelle des mouvements très-précis étaient communiqués d'un axe à un autre par deux roues métalliques, parfaitement tournées, qui roulaient ainsi l'une sur l'autre. On peut donc employer ce moyen pour des machines légères et précises.

Des engrenages.

195. *Engrenage à coin.* — M. J. Minotto, ingénieur piémontais, a imaginé récemment un dispositif dont nous donnerons la théorie mécanique dans une autre partie des leçons, et que nous nous contenterons de décrire ici.

Aux rouleaux cylindriques dont il vient d'être parlé, il substitue deux rouleaux, dont l'un présente une gorge creusée en forme de coin, et l'autre une saillie de même forme entrant dans la première. Lorsque ces deux rouleaux sont serrés l'un contre l'autre, ce qui exige que l'axe de l'un d'eux soit mobile, le contact des surfaces annulaires latérales s'établit, et quand l'un d'eux tourne, il entraîne l'autre dans son mouvement.

Mais il faut remarquer que dans ce mouvement il y a inégalité de vitesse entre les arcs en contact. Si, par exemple, les circonférences ob et $o'b$ qui se touchent au point b se développent dans la rotation de la même manière que si elles roulaient l'une sur l'autre sans glisser, de sorte que les nombres m et m' de tours des rouleaux faits en 1' soient en raison inverse des rayons de ces circonférences, on aura pour ces circonférences :

$$m \times \text{circ. } ob = m' \times \text{circ. } o'b.$$

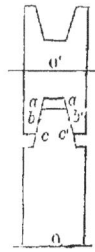

Mais il est évident que l'on aura aussi

$$m \times \text{circ. } 0a > m' \times \text{circ. } 0a'$$

15

puisque l'on a $Oa > Ob$ et $O'a < O'b$.

Par conséquent les points de la circonférence Ob de la roue O glisseront en avançant sur les points de la circonférence $O'b$ de la roue O' de la quantité qui, pour une minute, sera

$$m \times \text{circ. } Oa - m' \text{ circ. } O'a\,;$$

de même, comme on aura

$$m \times \text{circ. } Oc < m' \times \text{circ. } O'c,$$

attendu que

$$Oc < Oa \quad \text{et} \quad O'c > O'b,$$

les points de la circonférence $O'c$ de la roue O' glisseront, en avançant sur les points de la roue O, d'une quantité qui, pour une minute, sera

$$m' \times \text{circ. } O'c. - m \times \text{circ. } Oc.$$

Mais, par l'effet de ces glissements, les parties qui y sont exposées s'usent assez vite et cessent de se presser ; de sorte qu'au bout de peu de temps le contact n'a plus lieu que sur les circonférences qui se développent sans glisser l'une sur l'autre.

Ce dispositif donne une transmission fort douce et très-continue du mouvement, mais il n'est pas susceptible de la précision que l'on peut obtenir avec des rouleaux bien tournés, attendu que le rapport $\frac{m}{m'}$ des nombres de tours dépend toujours des rayons Ob et $O'b$ des cercles de contact et que, par l'effet de l'usé inégal ou d'une cause accidentelle, ces rayons peuvent varier un peu sans qu'on s'en aperçoive.

La nécessité de rendre l'axe de l'une des roues employées mobile est aussi un inconvénient qui peut nuire à la régularité de la transmission.

196. *Dents d'engrenage.* – Mais, en général, il ne suffit pas d'appuyer ainsi deux rouleaux l'un sur l'autre pour assurer la communication du mouvement entre les deux arbres, parce que ce moyen offre des chances de glissement qui peuvent donner lieu à des accidents graves.

Pour rendre la transformation du mouvement de l'une des roues à l'autre obligatoire, on garnit leurs circonférences de parties saillantes, appelées *dents d'engrenage*, qui, débordant les *anneaux* ou *couronnes* qui les portent, s'engagent les unes dans les *intervalles* ou *creux* qui séparent les autres ; de sorte que, quand l'une des roues tourne, l'autre est obligée de suivre le même mouvement. De deux roues qui engrènent ensemble, la plus grande prend le nom de *roue* ou *rouet*, la plus petite celui de *pignon*.

La position des centres est quelquefois donnée, ainsi que le rapport entre le nombre de tours respectifs de la roue conductrice et de la roue conduite ; et alors on partage la distance des centres cc' en deux parties ct et $c't$ telles qu'elles soient entre elles en raison inverse des nombres de tours. Si, par exemple, la roue conduite doit faire trois tours pour un tour de la roue conductrice, on fera ct égal à trois fois $c't$, ou l'on partagera cc' en quatre, et on prendra ct égal à trois de ces parties, et $c't$ égal à une. Lorsque la distance des centres n'est pas donnée, on la choisit de manière à avoir des roues qui ne soient pas de dimensions disproportionnées, et d'après la force et le nombre des dents que l'on doit adopter. En général, il ne convient guère de faire des pignons dont le rayon soit moindre que le quart ou le cinquième de celui de la roue, quoiqu'on puisse, au besoin, atteindre et dépasser ces limites. Des points c et c' comme centres, avec les rayons ct et $c't$, on décrira ainsi des cercles qui seraient susceptibles de rouler l'un sur l'autre dans le rapport voulu ; on les nomme *cercles primitifs* ou *proportionnels*. Ils sont la base du tracé d'engrenage pour lequel on s'impose la condition que le mouvement soit transmis dans un rapport constant comme si ces cercles roulaient effectivement l'un sur l'autre. Comme pour chaque dent de la roue conductrice il en passe une de la roue conduite, il s'ensuit que les nombres des dents sont aussi proportionnels aux rayons, ou en raison inverse des nombres de tours des roues.

On partage les circonférences primitives en un nombre de parties égales entre elles, déterminé selon l'épaisseur que les dents doivent avoir et selon le rapport des rayons, et cette portion de circonférence primitive correspondante à chaque dent, et qui comprend l'épaisseur d'une dent et le creux qui la sépare de la suivante, s'appelle le *pas de l'engrenage.*

La condition fondamentale à laquelle le tracé doit satisfaire étant de transmettre le mouvement comme si les deux cercles primitifs ct et $c't$ roulaient l'un sur l'autre à la manière des rouleaux décrits au n° 195, la géométrie enseigne des méthodes simples pour tracer le profil qu'il convient de donner aux dents. Nous indiquerons ici celles qui sont le plus en usage.

197. *Conditions fondamentales du tracé des engrenages.* — Soient deux courbes amb, $a'mb'$, fixées respectivement aux cercles ct et $c't$, et satisfaisant, par hypothèse, à la condition imposée; menons la normale commune à ces deux courbes en leur point de contact, et abaissons des centres c et c' des perpendiculaires ck et $c'k'$ sur cette normale. Dans un déplacement infiniment petit des courbes et des cercles, les points k et k' décriront de petits arcs de cercle qui se confondront avec la normale kk', et qui seront évidemment égaux, puisqu'on peut, dans ce mouvement infiniment petit, considérer kk' comme une tangente commune aux deux cercles de rayons ck et $c'k'$, et qui les conduirait à la manière d'une courroie en développant et en enveloppant sur chacun d'eux des arcs égaux.

On aura donc, en appelant a et a', les angles de rotation.

$$ck \times a = c'k' \times a;$$

d'où

$$\frac{ck}{c'k'} = \frac{a}{a'}.$$

Mais, par hypothèse, dans ce mouvement les cercles primitifs ct et $c't$ développent, l'un sur l'autre, des arcs égaux, et l'on a

$$ct \times a = c't \times a';$$

d'où

$$\frac{ct}{c't} = \frac{ck}{c'k'} = \frac{a}{a'},$$

ce qui indique que le point t appartient à la normale au point de contact; donc, dans tout engrenage qui satisfait à la condition que le mouvement ait lieu comme si les cercles primitifs roulaient l'un sur l'autre, *la normale au point de contact des courbes passe par le point de contact des cercles primitifs.*

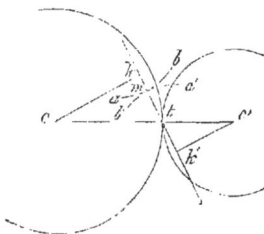

On arrive au même résultat par la considération suivante, qui offre l'avantage d'indiquer une solution facile et générale du tracé de tous les engrenages.

Supposons que les deux roues c et c' portent des courbes amb et $a'mb'$ qui satisfassent à la condition que les cercles primitifs tournent comme s'ils roulaient l'un sur l'autre en développant des arcs égaux; il suit de là que, réciproquement, si l'on suppose un de ces cercles fixe, et qu'on fasse rouler l'autre sur celui-là, les deux courbes, dans toutes les positions, seront toujours en contact. Or m étant, à un instant quelconque, le point de tangence des courbes amb et $a'mb'$, lorsque le cercle c', qui porte $a'mb'$, roulera autour du cercle c sur lequel est fixé amb, il est clair qu'au premier instant tous les points de ce cercle c', et, par conséquent, la courbe $a'mb'$, tendront à tourner autour du point de contact actuel t des cercles primitifs, de sorte que la courbe $a'mb'$ tend à envelopper le petit arc de cercle décrit de t comme centre avec tm pour rayon.

Ce petit arc de cercle, étant d'ailleurs tangent à l'une des courbes au point de contact, le sera aussi à l'autre et aura la même normale commune, et sa normale est d'ailleurs le rayon *tm* mené de *t* en *m*; il s'ensuit donc que la normale commune aux deux courbes passe nécessairement par le point *m*.

Réciproquement, cette condition étant remplie, les deux courbes se conduiront de manière que les cercles primitifs tournent comme s'ils roulaient l'un sur l'autre, c'est-à-dire en développant des arcs égaux.

Puis donc que la courbe *a'mb'*, dans ses diverses positions, enveloppe la suite des petits arcs de cercles qui peuvent être pris pour les éléments de *amb*, il s'ensuit que la succession de ces positions formera, par ses intersections, la courbe *amb* elle-même.

De là résulte le moyen de trouver la courbe *amb* à placer sur le cercle *c* quand on s'est donné une autre courbe quelconque *a'mb'*, montée sur le cercle *c'*.

Exécutons avec une planche mince les deux cercles primitifs *c* et *c'*, et fixons sur le cercle *c* la courbe donnée *a'mb'*; lions les deux cercles par une verge rigide, en laissant au cercle *c'* seul la faculté de tourner autour de son centre en roulant autour du cercle *c* : la suite des intersections fournies par les différentes positions de la courbe *a'mb'* formera l'enveloppe de la courbe cherchée *amb*, ou la courbe elle-même.

198. *Tracé de la solution générale.* — Mais il y a une construction graphique plus simple et plus facile à exécuter, qui est aussi la conséquence de ce que nous venons de dire. Nous avons vu que le petit arc de cercle décrit avec le rayon *tm* et du centre *t* était tangent aux deux courbes en *m*, et que, par suite, la courbe *amb* était l'enveloppe de tous les arcs de cercle analogues tracés avec les différentes normales comme rayons et des points de contact successifs comme centres.

Or, la courbe ou dent du pignon étant donnée, il est facile, avec un compas, de déterminer le rayon *tm* de ce petit arc de cercle.

De même, si des deux points t_1 et t'_1 des deux cercles primitifs de la roue et du pignon, choisis de manière que tt'_1 $= tt_1$, nous menons des normales $t_1 n$ et $t'_1 n_1$ aux deux courbes amb et $a'mb'$, les normales devront être égales : car, lorsque les deux cercles auront marché de manière que t'_1 et t_1 soient en contact, les deux courbes parvenues en $a_1 m_1 b_1$ et

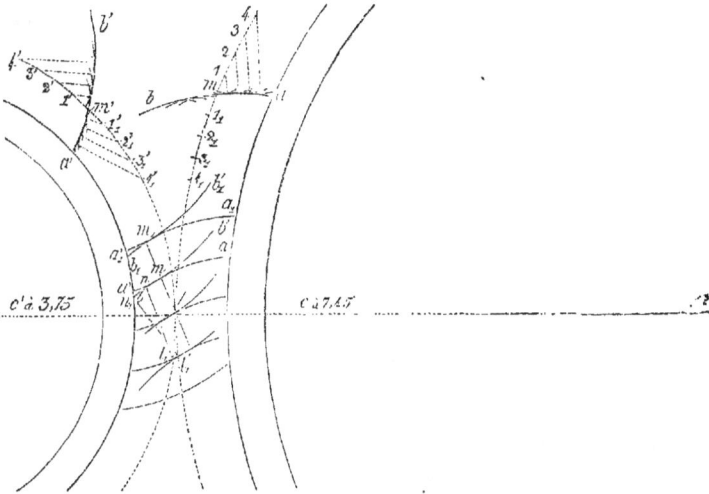

$a'_1 m_1 b'_1$, auront pour normale commune la ligne tm_1 égale à $t_1 n$ et à $t'_1 n_1$; et, comme d'une ouverture de compas on peut trouver $t_1 n$, puisque la corde du pignon est donnée, si, de cette longueur comme rayon et du point t'_1 comme centre, on décrit un petit arc de cercle, il sera tangent à la courbe amb cherchée. Cette courbe sera donc l'enveloppe de tous les arcs de cercle décrits avec les rayons tm, tm_1, etc., et des centres t, t_1, etc. De là résulte la construction suivante, très-simple :

Étant donnée sur le cercle c' la courbe quelconque $a'mb'$ dépassant, par exemple, sa circonférence en dehors et en dedans, portons sur les deux cercles primitifs, à partir des points m et m', équidistants du point t, des arcs égaux en longueur $m1$, $m2$, $m3$, etc., et $m'1'$, $m'2'$, $m'3'$, etc. ; ce qui sera facile, puisque les nombres de degrés qu'ils renferment seront en raison inverse des rayons des cercles dont ils font respectivement partie. Les points 1 et 1', 2 et 2', 3 et 3', etc., passeront respectivement en contact quand les dents se conduiront. — Des points 1', 2', 3', etc., décrivez des arcs de cercle tangents à la courbe donnée $a'mb'$, et avec les rayons respectifs de ces arcs et des points correspondants 1, 2, 3, etc. du cercle ct, comme centres, décrivez d'autres arcs : la courbe qui les enveloppera tous sera la portion de la dent à placer sur le cercle ct pour conduire la partie $m'b'$; c'est ce que l'on a exécuté à partir de m en ma. Il est d'ailleurs évident, par la construction même, que cette portion ma de la courbe amb se trouve en dedans du cercle ct, et correspondra à la partie $m'b'$ de la courbe $a'mb'$ qui est en dehors du cercle $c't$.

La forme indiquée sur la figure pour la courbe donnée $a'mb'$ montre que les arcs de cercle tangents à la partie ma' qui se trouve en dedans de ce cercle primitif $c't$ ont leurs centres de l'autre côté de la ligne $c'm'$ que ceux qui sont tangents à la partie $m'b'$. La construction de la portion de courbe à monter sur le cercle c pour conduire la partie $m'a'$ est tout à fait analogue. Des points 1'$_1$, 2'$_1$, 3'$_1$, etc., de la circonférence $c't$, comme centres, décrivez des arcs de cercle. Prenez respectivement ces rayons pour ceux d'arcs de cercle décrits des points 1$_1$, 2$_1$, 3$_1$....., comme centres : l'enveloppe sera là courbe mb cherchée. La construction montre que cette partie mb extérieure au cercle ct conduira la portion $m'a'$ de la courbe donnée intérieure au cercle ct.

On voit d'ailleurs que, si c'est la roue c qui doit conduire c', la partie am intérieure au cercle primitif ct de la courbe amb conduira avant la ligne des centres cc' la partie mb' extérieure au cercle primitif $c't$ de la courbe $a'mb'$, tandis que la partie mb extérieure de la courbe amb conduira après la ligne des centres cc' la portion $a'm$ intérieure de la courbe $a'mb'$.

On nomme *flanc* d'une dent la partie qui se trouve en

dedans du cercle primitif, et *face* la partie qui se trouve
en dehors; de sorte que le résultat que nous venons d'observer peut s'énoncer ainsi : *Le flanc d'une dent conduit la
face de l'autre, et réciproquement.*

199. *Du choix des courbes convenables.* — La construction
que nous venons de détailler, et qui se trouve dans le ca-
hier lithographié du cours de mécanique industrielle de
M. Poncelet (1830), montre que le problème des engrenages est susceptible d'une infinité de solutions géométriques; mais il est nécessaire de faire un choix parmi les
courbes qui en résultent. Il arrive en effet quelquefois

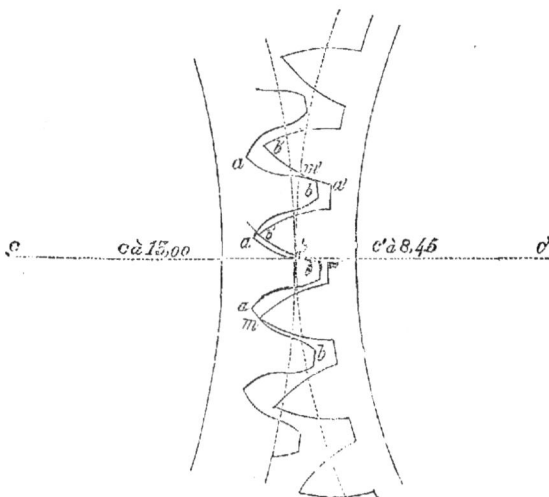

que, la courbe *a'm'b'* étant donnée, la courbe *amb* a une
inflexion, et que son flanc est concave; c'est le cas de la
figure ci-dessus. Elle n'est pas pour cela d'une exécution
impossible, mais elle présente quelques difficultés, et, de
plus, ces courbes sont plus sujettes que d'autres à devenir
des réceptacles de corps étrangers, de graisse épaissie, et
ces considérations seules suffisent pour faire rejeter de la

pratique toute courbe concave, et par conséquent celles qui ont des inflexions.

200. *Les engrenages à lanternes et les engrenages intérieurs ne peuvent pas conduire avant et après la ligne des centres.* — La courbe $a'mb'$ que nous nous sommes donnée dans la figure du n° **198** n'a pas d'inflexion : elle agit toujours par sa convexité, et passe au point t de part et d'autre de la ligne des centres. Si elle était en entier d'un même côté de cette ligne, la construction serait la même ; mais, dans certains cas, tel que celui du fuseau circulaire d'une lanterne, on trouverait, par le tracé, que la partie de la dent de la roue qui devrait conduire le fuseau avant la ligne des centres tomberait en dehors du cercle primitif, et, par conséquent, du même côté que celle qui le conduit après cette ligne ; de sorte que l'exécution matérielle d'un pareil engrenage serait impossible. Il faut donc opter, et faire conduire le fuseau avant ou après la ligne des centres seulement ; et comme d'ailleurs la partie qui agirait avant cette ligne serait concave, et qu'outre les inconvénients que nous avons signalés, il y en a d'autres, que nous examinerons plus loin, à faire conduire ainsi, on choisit l'autre solution.

On arrive à un résultat analogue pour les engrenages intérieurs, ainsi qu'il est facile de s'en assurer ; et il n'est jamais possible de faire conduire ces engrenages avant et après la ligne des centres, à moins qu'on ne se contente de faire agir une dent toujours sur le même point de l'autre, et, d'après les motifs ci-dessus, on se borne à faire engrener après cette ligne. C'est donc à tort, et par suite de la routine, que l'on voit souvent, même dans les engrenages intérieurs faits par des constructeurs renommés, des dents qui ont à la fois des faces et des flancs d'une certaine longueur destinés à être conduits avant et après la ligne des centres.

En se donnant, *a priori*, une courbe quelconque pour l'une

des dents, on n'est donc pas sûr, d'après ce que nous venons de voir, que la solution géométrique que l'on obtiendra n'offrira pas d'inconvénients pratiques, et l'on est obligé de chercher parmi toutes les courbes qui satisfont à la transmission du mouvement uniforme celles qui sont d'une exécution facile.

201. *Solutions en usage.* — Les géomètres sont parvenus à plusieurs solutions du problème; nous allons les rappeler succinctement. Considérons d'abord le cas d'une roue et d'un pignon dont les cercles primitifs sont ct et $c't$.

Nous avons vu, au n° **107**, que, si l'on fait rouler intérieurement dans le cercle ct un autre cercle dont le diamètre soit égal au rayon ct du premier, un point quelconque m de sa circonférence parcourra un rayon $c'm$. Il ne sera pas inutile d'en rappeler la démonstration, et, pour cela, supposons que t' soit le point du cercle $c't$ qui se trouvait primitivement en contact avec m, et t le point actuel de contact : puisque le cercle ct a roulé sur $c't$ intérieurement, l'arc $tt' = tm$; et comme ils ont des rayons doubles l'un de l'autre, tm contiendra deux fois plus de degrés que tt'; mais le nombre de degrés de tt' est la mesure de l'angle $tc't'$, dont le sommet est au centre du cercle c', tandis que la moitié du nombre de degrés de l'arc tm est la mesure de l'angle $tc'm$, dont le sommet est sur la circonférence oc'; donc ces deux angles ayant même mesure sont égaux, et, par conséquent, les lignes $c't$ et cm se confondent. Le point décrivant est donc resté sur le rayon $c't$.

Si maintenant on fait rouler extérieurement le même cercle ot sur la circonférence ct, il résultera de ce mouvement une courbe, qu'on nomme *épicycloïde*, et dont le tracé peut s'exécuter ainsi qu'il suit :

202. *Génération de l'épicycloïde.* — Soient $c'ot$ le cercle qui, en roulant sur la circonférence de rayon ct, engendre par l'un de ses points la courbe que l'on veut tracer, et t le

point de contact actuel, que nous prendrons pour le point décrivant : supposons que, par le roulement, le cercle rou-
lant soit parvenu à la position $o't''$, il est clair que ce point décrivant t se trou-vera en m, sur ce cercle, en une posi-tion telle, que l'arc $t''m$ soit de même lon-gueur que l'arc tt''; et réciproquement le point du cercle rou-lant qui est venu au contact en t'' est un
point t', qui, avant le déplacement, se trouvait à une dis-tance tt' égale en longueur à l'arc tt''; les deux arcs tt' et tt'' sont donc égaux, ainsi que leurs cordes; et les deux triangles ctt' et cmt'' sont aussi égaux, puisqu'ils ont, en outre, les côtés ct et ct'' égaux et les angles ctt' et $ct''t$ égaux comme composés, chacun, d'un angle droit et d'un angle formé par une tangente aux cercles égaux ot et $o't''$ et par des cordes égales : donc, le point décrivant m se trouve après le déplacement à la même distance cm du cen-tre c que le point t' avant ce déplacement. Or cette dernière distance ct' est connue, puisque la position du point t' est déterminée par la condition que l'arc tt' égale en longueur l'arc tt''; donc le point décrivant m, pour la position nou-velle du cercle roulant, doit se trouver sur le cercle décrit du centre c avec cm pour rayon.

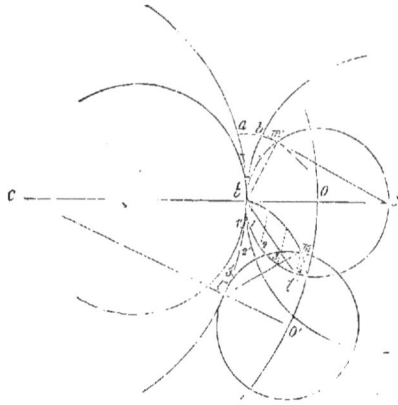

D'une autre part, lorsque le cercle roulant, parvenu au contact en t'', tend à continuer son mouvement, il est évi-dent que le point m décrit un élément de courbe qui se confond avec le petit arc de cercle décrit du point t'' comme centre avec la corde $t''m = tt'$ comme rayon. Le point m se trouve donc à l'intersection des deux arcs de cercle décrits

du centre *c* avec *ct'* comme rayon et du centre *t"* avec *tt'*
comme rayon. De là résulte la règle suivante pour le tracé
de l'épicycloïde par points :

205. *Tracé pratique de l'épicycloïde.* — A partir du point
de contact *t*, correspondant à la position initiale, partagez
le cercle roulant *ot* et le cercle *ct* sur lequel il roule en parties ou en *arcs de longueurs égales*, et, par conséquent, d'un
nombre de degrés en raison inverse des rayons. Numérotez
les points de division des mêmes chiffres distingués par des
accents 1, 2, 3, 4. .... Du point *t* comme centre, avec les
rayons *t*1, *t*2, *t*3 ....., décrivez des arcs de cercle; des points
1', 2', 3', 4'......, du cercle de rayon *ct* comme centres, avec
les rayons *t*1, *t*2, *t*3......, décrivez d'autres arcs de cercle,
qui couperont respectivement les premiers en des points
qui appartiendront à la courbe cherchée.

De ce que cette courbe doit être tangente à ces petits arcs
de cercle décrits des centres 1', 2', 3', etc., avec les rayons
*t*1, *t*2, *t*3, etc., il s'ensuit qu'elle les enveloppe tous, et
qu'elle peut être obtenue en traçant, à la règle ployante,
une courbe enveloppe de tous ces arcs. C'est, en effet, le
moyen que l'on emploie le plus souvent; mais la méthode
que nous venons d'indiquer est plus exacte, puisqu'elle
détermine les positions successives du point décrivant.

On remarquera de plus que les lignes *tm* et *t"m* étant
normales à la courbe cherchée et étant des cordes du cercle
mobile menées par l'une des extrémités du diamètre, les
cordes *c'm*, menées par l'autre extrémité, leur sont perpendiculaires, et, par conséquent, tangentes à la courbe. En
traçant donc la série de ces tangentes, elles devront envelopper la courbe extérieurement. On a ainsi la courbe déterminée par points, par enveloppe intérieure et par enveloppe extérieure.

Si maintenant nous supposons que sur le cercle *ct* on fixe
en relief la courbe *tm*, et qu'en même temps le rayon *ct*
soit en relief sur le plan du cercle *ot*, il est clair que quand

le premier cercle tournera, la courbe poussera ce rayon de telle façon que celui-ci restera toujours tangent à la courbe, et que, quand le cercle ct aura décrit un angle tca, le point où la courbe coupera son cercle générateur ot appartiendra à la fois à la courbe et au rayon $c'm'b$ du cercle $c't$ et sera, par conséquent, le point de contact de ce rayon avec la courbe, et la normale commune à ces deux lignes sera la ligne tm', puisqu'elle est perpendiculaire à $c'm'$. Les arcs ta et tb seront égaux entre eux, comme égaux tous deux à l'arc tm' : donc cette courbe et le rayon correspondant pourront être pris, la première pour la trace d'une dent montée sur le cercle ct, le second pour le flanc d'une dent fixée sur le cercle $c't$, puisque, dans le mouvement que la courbe produira à partir de la ligne des centres et au delà, les deux cercles primitifs se déplaceront comme s'ils roulaient l'un sur l'autre.

Réciproquement, si l'on fait rouler dans le cercle ct, et extérieurement sur le cercle $c't$, un cercle dont le diamètre soit ct, le point t, considéré comme point décrivant, engendrera dans le cercle ct un rayon ct, et sur le cercle $c't$ une épicycloïde, qui jouiront des mêmes propriétés que les lignes précédentes, de sorte que, si l'on fixe sur le cercle ct un rayon en saillie et sur le cercle $c't$ la nouvelle courbe obtenue, le rayon pourra former le flanc d'une dent qui pousserait avant la ligne des centres, et jusqu'à cette ligne, la face de la dent formée sur l'autre roue par la courbe, en satisfaisant encore à la condition fondamentale.

204. *Influence de l'épaisseur des dents et du pas sur le tracé.* — Nous nous occuperons, dans les leçons relatives à la résistance des matériaux, de l'épaisseur à donner aux dents pour satisfaire aux conditions de solidité, et nous nous bornerons, pour le moment, à examiner l'influence de cette dimension sur le tracé. On nomme *pas* de l'engrenage la distance qui existe entre les milieux de deux dents consécutives, ou entre la naissance d'une dent et celle de la sui-

vante, mesurée sur la circonférence primitive. Lorsque les
dents des deux roues qui engrènent ensemble sont faites de
la même matière, elles ont même épaisseur, et, par conséquent, l'*intervalle* ou le *creux*, qui sépare deux dents consécutives, doit alors être au moins égal à leur épaisseur à la
naissance ou au cercle primitif. Mais, dans la pratique et
pour les engrenages ordinaires, afin de remédier au défaut
d'exécution, on fait le *creux* de $\frac{1}{10}$ à $\frac{1}{15}$ plus grand que le
plein, selon le degré de perfection que l'on peut donner à
l'exécution. Il suit de là que le *pas* est donné quand on
connaît l'épaisseur que doivent avoir les dents à leur naissance et qu'il est égal à 2,1 ou 2,067 fois cette épaisseur ;
et comme cette dernière dimension ne dépend que de
leur solidité, nous la supposerons, quant à présent, déterminée.

Il arrive souvent que les engrenages sont exposés à être
contre-menés, c'est-à-dire que, si la roue c conduit ordinairement le pignon c', il y aura certains cas où, au contraire, ce sera le pignon c' qui mènera la roue c. Cela peut
être nécessité et avoir lieu périodiquement, par suite des
mouvements à communiquer ; mais en outre il n'est guère
de machines où cet effet ne se produise par suite d'inégalités plus ou moins grandes dans la marche. C'est ce que
l'on aperçoit facilement, par exemple, dans les machines
à vapeur, dont la manivelle est animée de vitesses différentes en ses différentes positions, malgré la régularité
que le volant tend à établir.

Il faut donc que le tracé des engrenages et la forme des
dents se prêtent à conduire également bien dans les deux
sens opposés. A cet effet, ayant porté sur les cercles primitifs l'épaisseur à donner aux dents, on les termine des
deux côtés par des courbes pareilles et par des flancs ; et
l'on sent facilement, d'après ce qui précède, combien il
importe de réduire le jeu de l'engrenage au strict nécessaire, afin que, dans les mouvements en sens contraire, il
y ait le moins de chocs possible : aussi, pour les engre-

nages faits avec soin, convient-il de réduire le jeu de l'engrenage au $\frac{1}{15}$ de l'épaisseur à la naissance.

Ayant donc tracé les deux courbes qui terminent les faces
de chaque dent et de ses flancs, il ne s'agit plus que de
trouver sa longueur. Les courbes be et ce' se rencontrent
en un point e, qui limite la plus grande saillie possible de
la dent; mais on ne doit jamais leur donner toute cette
longueur, parce que
cette pointe s'userait
promptement par le
frottement et que la
dent n'est plus aussi
forte à cette extré-
mité qu'à sa nais-
sance, et, en outre,
parce qu'il convient
de borner la durée de
la prise de deux dents
à ce qui suffit pour la
continuité du mou-
vement. Beaucoup de
praticiens croient,
au contraire, qu'il y a avantage à avoir un assez grand
nombre de dents en contact à la fois, pensant qu'alors
la pression se répartit entre elles, et qu'elles fatiguent
moins, ce qui permet de diminuer l'épaisseur. Mais il
est pour ainsi dire impossible, même dans les engrenages le mieux exécutés, que toutes les dents qui sont
en apparence engrenées à la fois agissent réellement : car
il faudrait, ou que le tracé fût géométriquement exact, ce
que l'on ne peut se flatter d'obtenir, ou que les dents qui
agissent d'abord fléchissent, pour que les autres puissent
participer à l'effort, et l'on doit, pour la solidité des dents,
les faire assez fortes pour éviter toute flexion sensible; on
est donc, en définitive, obligé de calculer leur épaisseur
comme si une seule devait supporter tout l'effort de la

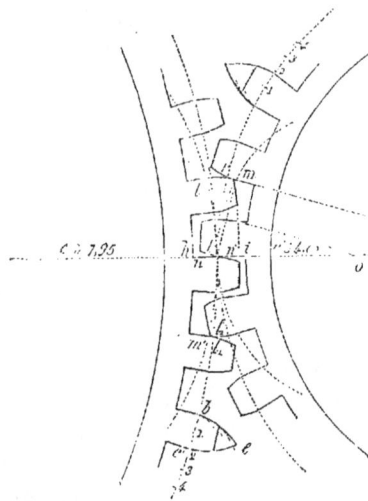

roue, et dès lors tout l'avantage qu'on se promettait est perdu. Nous voyons donc qu'il suffit qu'il y ait toujours deux dents en prise à la fois, afin que, quand l'une d'elles cesse d'agir, il n'y ait pas d'interruption dans la conduite des roues.

205. *Danger des arc-boutements.* — Nous avons vu que la courbe d'une dent de roue pousse le flanc de celle du pignon, à partir de la ligne des centres et au delà, tandis que le flanc de la première pousse la courbe de la seconde avant la ligne des centres et jusqu'à cette ligne. Dans ce dernier mouvement, la somme des lignes cm' et $c'm'$, qui joignent le point de contact avec les centres c et c', étant évidemment plus grande que la ligne des centres cc', il est clair que les dents glissent l'une sur l'autre en se poussant ; et que, si par suite de quelque inégalité ou aspérité dans leur surface elles s'accrochaient, il en résulterait un arc-boutement et peut-être rupture partielle ou totale. Au contraire, dans le mouvement après la ligne des centres, les points de contact tendent à se séparer en s'écartant, et le glissement des dents l'une sur l'autre ne peut éprouver aucune difficulté. C'est ce danger des *arc-boutements* qui a engagé beaucoup de mécaniciens à proscrire l'engrenage avant la ligne des centres ; mais cet inconvénient, qui était grave dans les anciennes machines, où les dents étroites dans le sens de l'axe et très-épaisses à la circonférence, avaient beaucoup de longueur pour que deux dents au moins fussent en prise à la fois, est presque nul dans les constructions actuelles, où l'on diminue l'épaisseur des dents en augmentant leur largeur, et où l'on ne fait engrener à la fois que des dents plus courtes : aussi l'usage a-t-il prévalu de faire prendre les dents autant avant qu'après la ligne des centres.

206. *Longueur des dents.* — D'après cela, sauf les cas analogues à ceux de la lanterne et des engrenages intérieurs

16

pour lesquels il y a impossibilité matérielle, on peut ad-
mettre que l'engrenage a lieu avant et après la ligne des
centres; et, puisque l'on se borne à avoir deux dents en
contact à la fois, il suffira qu'une dent commence à prendre
quand celle qui la précède est arrivée à la ligne des centres, et qu'elle cesse de pousser quand celle qui la suit est
parvenue à cette ligne; ou, ce qui revient au même, que la
conduite ait lieu, avant et après la ligne des centres, pendant un arc égal au pas mesuré sur la circonférence primitive de l'un ou de l'autre cercle. Cette condition détermine la longueur ou la saillie des dents; en effet, soit (figure
du n° **204**) l'arc tt' égal au pas pris sur la circonférence $c't'$;
menons $c't'$: le point de contact du flanc du pignon arrivé
dans cette position et de la courbe de dent de la roue, sera,
d'après ce que nous avons vu, à l'intersection du rayon $c't'$
et du cercle dont $c't$ est le diamètre, ou en m; et puisque
pour cet écartement la roue doit cesser de pousser le pignon, il faut supprimer la portion de cette dent qui excède
le point m. Si donc du centre c et d'un rayon égal à cm
nous décrivons une circonférence, elle limitera toutes les
dents de la roue de la manière convenable. De même, si
le flanc des dents de la roue ne doit commencer à pousser
avant la ligne des centres qu'à partir d'un écartement tt_1
égal au pas, nous mènerons ct_1, et son intersection m' avec
le cercle dont ct est le diamètre nous donnera le point m'
de contact, qui sera le premier point par lequel le flanc de
la dent de la roue doit pousser la courbe de la dent du pignon; et en traçant un cercle du centre c' et avec le rayon
$c'm'$, il terminera toutes les dents du pignon de la manière
convenable.

Il suffira ensuite, pour terminer le creux des dents de
la roue et du pignon, de tracer des centres c, c', avec les
rayons cm et $c'm'$, augmentés de 3 à 5 millimètres, des arcs
de cercle, qui, rencontrant la ligne des centres en des points
i et h, détermineront les rayons ci et ch de circonférences
qui formeront le fond des creux du pignon et de la roue.

L'application de la méthode de tracé indiquée ci-dessus montre que, même pour des roues de grandes dimensions, les dents auront toujours fort peu de longueur, et que les arcs de courbes épicycloïdes ont une très-petite étendue.

La règle que nous venons de donner pour déterminer les longueurs des dents est convenable pour les proportions ordinaires des engrenages; mais il convient de la modifier, d'une part, pour les roues qui ont un très-grand nombre de dents de peu d'épaisseur, et, de l'autre, pour les roues qui ont peu de dents assez épaisses.

Dans le premier cas, les dents que l'on obtiendrait seraient un peu courtes, et, pour éviter le danger que les roues ne désengrènent dans le cas où les axes s'éloigneraient un peu, il convient d'augmenter leur longueur.

Dans le second cas, au contraire, la longueur deviendrait quelquefois trop grande et les dents trop faibles à leur extrémité.

Voici la règle que l'on y substitue dans plusieurs ateliers. On donne aux dents une saillie proportionnée à leur épaisseur et aux flancs des dimensions qui permettent de les avoir de même longueur, en laissant au fond du creux un jeu proportionnel aussi à l'épaisseur des dents. Ces diverses conditions sont remplies par les formules suivantes, dans lesquelles :

S, représente la saillie totale de la dent sur la couronne;
B, l'épaisseur des dents mesurée à la circonférence primitive;
$Fl..$., la longueur du flanc $\}$ de la dent dans le sens de son axe de
$Fa...$, la longueur de la face $\}$ symétrie....

$$S = 1,2B \text{ à } 1,30B;$$

$$Fl = 0,57S; \quad Fa = 0,43S;$$

ce qui donne pour le jeu au fond du creux

$$0,14S;$$

la saillie des dents sur l'anneau qui les porte peut atteindre, mais ne doit pas excéder, 1,5 fois leur épaisseur, mesurée sur le cercle primitif.

207. *Inconvénients de l'engrenage à épicycloïdes.* — Nous n'avons examiné jusqu'ici que les applications de l'épicycloïde aux engrenages plans de différents genres, et nous avons vu que cette courbe et ses variétés satisfaisaient très-bien aux conditions géométriques du mouvement; mais on doit observer que, dans la conduite après la ligne des centres, la normale commune aux courbes de dents varie d'inclinaison, et fait avec cette ligne un angle de plus en plus petit à mesure que le point de contact s'en éloigne. Sans entrer ici dans des détails, qui ne seraient pas à leur place, sur la grandeur des efforts exercés, nous nous contenterons de dire qu'il en résulte que l'effort d'une dent sur l'autre est beaucoup plus grand vers la fin du contact qu'à la ligne des centres. L'effet inverse a lieu dans la prise avant cette ligne; mais, dans les deux cas, on voit que les pressions des dents l'une sur l'autre sont variables, et que, par conséquent, elles doivent s'user inégalement. Nous verrons de plus, à l'occasion du frottement des engrenages, que la quantité dont le point de contact glisse sur les dents, ou le chemin parcouru par le point frottant, augmente à mesure que le contact a lieu plus loin de la ligne des centres. Il en résulte que la pression, et par suite le frottement, augmentent en même temps que le chemin parcouru par le point d'application de cette résistance, ce qui produit une grande inégalité dans le travail consommé par le frottement et dans l'usé des dents : aussi remarque-t-on que les dents s'émoussent à l'extrémité et se creusent vers les flancs, ce qui altère leur forme primitive et par suite la régularité de la transmission du mouvement.

Abstraction aite de toute autre considération, l'engrenage à épicycloïde a l'inconvénient de ne pas permettre de conduire avec une même roue des pignons de diamètres différents, soit simultanément, soit successivement, en satisfaisant aux conditions imposées. En effet, dans cet engrenage, la courbe de la dent de la roue est déterminée par le mouvement d'un cercle ayant pour diamètre le rayon du pignon et roulant sur la circonférence primitive de cette roue; si donc on avait des pignons de différents diamètres, on aurait des courbes distinctes correspondantes à chacun d'eux, et la même roue ne pourrait les conduire convenablement. On y parviendrait cependant en ne donnant à la roue que des flancs qui pousseraient avant la ligne des centres les courbes engendrées sur les circonférences primitives des pignons, par le roulement d'un cercle dont le diamètre serait égal au rayon du cercle primitif de la roue; mais on n'éviterait un inconvénient que pour tomber dans un autre, puisque alors l'engrenage n'aurait lieu qu'avant la ligne des centres, et nous avons indiqué les défauts de cette disposition. On voit par là que, si l'on a adopté l'engrenage épicycloïde, on ne peut, avec la même précision, faire conduire par une même roue des pignons de différents diamètres, et, dans le cas où cela est indispensable, il faut recourir à un autre tracé *.

208. *Engrenage à développantes de cercle.* — Si l'on mène par le point t de contact des cercles primitifs une ligne kk', inclinée sur la ligne des centres cc', que des points c et c' on abaisse des perpendiculaires ck et $c'k'$ sur cette normale, et qu'on décrive, des rayons ck et $c'k'$, des circonférences de cercle qui seront tangentes à kk', puis qu'on enroule sur cette circonférence les deux portions tk et tk' de la tangente,

---

* Un autre défaut que l'on reproche à l'engrenage épicycloïdal étant l'inégalité de pression, on a cherché à obtenir des courbes de dents telles, qu'elles exerçassent pendant toute la durée de leur contact un effort constant l'une sur l'autre.

Or, il est facile de voir qu'en appelant P la force constante qui agit à la circonférence primitive de l'une ou de l'autre roue, la pression normale exercée suivant mt a pour expression

$$N = \frac{P \times ct}{ck} = \frac{P \times c't}{c'k'};$$

d'où l'on voit que cette pression ne saurait rester constante sans que ck ou $c'k'$ le soient aussi, c'est-à-dire sans que la normale commune soit invariable de position; ce qui revient aussi à la condition que le point de contact m reste toujours sur cette normale kk'.

constante en longueur et en direction, et qu'on les déroule, leurs extrémités traceront des développantes de cercle qui

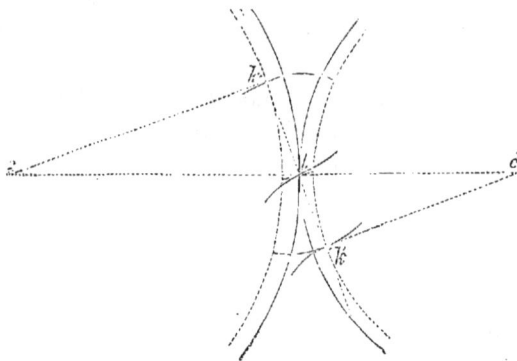

satisferont à la condition de se toucher sans cesse en un point de la tangente kk'.

En effet, la normale commune à ces deux courbes devant, comme normale à chacune d'elles, être tangente au cercle dont elles sont respectivement les développantes, il s'ensuit que cette normale est la tangente commune aux deux cercles; et que, par conséquent, le point de contact qu'elle contient se trouve sur cette tangente commune, qui passe toujours par le point de contact t des deux cercles primitifs; d'où il résulte que ces courbes satisfont à la condition de transmettre le mouvement comme si ces cercles roulaient l'un sur l'autre *.

---

* On fait voir aussi que les développantes considérées comme courbes de dents satisfont à la condition d'égalité de pression; mais, ainsi que l'a observé M. Poncelet dans ses Leçons de mécanique industrielle de 1830, il ne s'ensuit pas pour cela, comme l'ont cru plusieurs auteurs, que les dents s'useront également. En effet, les chemins parcourus par les points frottants ne sont pas égaux, à toutes les distances de la ligne des centres, quand les arcs décrits sont les mêmes; au contraire, les dents glissent d'autant plus l'une sur l'autre que le contact a lieu plus loin de la ligne des centres. Il s'ensuit que le travail du frottement est plus grand quand l'extrémité d'une dent pousse la naissance de l'autre que quand elles se conduisent près de la ligne des centres; d'où résulte encore qu'elles s'useront davantage au bout et à la racine qu'au milieu.

On conçoit cependant que, puisque la pression est constante, on doit

On voit, à l'inspection seule de la figure, que, dans l'engrenage à développantes, les dents se conduisent avant et après la ligne des centres de la même manière que dans le tracé général que nous avons indiqué au n° 197, c'est-à-dire que le flanc d'une dent, ou la partie intérieure à son cercle primitif, conduit avant la ligne des centres la face de la dent de l'autre roue, ou la partie extérieure au cercle primitif de celle-ci, et réciproquement.

209. *Inclinaison de la tangente commune aux cercles développés.* — La direction de la ligne kk', qui doit être la normale commune aux dents pendant toute la durée du contact, est la base du tracé ; mais elle n'est pas arbitraire, et il convient de lui faire faire avec la ligne des centres le plus grand angle possible. En effet, les dents devant être disposées, d'après ce que nous avons vu, de manière que le pignon puisse au besoin conduire la roue, au lieu d'être conduit par elle, on leur donnera une forme symétrique sur leurs deux faces ; et, pour que les deux courbes ne convergent pas trop rapidement l'une vers l'autre, ce qui tendrait à affaiblir les dents vers leur extrémité, il est nécessaire qu'elles aient la plus faible courbure possible, ou, ce qui revient au même, que la normale kk' fasse le plus grand angle possible avec la ligne des centres.

D'après cela, voici la manière de déterminer la position de cette ligne kk', tangente commune aux deux cercles à développer. Nous supposons qu'on connaisse le *pas*, ou la distance de la naissance d'une dent à celle de la suivante, et qu'on l'ait déterminé d'après les conditions de solidité, en prenant le creux égal à 1,1 ou 1,067 de l'épaisseur de la dent ; de plus, nous admettons qu'on veut avoir à la fois deux dents en contact, et qu'elles doivent se conduire, avant et après la ligne des centres, d'une quantité égale au *pas*, mesuré sur la circonférence primitive des deux roues.

obtenir par l'emploi des développantes plus d'égalité dans l'usé des dents, et que, sous ce rapport, il y ait avantage à s'en servir.

Cela posé, portons sur le cercle primitif du pignon un arc tt' égal au pas à partir de la ligne des centres, joignons t' et c'; et du point t abaissons sur $c't'$ une perpendiculaire tk : il est clair que cette ligne tk prolongée sera, de toutes les directrices possibles, celle qui fera le plus grand angle avec la ligne des centres; car, pour toute autre ligne moins inclinée, la perpendiculaire abaissée du centre c' intercepterait un arc plus petit que le pas sur la circonférence du pignon; de sorte que le pignon ne serait pas conduit par la roue au delà de la ligne des centres d'une quantité égale au pas, puisque la naissance de sa courbe de dent serait en dedans de cet arc*.

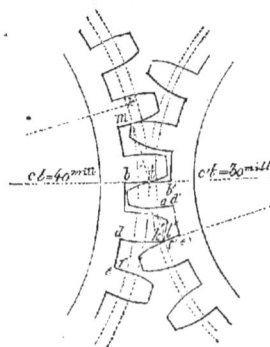

Après avoir déterminé, comme nous venons de le dire, cette inclinaison minimum de la normale, on abaissera des centres c et c' des perpendiculaires ck et $c'k'$ sur cette ligne, et on développera les cercles décrits avec ces rayons et des points c et c' comme centres. Le tracé de ces développantes n'offre aucune difficulté; il suffit, pour l'exécuter avec toute la précision désirable, de construire un segment de chacun des cercles ck et $c'k'$ avec une planchette mince, d'enrouler sur son contour un fil, dont une des extrémités y soit fixée, et d'armer l'autre d'une pointe à

* On observera que le pied de la perpendiculaire tk' abaissée de t sur $c't'$ se trouve à l'intersection du rayon $c't'$ et du cercle dont $c't'$ est le diamètre; de sorte que la normale constante tk' a la même longueur et la même direction que la normale de l'engrenage à épicycloïde de même pas et dont l'amplitude de contact est la même. Par suite, les bras de levier des efforts transmis dans la direction de ces normales sont égaux, ainsi que ces efforts mêmes, si ceux qui sont exercés aux circonférences primitives ont la même intensité. Il suit de là que la plus grande pression qu'éprouve l'engrenage à épicycloïde est égale à la pression constante supportée par l'engrenage à développantes.

tracer ou d'un crayon, en déroulant le fil de manière qu'il reste également tendu : la pointe ou le crayon tracera la courbe cherchée sur un papier ou une feuille mince de métal placée sous le cercle à développer. On découpera ensuite cette feuille de métal selon le contour tracé, et on aura un patron propre au tracé de toutes les dents.

Le même tracé donnera la développante qui forme la courbe de dent de la roue; mais, au lieu d'être égal au pas de l'engrenage, l'arc à développer s'étendra depuis le point de tangence k de la perpendiculaire ck, menée du centre c sur la tangente commune kk', avec le cercle développé de rayon ck jusqu'à une longueur kb égale à la portion tk de cette tangente. Le reste de la construction est entièrement analogue.

210. *Autre tracé de la développante.* — On peut aussi obtenir la développante par points au moyen de la construction suivante :

Ayant tracé la circonférence à développer, on la divisera en un nombre suffisant de parties égales ab, bc, cd, de, dont on calculera exactement la longueur. Aux points b, c, d, on mènera des tangentes aux cercles, et sur chacune d'elles on portera des longueurs $b1$, $c2$, $d3$, égales à autant de fois l'arc ab qu'il y aura d'arcs égaux compris entre le point a et le point de tangence correspondant.

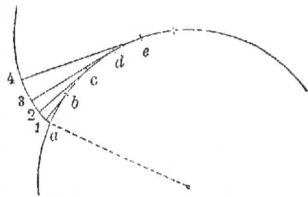

211. *Tracé d'exécution.* — Après avoir obtenu le tracé des courbes de dents, on partagera sur la circonférence primitive de chacun des cercles le pas en deux parties, l'une égale à l'épaisseur donnée pour la dent d'après les règles de la stabilité, l'autre à cette épaisseur augmentée de $\frac{1}{10}$ à $\frac{1}{12}$, ou $\frac{1}{15}$, selon le degré de perfection de l'exécution pour la facilité du jeu de l'engrenage. Des points de division on tracera des courbes identiques aux premières, et disposées symétriquement, par lesquelles les roues se pousseront si elles doivent marcher en sens contraire.

Cela fait, il ne reste plus qu'à terminer les dents, de manière qu'elles se prennent et se quittent à une distance de la ligne des centres égale au pas. On connaît le point k', naissance de la dent du pignon et point de contact de deux dents quand elles sont parvenues à l'écartement voulu de la ligne des centres. Par ce point k' et du centre c, avec le rayon ck', décrivez un arc de cercle; il coupera toutes les dents de la roue à la longueur convenable, et, l'une des dents de la roue touchant encore en k', la suivante sera, d'après la construction même, en contact à la ligne des centres en t, et la seconde en arrière sera à une distance de cette ligne égale au pas. Par le point m, où la tangente commune kk' coupe la courbe de cette dernière dent, avec le rayon $c'm$, et du point c', comme centre, décrivez une circonférence de cercle; il est clair qu'elle limitera toutes les dents du pignon de manière qu'il ne soit en prise avant la ligne des centres qu'à partir de la distance voulue.

Quant au creux, on le terminera par des arcs de cercle de et $d'e'$, concentriques à chacune des deux roues, et qui, près de la ligne des centres, laissent, entre la circonférence de chacune d'elles et l'extrémité des dents de la roue opposée, un intervalle de deux à trois millimètres pour le libre passage des dents. Des rayons ad et $a'd'$, fe et $f'e$, menés des naissances a et a', f et f', et tangentiellement aux courbes, réuniront les faces au fond du creux par de petits flancs en ligne droite, qui n'ont d'autre objet que la facilité du jeu de l'engrenage.

212. *Cas où l'on veut faire conduire plusieurs pignons différents par une même roue.* — Il est facile de voir que, si l'on doit faire conduire par la roue plusieurs pignons de diamètres différents successivement ou simultanément, il faudra déterminer l'inclinaison de la directrice kk' d'après le plus petit de ces pignons, et que, cette ligne étant donnée, les dents de la roue resteront les mêmes. Pour obtenir le cercle à développer pour les dents d'un autre pignon, on portera sur la ligne des centres, à partir du point t, une longueur égale au rayon du cercle primitif de ce pignon; puis, de son extrémité comme centre, avec un rayon égal à la perpendiculaire abaissée de ce point sur la directrice, on décrira un cercle dont la développante sera la courbe de dent cherchée. Le reste de la construction est entièrement analogue à ce qui précède.

213. *Inconvénients de l'engrenage à développantes.* — Si l'engrenage à développantes offre, sous le rapport de l'égalité de pression, un avantage sur celui où l'on emploie des épicycloïdes, il présente aussi quelquefois des inconvénients qui le rendent inapplicable, et dont l'autre est exempt.

Ainsi, quand le pas déterminé par la résistance à vaincre est assez grand, et que le rapport du rayon du pignon à celui de la roue est petit, les deux courbes symétriques qui terminent les dents convergent rapidement l'une vers l'autre, et les dents se trouvent beaucoup trop faibles à leur extrémité; il peut même arriver qu'il ne soit plus possible de conduire avant la ligne des centres d'une quantité égale au pas ; c'est, par exemple, le cas de la figure, qui représente à une certaine échelle un engrenage dont le pas serait de 45 millimètres environ et les rayons de $0^m,10$ et $0^m,60$.

Quand même les dimensions ne seraient pas aussi exagérées que dans cette figure, il arrive souvent que, dans la prise avant la ligne des centres, les dents se rencontreront sous un assez grand angle, et qu'il y aura lieu de craindre les arc-boutements, et si, pour les éviter, on veut se borner à faire agir les dents après la ligne des centres, ce qui est facile en limitant convenablement les dents du

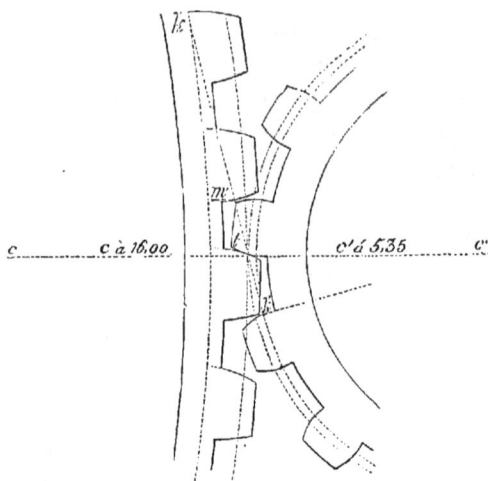

pignon, on ne pourra pas prolonger le contact au delà d'une distance égale au pas sans risquer de trop affaiblir les dents. De plus, il est bien difficile d'éviter que le pignon ne soit parfois contre-mené, et l'on retombera dans l'inconvénient de l'arc-boutement. Dans des cas pareils, si l'on voulait employer l'engrenage à développante, ce qu'il y aurait de mieux à faire serait de se borner à faire conduire les dents à une distance égale à la moitié du pas, avant et après la ligne des centres, comme l'indique la figure.

Nous remarquerons en outre que l'usage des développantes ne peut s'appliquer aux engrenages intérieurs, puisqu'il n'est pas possible de mener une tangente commune à deux cercles contenus l'un dans l'autre, et que, si l'on développe l'un des cercles primitifs, la courbe que l'on obtiendra ne pourra pousser que le point de contact des cercles primitifs pendant toute la durée de son action, ce qui produirait l'usé rapide de cette partie toujours en contact.

Enfin, l'inspection des figures construites de grandeur naturelle pour un pignon et une roue dont les cercles primitifs seraient les mêmes montrerait que, même en réduisant à son minimum l'inclinaison de la tangente kk' sur la ligne des centres, ce qui rend la saillie de l'engrenage la plus petite possible, la longueur des dents en épicycloïde est toujours plus petite que celle des dents en développantes, ce qui est un avantage pour la solidité; et que les faces de la première convergent dans tous les cas moins rapidement, ce qui tend à leur conserver encore une résistance plus uniforme*.

Le plus grand avantage de l'engrenage à développantes, et ce qui nous paraît devoir lui faire donner la préférence quand on a besoin de précision dans la transmission du mouvement, c'est qu'il conserve la propriété de transmettre le mouvement dans un rapport constant, même lorsque les deux roues ne sont pas à leur distance primitive, soit par suite de négligence dans la pose, soit parce que les supports ont été déplacés. Il résulte, en effet, de la forme des dents que la normale commune au contact est toujours la tangente aux deux cercles développés **.

* Nous avons vu, de plus, que l'inclinaison maximum de la normale sur la ligne des centres dans l'engrenage à épicycloïde est égale à l'inclinaison constante de cette ligne dans l'engrenage à développantes, quand cette dernière est réduite à son minimum, et que, par conséquent, les dents du premier ont à supporter un effort dont la valeur maximum est au plus égale à celle de l'effort constant que doivent soutenir celles du second ; de sorte que, pour une même résistance, et dans le cas le plus favorable de l'engrenage à développantes, on peut adopter pour tous deux la même épaisseur de dents, et que, dans le cas où la tangente commune n'a pas le minimum d'inclinaison, on peut faire, toutes choses égales d'ailleurs, les dents de l'engrenage à épicycloïde plus faibles que celles de l'autre, avantage dont nous apprécierons l'influence quand nous calculerons le travail consommé par le frottement des engrenages.

Joignons à ce qui précède la remarque déjà faite au sujet de l'usé des dents, qui n'est pas uniforme comme on l'avait cru.

** Par conséquent aussi, les efforts exercés sur les deux cercles pour les faire tourner ont des bras de levier qui sont dans un rapport constant, quoique différent de celui qui avait été réglé par le tracé primitif, puisque la tangente commune a pris une inclinaison différente. Le seul inconvé-

Il est facile de voir que l'engrenage à épicycloïde ne jouit pas de la même propriété; et comme il est bien difficile d'obtenir des monteurs assez d'exactitude dans la pose pour être sûr que les axes seront rigoureusement à la distance voulue, il en résulte un avantage réel en faveur de l'emploi des développantes quand il s'agit d'engrenages pour lesquels on a besoin d'une grande précision.

Cependant les épicycloïdes, et surtout le tracé pratique que nous allons indiquer, sont plus généralement adoptés par les constructeurs, à cause de la facilité d'exécution et de tracé, et de la généralité de son application. C'est au mécanicien que nous laisserons le choix, selon le degré d'exactitude qu'il croira devoir apporter à ses constructions.

214. *Tracé pratique par lequel on remplace l'épicycloïde.* — Il suit du peu de développement de la partie utile de l'épicycloïde qu'elle se confond sensiblement avec l'un des arcs de cercle dont elle est l'enveloppe, et qu'en substituant à cette courbe l'un des arcs intermédiaires entre celui qui correspond à sa naissance et celui qui appartient à son extrémité utile *m* ou *m'*, on aura une approximation bien suffisante pour la pratique. C'est au reste ce que montrent à l'œil, d'une manière très-satisfaisante, des tracés de grandeur naturelle faits avec le plus grand soin. Nous sommes donc conduits à la règle pratique suivante, très-simple, et entièrement dégagée de toute construction au delà de la portée des artistes les moins instruits :

Ayant déterminé le pas de l'engrenage égal à 2,1 fois ou 2,067 fois l'épaisseur que doivent avoir les dents à la circonférence primitive des deux roues d'après les règles pratiques de la

nient qui résulte de ce déplacement des axes, c'est que la durée du contact est diminuée quand ils se sont éloignés, et un peu augmentée quand ils se sont rapprochés.

*résistance des matériaux, partagez sur chacun des cercles pri-
mitifs, à partir de la ligne des centres, le pas en quatre parties
aux points 1, 2, 3, et dont les deux premières soient égales à la
moitié de l'épaisseur de la dent, et les autres à la moitié du creux ;
prenez les points 0 et 2 pour les naissances des deux courbes ;
des points 3 comme centres, avec une ouverture de compas égale
aux cordes des arcs 03, décrivez de part et d'autre des arcs de
cercle ; à la rencontre de l'arc om avec la circonférence dont c't
est le diamètre et qui touche le cercle, c'est au point 4, limitez les
courbes des dents de la roue ; du point c, comme centre, et du
rayon cm, décrivez une circonférence de cercle, elle limitera
l'extrémité utile des dents.*

Ce simple tracé est celui qu'on emploie le plus souvent
dans la pratique ; mais on voit que, pour rendre suffisante
l'approximation qu'il fournit, il était nécessaire de prendre
pour centre des arcs de cercle qu'on substitue aux courbes
un point intermédiaire entre les centres de ceux qui correspondent aux petits arcs élémentaires tangents à leurs
extrémités, et l'on a choisi le troisième point à partir de
la naissance, ou le milieu du creux, parce que le point
de contact se déplace d'autant plus rapidement sur la
courbe qu'il est plus loin de la naissance. Au reste, en
exécutant rigoureusement les épicycloïdes, puis en les
comparant dans leur partie utile avec les arcs de cercle
qu'on leur subtitue, on trouve que la différence entre
les deux formes de dents n'est pas de l'épaisseur d'un
trait de tire-ligne très-fin ; et certes, il n'est pas de mécanicien qui, dans la construction des machines indus-
trielles les plus soignées, ne se contente d'une pareille
exactitude.

215. *Précautions contre le retrait du métal.* — La figure
des dents obtenues par la méthode ci-dessus sera celle du
modèle, auquel il convient de laisser toujours un léger
excès de dimensions pour pouvoir retoucher les pièces au
burin ou à la lime, ce qu'on nomme en termes d'atelier

laisser *du gras*; mais quand il s'agira de finir l'engrenage, nous avons vu que, le creux devant être plus fort que l'épaisseur de la dent de $\frac{1}{10}$ à $\frac{1}{12}$ ou $\frac{1}{15}$, il faudra prendre l'arc 0, 2, de $\frac{1}{10}$ à $\frac{1}{12}$ plus grand que l'arc 2. 3, 0; ou, ce qui revient au même, prendre pour l'épaisseur de la dent $\frac{9}{20}$ ou $\frac{11}{24}$, et pour le creux $\frac{11}{20}$ ou $\frac{13}{24}$ du pas, respectivement, en conservant pour les rayons de ces arcs de cercle les $\frac{3}{4}$ de ce même pas.

216. *Lanternes à fuseaux cylindriques.* — Dans les anciens moulins, les roues que l'on appelait *rouets* étaient entièrement en bois, et recevaient des dents aussi en bois qu'on nommait *alluchons*. Le pignon se composait de plateaux ou tourteaux parallèles, réunis par des cylindres en bois nommés *fuseaux*, sur lesquels agissaient les dents. Dans ce cas, le profil de la courbe donnée du fuseau est un cercle; et, en appliquant la méthode générale du tracé des courbes de dents du n° 198, on trouve, ainsi que nous l'avons déjà dit, que ces sortes de roues ne peuvent être conduites qu'avant ou après la ligne des centres, et que, par les motifs que nous avons indiqués, on doit préférer le second parti. La normale commune aux deux courbes est facile à déterminer dans le cas actuel, puisqu'elle doit passer par le point de contact *t* des cercles primitifs et par le centre *a* du fuseau; donc, en

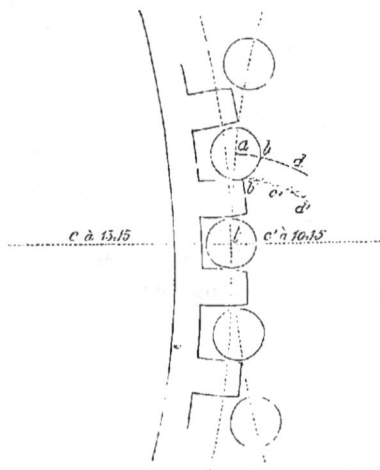

joignant a et t, et en retranchant de at le rayon du fuseau, on aura la longueur de la normale et du rayon de l'arc de cercle tangent aux deux courbes. Il est facile de voir ici que le point de contact du fuseau et de la dent varie très-peu, et que, par suite, ce fuseau s'use plus promptement que la dent; c'est pour cela que, dans la pratique, on donne à ces fuseaux, supposés de même matière que les dents de la roue, les $\frac{4}{3}$ ou les $\frac{5}{3}$ de l'épaisseur des dents à leur naissance. D'après cela, ayant calculé, selon les règles de la résistance des matériaux, la force des dents, on la partagera en trois, et on portera sur le cercle primitif quatre de ces parties pour former le creux, puis on portera une épaisseur de dent, et ainsi de suite. De même, sur la circonférence primitive de la lanterne, qui est celle qui passe par le centre des fuseaux, on porte d'abord à droite et à gauche de la ligne des centres $\frac{2}{3}$ ou $\frac{5}{6}$ de l'épaisseur des dents; puis, à partir des points qu'on obtiendra, on portera $\frac{5}{3}$ ou $\frac{6}{3}$ de cette épaisseur pour avoir les centres des fuseaux précédant et suivant, et ainsi de suite.

Les lanternes ne pouvant être conduites avant et après la ligne des centres, il faut renoncer dans ce cas à avoir toujours deux dents en prise à la fois, parce qu'il en résulterait un trop grand écart de la ligne des centres.

On se bornera donc à faire en sorte qu'une dent ne quitte que lorsque la suivante est parvenue à la ligne des centres, et l'on sera sûr alors qu'il y aura toujours un fuseau en prise; cela conduit à la construction suivante:

Ayant déterminé, d'après la nature des matériaux et l'effort à exercer, le pas de l'engrenage, joignez le point t de contact des cercles primitifs, position du point de contact d'un fuseau quand il est sur la ligne des centres, avec la position du centre de celui du fuseau précédent qui

17

doit au même instant cesser de l'être ; le point où cette
ligne rencontre la circonférence de ce fuseau sera le point
de contact correspondant à cet écart ; du point c, comme
centre, avec un rayon un peu plus grand que la distance
de ce point au centre, décrivez une demi-circonférence de
cercle ; elle sera la limite de la portion utile des dents.
Quant à leur creux, il sera terminé par un arc de cercle
décrit du point c, comme centre, et passera à environ
$0^m,002$ du fuseau qui est en prise près la ligne des centres.

Ici, comme dans l'engrenage d'une roue et d'un pignon,
on peut substituer un arc de cercle à l'épicycloïde, et
prendre son centre au delà du milieu des creux et son
rayon égal à la distance de ce point à la naissance de la
courbe. Ce procédé est suffisamment exact pour la pratique quand les dents n'ont pas une grande longueur, ce
que l'on doit chercher à obtenir ; mais si, par suite de
leur épaisseur, la courbe de la dent acquérait trop de développement pour que la face de la dent pût être remplacée avec assez d'exactitude par un arc de cercle, il faudrait
recourir à la construction générale que nous avons indiquée, et qui s'applique très-facilement ici ; ou bien employer celle qui est consignée dans plusieurs traités de
machines, et que voici :

217. *Tracé pratique des dents du rouet.* — On considère
d'abord les fuseaux comme s'ils étaient réduits à leur axe,
et l'on construit la courbe de dent, qui, montée sur la
roue, conduirait par ce point le cercle primitif de la lanterne. Cette courbe est évidemment l'épicycloïde décrite
par un point de la circonférence du cercle quand elle
roule extérieurement sur celle du cercle primitif de la
roue. Nous avons indiqué le moyen de la tracer. Après
l'avoir déterminée comme elle est figurée en *abd* (n° **205**),
de tous ses points comme centre, avec une ouverture de
compas égale au rayon du fuseau, décrivez de petits arcs
de cercle, dont les intersections successives donneront la

courbe cherchée $b'c'd'$, qui sera équidistante de la première.

218. *Inconvénients de l'engrenage à lanternes.* — On remarquera que, la conduite de la lanterne par la roue n'ayant lieu qu'après la ligne des centres, réciproquement la lanterne ne pourra conduire la roue qu'avant cette ligne, inconvénient d'autant plus grave que, dans ce cas, les dimensions des fuseaux et des dents sont plus grandes que dans les engrenages ordinaires, et que, par suite, la prise dés dents s'étend jusqu'à une distance assez grande de la ligne des centres, ce qui augmente le danger des arc-boutements et accroît la consommation du travail dû aux frottements. Ces motifs sont plus que suffisants pour faire proscrire les lanternes de toute machine un peu soignée.

De la transformation du mouvement circulaire continu en circulaire alternatif.

219. Si l'on conçoit qu'un pignon, monté sur un arbre qui puisse prendre au besoin une certaine inclinaison, en tournant autour du centre d'un coussinet sphérique, engrène d'abord extérieurement avec une roue dentée en forme de lanterne, il transmettra à cette roue un mouvement de rotation dans le sens des flèches de la figure; mais si la lanterne est interrompue en un point quelconque de sa circonférence, on voit facilement que le pignon, en agissant sur le dernier fuseau, tournera autour de ce fuseau tout en le repoussant, et passera de l'extérieur de la lanterne à l'intérieur, ce que lui permet la liberté de mouvement laissée à son arbre, qui peut glisser horizontalement sur son palier entre deux guides. Il résultera de ce changement de position que le pignon fera tourner la roue en sens contraire, tout en marchant lui-même dans le même sens.

Comme on est maître d'interrompre la portion dentée

de la roue à tel arc que l'on veut, on voit que, par ce dispositif, on peut faire décrire à la roue des tours ou fractions de tour à volonté.

Les appareils de ce genre donnent lieu à des change-

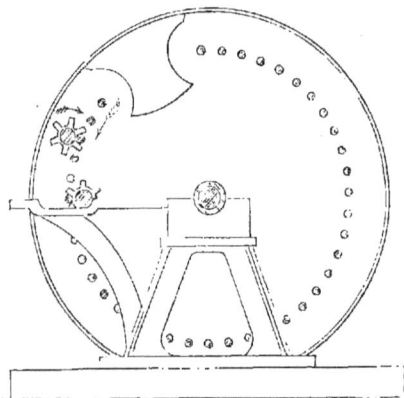

ments assez brusques de sens de mouvement; on voit qu'ils ne peuvent convenir que pour des organes légers et marchant avec peu de vitesse.

220. *Crémaillères. Tracé des dents.* — Lorsque le rayon de la roue c devient infini, le cercle primitif ct est une ligne droite NtN, tangente en t au cercle primitif $c't$, et l'on a à exécuter l'engrenage d'une roue avec une crémaillère : le tracé se fait d'une manière analogue à ce qui a été dit précédemment.

Si l'on fait rouler un cercle dont le diamètre est $c't$, ou le rayon du cercle primitif du pignon, en dedans de ce cercle, un point quelconque de la circonférence du pignon engendrera une ligne droite $c't$, que l'on prendra pour le flanc des dents du pignon; et si ce même cercle roule sur la droite NtN, un point de sa ciconférence décrira la variété de l'épicycloïde connue sous le nom de *cycloïde*. Cette courbe sera celle de la dent de la crémaillère qui poussera le flanc du pignon après la ligne des centres, ou en sera poussée avant cette ligne. Quant au flanc de la dent de la crémaillère et à la courbe de la dent du pignon, qui se pousseront après la ligne des centres, il est évident que le premier se réduira au point t de contact des cercles primitifs, et que la seconde sera la courbe qui serait engendrée par un point de sa tangente au cercle primitif du pignon roulant sur ce cercle, ou la courbe que l'on nomme *développante du cercle* c't.

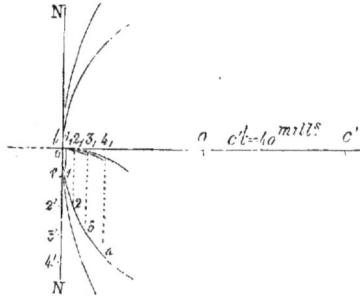

Le tracé des courbes s'exécutera sans difficulté, en suivant les méthodes indiquées précédemment; ainsi, pour avoir la cycloïde qui forme la courbe de dent de la crémaillère, prenez sur le cercle décrivant, dont c't est le diamètre, des arcs o1, o2, o3, etc., dont vous porterez les longueurs développées sur la droite NtN en o1', o2', o3', à partir du point t ou o. Des points 1', 2', 3', etc. de cette droite comme centres, avec les cordes o1, o2, o3, etc., pour rayons, décrivez des arcs de cercle dont les intersections successives formeront la courbe cherchée. Si, de plus, par les points de division successifs 1, 2, 3, 4, etc., vous menez des parallèles à la droite NtN, ces lignes couperont les arcs de cercle précédents, qui leur correspondent, en des points qui appartiendront à la courbe cherchée.

La développante qui forme la courbe de la dent du pignon se trace facilement en enroulant un fil sur le cercle dont c't est le rayon, et armant son extrémité d'un style, qui dans le déroulement tracera la courbe cherchée. Il y a une autre méthode simple de tracer cette courbe, on la trouve détaillée à l'article des cames de pilons.

La longueur des dents se déterminera d'une manière tout

à fait analogue à ce que nous avons indiqué ; mais l'on remarquera qu'ici la portion utile du flanc des dents de la crémaillère se réduit à un po nt. En effet, la normale à la développante qui forme les courbes de dent du pignon étant toujours tangente au cercle développé, et devant passer par le point t, il s'ensuit que cette normale a pour direction constante la ligne NtN, et que par suite le point de contact de la courbe et du flanc reste sans cesse sur cette ligne. Ce flanc est perpendiculaire à la longueur de la crémaillère, et, quoique sa partie utile se réduise à un point, il faut lui donner une certaine longueur pour le passage des dents de la roue.

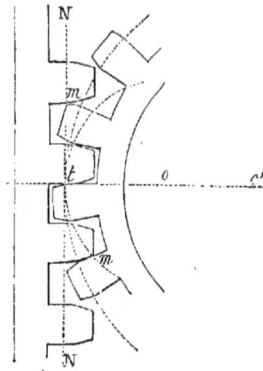

On voit d'ailleurs que, si le pas n'est pas très-grand, et qu'on se borne, ainsi qu'on doit le faire, à n'avoir au plus que deux dents en contact à la fois, en les faisant agir à égale distance avant et après la ligne des centres, on pourra aussi, dans cet engrenage, substituer sans erreur sensible aux courbes des arcs de cercle, qui satisferaient rigoureusement à la question, vu leur peu de développement.

Dans beaucoup de cas, on ne donne aux dents du pignon qu'une courbe ou face et pas de flanc, ou bien un flanc et pas de courbe, l'inverse ayant lieu pour la crémaillère. Quand celle-ci est conduite par le pignon, la première disposition n'a d'autre inconvénient que d'augmenter l'amplitude du contact et la longueur des dents, si l'on tient à en avoir deux en prise à la fois ; mais la seconde a pour résultat de faire conduire la crémaillère par le pignon avant la ligne des centres ; et, comme la prise a lieu alors à une assez grande distance de $c't$, il en résulte un frottement très-rude et le danger des arc-boutements. Cette disposition vicieuse se remarque souvent dans les scieries, où la crémaillère du chariot est conduite par un très-petit pignon.

En général, les pignons qui engrènent dans des crémaillères sont très-petits, et il conviendra mieux de faire prendre les dents avant et après la ligne des centres, autant qu'on le pourra sans trop s'écarter de la ligne des centres.

221. *Cames destinées à transmettre un mouvement circulaire intermittent.* — Pour transformer un mouvement circulaire

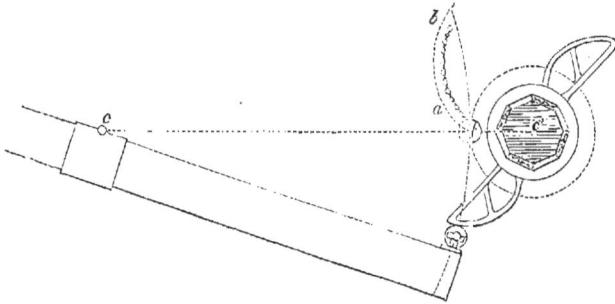

continu en un mouvement circulaire intermittent, on se sert aussi des courbes en épicycloïde ou en développante de cercle ; mais alors on est obligé de leur donner un plus grand développement : c'est le cas des marteaux de forges, des pilons de papeterie, de certaines machines soufflantes, etc.

Prenons pour exemple la transmission du mouvement à une tige de piston suspendue à un balancier.

D'après l'espèce du moteur et les conditions particulières de la machine on connaît d'avance, ou l'on pourra se donner le rapport des chemins parcourus par le piston ou par l'extrémité du balancier aux arcs décrits par l'arbre à cames, ainsi que la ligne des centres cc' en grandeur et en position. Soit donc c le point autour duquel oscille le balancier, qui supporte à une de ses extrémités la tige de piston, et qui doit être conduit à l'autre par la came. Partageons au point t la ligne cc' en deux parties qui soient en raison inverse des vitesses angulaires que l'on veut avoir autour des centres c et c'; et, agissant ici comme pour l'engrenage d'une roue et d'une lanterne, faisons rouler le cercle dont ct est le rayon sur le cercle $c't$: un point quelconque du premier t décrira une épicycloïde tab, que l'on construira facilement par la méthode indiquée, et qui, montée sur la circonférence $c't$, conduirait le cercle ct par un point de sa circonférence ; mais dans ce mouvement le contact aurait lieu au même point, ce qui userait promptement l'extrémité du balancier, et pour éviter cet inconvénient, on monte à cette extrémité une roulette, qui a pour but de diminuer le frottement. Nous verrons plus tard quelle est son influence sous ce rapport, et, admettant son emploi, nous décrirons, avec une ouverture de compas égale à son rayon et des différents points de l'épicycloïde trouvés comme centre, une suite d'arcs de cercle, dont l'enveloppe sera la courbure à donner à la came.

Le grand développement de la came ne permet pas de substituer un arc de cercle à la courbe épicycloïde, et il faut la tracer rigoureusement comme nous venons de le voir. Le reste de sa construction n'offre aucune difficulté, et la figure montre comment doit être disposée l'espèce de flanc par lequel il faut terminer la came pour le libre passage de la roulette.

222. *Cames de marteau frontal.* — Les cames qui soulèvent par la tête le manche du marteau frontal sont encore des épicycloïdes; mais l'amplitude du mouvement est loin d'être aussi grande que dans le cas précédent, et d'ailleurs il ne serait pas possible d'employer ici des roulettes, parce que les chocs violents auxquels elles seraient exposées les détruiraient promptement.

Il faut donc revenir au tracé ordinaire des engrenages à épicycloïde ; le manche du marteau portera un flanc engendré par le roulement d'un cercle, dont ct est le diamètre, en dedans de celui dont ct est le rayon, et l'anneau à cames portera des courbes engendrées par le roulement du même

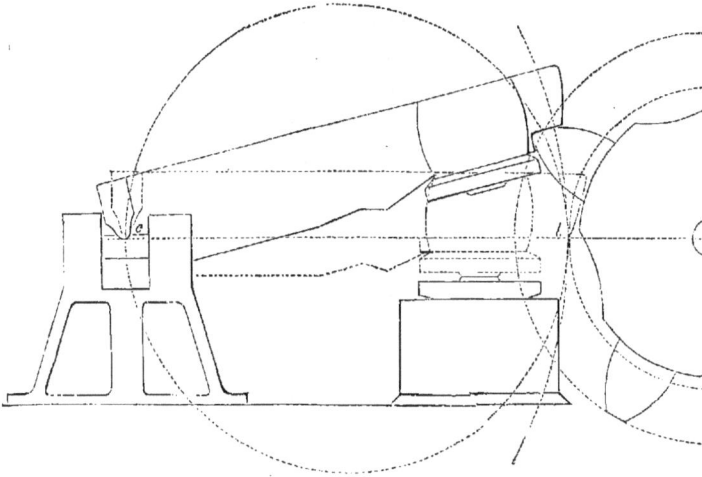

cercle sur la circonférence $c't$. La longueur des cames se déterminera d'après l'amplitude du mouvement à imprimer au marteau. Le tracé étant tout à fait analogue à ce que nous avons déjà vu, nous n'entrerons dans aucun détail et nous renverrons à l'examen de la figure.

223. *Cames des marteaux à bascule et des martinets*. — Les cames de marteaux à bascule se construisent d'une manière semblable ; quant à celles des martinets, l'amplitude de l'arc de contact étant très-petite, et l'action des chocs répétés sous une grande vitesse tendant promptement à les déformer et à les aplatir, on est dans l'usage de les construire de manière qu'à l'instant de la prise elles frappent à plat sur la bague dont la queue du manche du marteau est armée, ce qui revient à les faire planes et dirigées selon la ligne des centres, ainsi que la face supérieure de la bague.

224. *Engrenages intérieurs*. — On emploie souvent des

roues à engrenage intérieur pour transmettre le mouvement d'une roue à eau à un pignon, et dans d'autres circonstances. La méthode générale,
et le tracé pratique que nous avons
indiqué, s'appliquent aussi à ce cas,
en observant, ainsi que nous l'avons
déjà fait au n° **200**, qu'il n'est pas
possible de conduire le pignon avant
et après la ligne des centres si l'on
emploie des épicycloïdes. Il est évident, en effet, à l'examen de la figure, que le cercle dont *ct* serait
le diamètre, roulant intérieurement sur la circonférence
dont *ct* est le rayon, engendrera le flanc de la roue en dedans de cette circonférence primitive; tandis que le cercle
dont *c't* est le diamètre, roulant intérieurement aussi sur
la circonférence *ct*, engendrerait la courbe de dent de cette
roue, et que cette courbe se trouverait, comme le flanc,
dans l'intérieur du cercle *ct*; de sorte que l'exécution
matérielle du flanc et de la courbe serait impossible. Il faut
donc opter, et les inconvénients attachés à la conduite
avant la ligne des centres doivent décider à disposer les
choses de manière que la roue qui conduit le plus ordinairement ne commence à agir qu'à partir de la ligne des
centres.

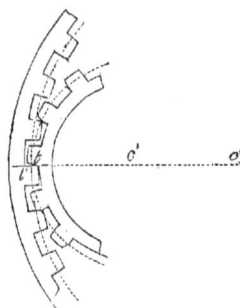

Le tracé de la courbe et du flanc se fera toujours de la
même manière; mais ici, pour avoir à la fois deux dents
en prise, il faudra que chacune ne cesse d'agir que quand
la seconde en arrière arrivera à la ligne des centres. On
limitera les dents par une construction tout à fait analogue à celle qui a été indiquée plus haut. A cet effet, à partir du point *t*, on portera, sur la circonférence primitive du
pignon, un arc égal à deux fois le pas; on mènera le rayon
correspondant, et l'intersection de ce rayon avec la courbe
de la dent de la roue déterminera la limite de la conduite.
Du centre *c* de la roue, et du rayon mené à cette intersec-

tion, on décrira une circonférence de cercle, qui terminera toutes les dents. Si l'on ne veut pas que ces dents soient ainsi terminées par un arc concave, on pourra le remplacer par sa corde.

Dans cet engrenage le pignon n'a pas de courbe, et n'a qu'un flanc qui est poussé, à partir de la ligne des centres, où il aboutit en t, à la circonférence primitive de la roue. Pour éviter que cet angle extrême de la dent du pignon ne s'use trop vite ou ne se rompe, on peut augmenter la longueur de cette dent de 2 à 3 millimètres par un arc de cercle décrit du centre c' et du rayon $c't + 0^m,003$, que l'on raccordera ensuite tangentiellement aux flancs du pignon par un petit arc de cercle tangent au premier et au flanc en t. Il devient alors nécessaire d'approfondir le creux des dents de la roue pour laisser passer celles des dents du pignon; et, pour cela, du rayon ct, augmenté de 5 à 6 millimètres, on décrira une circonférence de cercle, dont la rencontre avec les rayons menés du centre c aux naissances des dents de la roue terminera le creux d'une manière convenable.

Si la longueur des dents obtenue pour le pignon, en le faisant conduire par la roue à une distance égale à deux fois le pas, était trop grande et dépassait 1,5 fois leur épaisseur à la circonférence primitive, on pourrait faire conduire le pignon par la roue avant la ligne des centres en formant la face des dents du pignon par la développante du cercle primitif de ce pignon. Le flanc de la dent de la roue formé par un rayon n'agirait que suivant un seul point, qui serait celui du contact de la tangente commune aux deux cercles primitifs. Il en résulte que ce flanc s'userait plus rapidement en ce point; aussi ne faut-il recourir à cette modification que quand la trop grande longueur des dents du pignon la rend nécessaire.

Axes parallèles à de grandes distances.

225. *Emploi des poulies.* — Lorsque la distance des axes est trop grande pour que l'on puisse employer une roue et un pignon, et qu'il s'agit de machines assez lé-gères à conduire ou marchant vite, on emploie, pour transmettre le mouvement de rotation, des poulies placées vis-à-vis l'une de l'autre. Ces poulies sont réunies par une corde ou une courroie sans fin, c'est-à-dire dont les deux bouts sont liés l'un à l'autre.

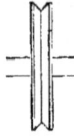

Pour employer des cordes, comme on le fait pour des tours et pour quelques machines d'agriculture, on donne à la circonférence des poulies la forme d'une gorge creuse, à profil triangulaire, afin que la corde pincée dans cet angle y glisse moins facilement. Les deux bouts de la corde sont réunis par une épissure, et il est bon de l'envelopper avec de la ficelle forte ou du fil de laiton. Cette transmission a l'inconvénient que les cordes s'allongent par la sécheresse et se raccourcissent par l'humidité. Il faut donc se ménager le moyen d'éloigner ou de rapprocher les poulies.

Ordinairement, pour les machines, on préfère l'emploi des courroies à celui des cordes. Les poulies sont alors en bois, et plus généralement en fonte. La surface habituellement tournée, est légèrement bombée ou convexe, ce qui fait maintenir la courroie vers le milieu. Les courroies en cuir noir sont préparées de manière à avoir partout la même épaisseur, et leurs bouts sont réunis par un point de couture.

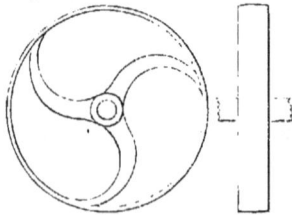

Dans beaucoup de cas, l'arbre de la machine-outil à laquelle le mouvement est transmis porte deux poulies, l'une libre sur un arbre et qu'on appelle *poulie folle*, et l'autre fixe, calée sur cet arbre par une clef. La seconde reçoit la courroie quand on veut faire travailler la machine, et lorsqu'on veut l'arrêter, on fait passer la courroie sur la poulie folle, en la guidant à la main ou à l'aide d'une griffe disposée exprès à la portée de l'ouvrier.

Ces griffes sont des espèces de fourches à bras parallèles, qui embrassent la courroie, et qui peuvent glisser entre deux guides perpendiculairement au plan moyen des poulies.

On peut supprimer la poulie folle et en faire remplir l'office par la poulie fixe en montant celle-ci à frottement doux sur son arbre, et la rendant à volonté solidaire ou indépendante quant au mouvement de rotation au moyen d'un cône de friction monté sur l'arbre, et que l'on serre ou desserre à volonté.

Dans les transmissions de mouvement par courroies, on remarquera que le mouvement des deux circonférences a ordinairement lieu dans le même sens; les deux poulies tournent donc aussi dans le même sens.

Si l'on a besoin de faire marcher les poulies en sens contraire, on croise les brins.

Les longueurs de cordes ou de courroies enroulées et déroulées à la circonférence des poulies étant évidemment les mêmes pour toutes deux, il s'ensuit encore, comme pour les rouleaux, que *les nombres de tours sont entre eux en raison inverse des rayons des poulies*. Ainsi, quand les rayons sont entre eux comme 4 est à 3, les nombres de tours sont entre eux comme 3 est à 4. On peut donc, par un choix convenable de ces rayons, établir entre ces nombres de tours le rapport dont on a besoin.

Lorsqu'il s'agit de machines lourdes à conduire, il faut donner aux courroies une assez forte tension, et il convient surtout d'augmenter la longueur de l'arc de la poulie qui est embrassée; il y a alors avantage à croiser les brins. Il est inutile d'accroître la largeur de la courroie pour l'empêcher de glisser, cela n'y fait rien. Quelquefois, pour assurer une tension toujours suffisante ou se ménager le moyen de la diminuer, on se sert de rouleaux de tension analogues à ceux des tire-sacs.

On conduit avec des courroies les meules, les polissoirs, les scies circulaires; les métiers à filer, à tisser; les cardes, les ventilateurs; les machines-outils à percer, à raboter; les tours, les blutoirs de moulins, les machines à nettoyer les blés, et la plupart des machines légères employées dans l'industrie. Mais pour éviter d'avoir de trop grandes tensions à donner, il faut que les poulies sur lesquelles passent les courroies marchent assez vite, c'est-à-dire fassent 50 ou 60 tours en 1′ et plus, sauf ensuite à ralentir le mouvement pour arriver jusqu'à l'outil.

226. *Poulies étagées et poulies à expansion.* — Pour les tours et autres machines-outils dont la vitesse doit varier selon la nature des objets à confectionner, on emploie des poulies de diamètres différents; et pour ne pas être obligé de changer la courroie sur l'arbre conduit, on place sur l'arbre moteur des poulies multiples dites *poulies étagées*, disposées de manière que les diamètres de l'une croissent quand ceux de l'autre diminuent; de telle façon que la longueur L de la courroie, qui, en appelant d la distance des axes, r et r' les rayons des poulies qui se correspondent, est à peu près

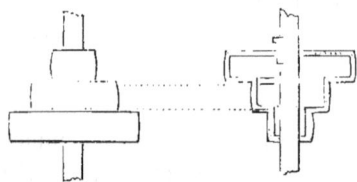

$$L = d + 3 . 14 \ (r + r',$$

reste constante. Cette condition exige que les rayons varient de telle sorte que leur somme soit toujours la même. Habituellement on se contente de poulies à trois diamètres, ce qui suffit pour presque tous les cas.

Dans quelques fabrications, et en particulier dans celle du papier, il est nécessaire de faire varier de petites quantités le diamètre de certaines poulies. On emploie à cet effet des poulies dont la circonférence est coupée en plusieurs arcs auxquels des engrenages coniques égaux, ayant des vis pour axes, communiquent un mouvement commun d'éloignement ou de rapprochement. Ce mouvement pourrait être au besoin transmis par un régulateur à boules si l'on voulait maintenir à la courroie conduite par la poulie une vitesse constante malgré les variations qu'éprouverait l'autre poulie qu'embrasse cette courroie.

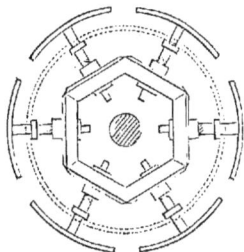

Axes qui se rencontrent.

227. *Emploi des rouleaux.* — Lorsque l'axe conducteur et l'axe qui doit être conduit se rencontrent, on peut encore, pour des machines légères, employer des rouleaux pressés l'un contre l'autre et auxquels on donne la forme conique ; à cet effet, si l'on connaît le rapport à établir entre les nombres de tours de l'arbre moteur ou conducteur et de l'arbre conduit, et qu'il soit, par exemple, celui de 1 à 3, après avoir tracé les directions des deux axes AB et AD, qui sont le plus souvent à angle droit, on prend à une échelle convenable deux longueurs qui soient entre elles comme 3 est à 2, et sur l'arbre de l'axe moteur on élèvera en un point quelconque une perpendiculaire *ab* égale à 3, et sur l'arbre de l'axe conduit une perpendiculaire *cd* égale à 2 ; par les points *b* et *d* on mène des parallèles aux axes respectifs ; ces lignes se rencontrent en *e* ; on joint le point *e* au point A de rencontre des axes ; et si l'on conçoit que la ligne A*e* tourne successivement autour de chacun des axes, elle engendrera deux cônes qui satisferont à la condition que le cône moteur sur l'axe AB fasse deux tours, tandis que le cône conduit sur l'axe AD en fera trois.

Au lieu de prendre des cônes entiers, ce qui ne serait pas possible à cause de la dimension des axes, qui se rencontreraient vers les sommets, on peut se contenter d'employer deux couronnes limitées à deux plans perpendiculaires aux axes et en contact sur une certaine étendue, telles que *ef* et *eg*. De plus, pour que les angles extérieurs des cônes ne soient pas trop aigus, au lieu de limiter les parties de ces surfaces qui sont en contact par des plans perpendiculaires à leurs axes, on les termine à deux autres cônes dont les arêtes sont perpendiculaires à celles des premiers. Pour cela, au point *i*, extrémité de l'arête de contact, on élève une perpendiculaire à cette arête A*c* : cette ligne rencontre les axes en B et D, et ces points sont les sommets de ces deux cônes, qu'on nomme les *surfaces* ou *cônes de tête*.

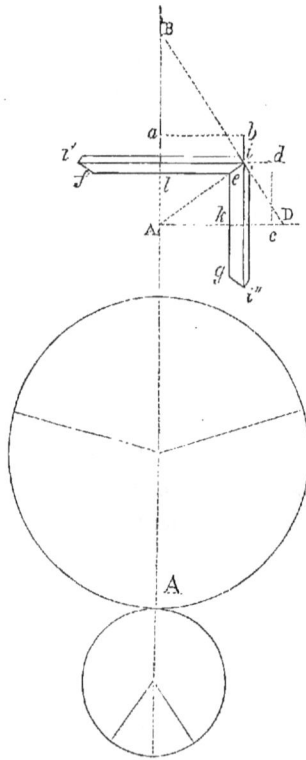

228. *Plateaux ou cônes conduisant une roulette.* — La disposition que nous venons d'indiquer est particulièrement employée pour faire marcher des compteurs de tours ou des régulateurs, et alors au cône moteur on

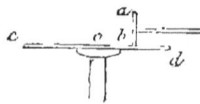

substitue souvent avantageusement un plateau plan. On
conçoit facilement que, si une roulette *ab* est convenablement appuyée sur un plateau ou sur
un cône *od*, et que celui-ci tourne, il
entraînera par roulement la roulette
dans son mouvement. D'après ce que
l'on a dit, les arcs qui s'enroulent l'un sur l'autre étant
égaux dans les deux cas, il est clair que, si, par exemple,
on se sert d'un plateau, le nombre de tours de la roulette
ab sera à celui du plateau comme la distance de la roulette au centre *o* est au rayon de la roulette.

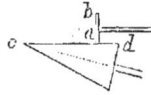

229. *Engrenages coniques.* — On emploie rarement les
rouleaux coniques comme moyen de transmission de
mouvement; mais on conçoit de suite que, si l'on arme la
surface de ces cônes de dents d'engrenage, on transmettra
forcément le mouvement de l'un des arbres à l'autre. Les
deux cônes dont nous venons de parler s'appellent alors
les *cônes primitifs* ou *proportionnels*.

Nous renverrons au *Traité des Engrenages* de M. Th.
Olivier pour l'étude de la méthode géométrique rigoureuse
qu'il faut suivre pour donner aux dents des courbures
qui satisfassent à la condition que le mouvement ait lieu
comme si les deux cônes roulaient l'un sur l'autre. Nous
nous contenterons d'indiquer ici la méthode pratique suffisamment exacte que l'on emploie ordinairement.

Après avoir déterminé, comme il a été dit au n° **227**, les
rayons des deux portions de cônes qui rouleraient l'une
sur l'autre, en faisant des nombres de tours dans le rapport donné, on fixe l'épaisseur et la largeur des dents
d'après les règles pratiques de la résistance des matériaux,
et l'on en déduit le pas *a* de l'engrenage.

Divisant ensuite par ce pas la circonférence 6.28 R du
cône de tête de la roue, l'on aura le nombre *m* de dents de
cette roue, et comme il sera généralement fractionnaire,
on prendra pour *m* le nombre entier inférieur le plus voi-

18

sin divisible par le rapport n du nombre de tours de a
roue et du pignon, et en s'imposant le plus souvent, pour
la facilité de sa division, la condition que ce nombre de
dents soit encore divisible par le nombre de bras que doit
avoir la roue, quoique cela ne soit nullement de rigueur.
Le résultat conduira à une nouvelle valeur du pas qui sera
égale à

$$\frac{6.28\,R}{m}.$$

On aura ensuite le nombre de dents m' du pignon, qui
doit être $m' = \dfrac{m}{n}$, ou égal au quotient du nombre de dents
de la roue par le rapport n des nombres de tours.

Cela fait, on portera la largeur des dents de i en e sur la
ligne Ai, et du point e l'on abaissera des perpendiculaires
el et ek sur les axes des cônes primitifs : ce seront les
rayons des deux cercles de ces cônes, limitant les dents du
côté du sommet.

Au point i on élèvera sur la ligne Ai une perpendiculaire
dont les rencontres B et D avec les axes CB et CD seront
les sommets des deux nouvelles surfaces coniques, perpendiculaires aux premières qu'on nomme les *surfaces de tête*
de l'engrenage.

Cela fait, on développera les cônes dont les sommets
sont en B et en D, et qui ont pour rayons Bi et Di, et pour
bases les circonférences de diamètre ii' et ii''.

On dispose ces développements de manière qu'ils se touchent en A (figure du n° **227**). On les regarde comme les
cercles primitifs d'un engrenage plan, que l'on trace par la
méthode pratique indiquée au n° **214**. On fait ainsi le
tracé d'un certain nombre de dents sur une feuille flexible
de tôle mince, que l'on découpe suivant le profil déterminé, et on présente ensuite cette feuille, comme un gabarit, sur la surface de tête correspondante, sur laquelle on
trace l'engrenage avec une pointe fine. On avait eu soin
d'ailleurs de marquer sur ces surfaces de tête, en les tour-

nant, le cercle primitif, celui des creux et celui dès extrémités des dents, pour servir de repère au tracé des dents.

On peut répéter les mêmes opérations pour les surfaces
coniques perpendiculaires aux cônes primitifs, et qui forment les surfaces de tête inférieures, ou l'on peut se contenter de diriger des différents points du contour du tracé
fait sur la surface de tête extérieure vers le sommet des
lignes formées par des fils. Mais il faut que le modèle soit
monté sur un axe où l'on puisse placer le sommet du cône.

Les deux tracés ainsi reportés sur ces surfaces étant
convenablement repérés par rapport aux mêmes plans
méridiens, les profils des dents sur l'une et sur l'autre se
correspondront exactement, et en traçant des lignes droites
de l'un à l'autre des points homologues on exécutera toute
la surface des dents.

250. *Rouets et lanternes des anciens moulins.* — On trouve
encore dans beaucoup d'anciens moulins des transmissions
de mouvement destinées à produire le même changement
de direction que les roues d'angle, et qui consistent en une
lanterne montée sur l'arbre conduit, et en une roue ou
rouet qui reçoit des dents implantées dans la couronne,
parallèlement à l'axe. Ce mode grossier de transmission a
de graves défauts, et doit être remplacé par le précédent.
Un dispositif analogue était employé autrefois dans la construction des montres, où la roue de rencontre était un
petit cylindre dont les dents étaient dirigées dans le sens
des arêtes, et qui conduisait une roue plane ordinaire.

251. *Emploi des cordes et des courroies.* — Lorsque les
portions des arbres sur lesquelles les roues d'angle pourraient être placées sont trop éloignées, on peut employer
des cordes et des courroies pour transmettre le mouvement. A cet effet, on se sert de poulies intermédiaires et
fixes, qui changent convenablement la direction des brins
de cordes ou de courroies, et que l'on nomme *poulies de
renvoi.* La flexibilité des courroies leur permet de se

retourner du plat sur le champ, et de se prêter à ce changement de direction.

Dans des cas pareils, il importe surtout de bien diriger le brin conduit dans le sens de la poulie sur laquelle il s'enroule, parce que c'est au moment de leur enroulement que les courroies tendent toujours à échapper, tandis qu'au déroulement elles prennent facilement telle direction que l'on veut Il est d'ailleurs souvent convenable de ménager un rebord assez saillant au-dessous des poulies placées sur des arbres verticaux.

Ce moyen de transmission présente des sujétions et des inconvénients; il ne doit être employé que pour des machines légères, et surtout marchant vite.

Des axes qui ne se rencontrent pas.

232. Dans la plupart des cas où l'on peut avoir à transmettre le mouvement à de semblables axes, leurs directions

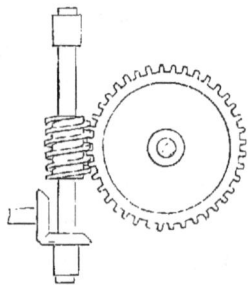

sont à angle droit, et l'axe moteur est celui qui marche le plus lentement. Si l'on conçoit que cet arbre moteur porte une vis d'une longueur de deux à trois filets, et qu'une roue montée sur l'arbre ait des dents inclinées dans le même sens que les filets et qui s'engagent entre ces filets, lorsque cette vis tournera, il faudra que la roue tourne.

Dans ce dispositif, le pas de l'engrenage est ordinairement égal au pas de la vis; et si celle-ci est construite à la manière ordinaire ou à un seul filet, à chaque tour qu'elle fera, il passera une dent de la roue. *Il suit de là que le nombre de tours de la vis pour un tour de la roue sera égal au nombre de dents de la roue.* Si, par exemple, la roue a 100 dents, il faudra 100 tours de la vis pour un tour de la roue, et chaque dent de la roue correspondra à un tour de la vis.

Quelquefois, dans ce genre de transmission, le pas de la vis, au lieu d'être égal à deux fois l'épaisseur du filet, l'est à quatre fois cette épaisseur, et un second filet s'intercale dans l'intervalle qui en résulte. On dit alors que la vis est *à deux filets*. Alors le pas des dents de la roue est égal à la moitié du pas de la vis, et pour un tour de celle-ci il passe deux dents de la roue. *Le nombre de tours de la vis est alors, pour un tour de la roue, dans le rapport du nombre des dents de cette roue au nombre de filets de cette vis.*

Ainsi, pour une roue de 100 dents, il faudrait $\frac{100}{2} = 50$ tours de la vis pour un tour de la roue.

On fait quelquefois, mais rarement, des vis à trois filets dont le pas est égal à six fois l'épaisseur du filet, et alors le pas des dents de la roue est égal au tiers du pas de la vis, *et le nombre de tours de la vis pour un tour de la roue est égal au nombre de dents de la roue divisé par trois.*

253. *Roue d'engrenage formant vis sans fin.* — On voit que par l'emploi d'une vis sans fin et d'une roue d'engrenage on obtient pour la roue un mouvement de rotation beaucoup plus lent que celui de la vis, ce qui est avantageux pour certains appareils compteurs de tours. En effet, si la vis n'a qu'un filet et la roue 100 dents, celle-ci ne fait qu'un tour pour cent de la vis. Pour étendre et multiplier cette propriété, on peut, après avoir tracé les dents de la roue à la largeur ordinaire, les découper de manière que leur ensemble forme un filet de vis qui engrène avec une seconde roue. Si la nouvelle vis est à un seul filet et la seconde roue à 100 dents, celle-ci fera un tour pour 100 tours de la précédente, ou pour $100 \times 100 = 10\,000$ tours de la première vis. En continuant ainsi, on peut augmenter indéfiniment le nombre de tours que l'appareil est susceptible de compter. Les axes des roues portent d'ailleurs des aiguilles ou des cadrans divisés en parties égales, à l'aide desquels on reconnaît de suite quels ont été les nombres d'unités, de dizaines, de centaines, etc., de tours faits par la première vis.

254. *Tracé de l'engrenage d'une vis et d'une roue.* — On détermine d'abord l'épaisseur que doivent avoir les dents de la roue d'après les règles pratiques de la résistance des matériaux, et par suite le pas de l'engrenage ainsi que le nombre de dents. Ces dimensions sont aussi celles qu'il convient d'adopter pour l'épaisseur des filets et pour le pas de la vis. La largeur de la roue parallèlement à l'axe doit avoir environ quatre à cinq fois l'épaisseur des dents; et, sur les faces opposées de la couronne qui porte les dents, on fait le tracé ordinaire comme pour une roue destinée à conduire une crémaillère, ce qui donne les profils des dents de la roue et des filets de la vis. Le diamètre du noyau de la vis est déterminé d'après les règles de la résistance des matériaux; et si ces règles lui assignaient une valeur tellement petite que l'inclinaison des tangentes à l'hélice fût plus grande que $\frac{1}{5}$ à $\frac{1}{6}$, il conviendrait généralement de l'augmenter.

On tracera les profils des dents de la roue sur ses deux plans de tête parallèles, de façon qu'en les joignant par des lignes droites, ces lignes aient l'inclinaison du plan tangent aux filets de la vis.

On pourrait aussi engendrer les dents de la roue en faisant parcourir à leur profil, sur le cylindre qui forme le noyau de la roue, une hélice inclinée comme celle des filets de la vis. Mais cela conduirait à employer des dents concaves, ce qui offre des inconvénients que nous avons déjà signalés.

Cependant on suit quelquefois cette méthode, et de plus, pour de petits pignons, on donne à la denture la forme d'une partie de l'écrou de la vis, de sorte que la surface extérieure du pignon est concave.

Dans l'engrenage que nous venons de décrire, la vis conduit toujours le pignon, et celui-ci ne peut conduire la vis, à cause de la faible inclinaison des filets; cette propriété permet d'employer avec sécurité cette transmission de mouvement dans les machines à élever les fardeaux, dans les manœuvres de vannes, parce que l'on est sûr que les poids soulevés ne pourront redescendre d'eux-mêmes.

Lorsqu'au contraire on veut que la roue puisse mener la vis, il faut donner au filet une grande inclinaison, qui ne peut être de moins de 45°, ou de 1 de base sur 1 de hauteur, et qu'on fait souvent plus grande. La vis a alors plusieurs filets. Ce dispositif est quelquefois employé pour faire marcher les volants à ailettes des sonneries d'horloges.

On doit remarquer que, dans l'emploi de la vis comme engrenage, les points de la surface des filets glissent et frottent contre ceux des dents, et que les points frottants parcourent, *à chaque révolution de la vis, un chemin égal au développement total du filet.*

Ce genre de transmission doit être réservé pour les appareils légers, tels que les compteurs de tours, mécanismes d'horlogerie, etc., ou pour les transmissions accidentelles, telles que les manœuvres de vannes.

255. *Usage de cette transmission de mouvement pour les manœuvres de vannes, pour les crics, etc.* — On emploie souvent et avec avantage cette transmission de mouvement à la manœuvre des vannes, parce qu'avec une vis et une roue un seul homme peut facilement lever des vannes de grandes dimensions. A cet effet, un ou deux pignons sont montés, comme on l'a dit au n° **81**, sur l'arbre de la manœuvre, et engrènent avec deux crémaillères fixées à la vanne. A l'extrémité de l'arbre, et en dehors de ses supports, est une roue à dents obliques, au-dessus ou au-dessous de laquelle est la vis sans fin, dont l'axe horizontal est perpendiculaire au plan du vannage.

Lorsqu'il y a plusieurs vannes les unes à côté des autres, on est obligé de placer la roue oblique au milieu de l'arbre de chacune d'elles, et par suite d'élever l'arbre de la manœuvre.

256. *Roues d'engrenage à dents hélicoïdes.* — On se sert, dans les métiers à filer, d'un dispositif analogue pour faire

mouvoir une série d'arbres parallèles et verticaux, comme
ceux des bancs à broches, au moyen d'un seul arbre horizontal, qui est parallèle au plan des premiers et ne les
rencontre pas. A cet effet, on monte sur chaque arbre vertical une roue cylindrique, dont les dents obliques sont
des portions de filets de vis, et sur l'arbre horizontal on
dispose pour chaque arbre vertical une roue semblable,
dont les dents, semblablement inclinées, engrènent avec
celles de la première.

Ce genre d'engrenage devant être exécuté avec beaucoup
de soin pour éviter des frottements considérables et de la
gêne dans le passage des dents, l'on a imaginé à cet effet
diverses machines ; mais l'économie d'exécution engage
ordinairement les constructeurs à ne pas tailler les dents
à la machine, et à se contenter de fondre les roues avec
soin, et d'en user les inégalités, pour adoucir le mouvement, en les faisant marcher avec interposition d'émeri.
On conçoit qu'un pareil mode d'exécution ne permet pas
d'obtenir beaucoup de précision.

Pour le tracé des modèles on adoptera, pour le profil
des dents, les développantes du cercle, que l'on tracera sur
les cercles de base des cylindres à diviser ;
puis on construira sur la surface de ces
cylindres des hélices dont le pas soit incliné à 45°, qui serviront de directrices au
profil adopté pour les dents. Le tracé de
ces hélices s'exécute en partageant la hauteur des cylindres en un certain nombre
de parties égales, et marquant sur sa surface des cercles équidistants : on mène
ensuite une génératrice abcde ; et à partir de chacun de ses points de division, on prend sur
les cercles correspondants des arcs bb', cc', dd', ee', égaux
en longueur aux distances ab, ac, ad, ae. On marque ainsi
à la surface extérieure des cylindres autant d'hélices qu'il
doit y avoir de dents. A chaque extrémité d'une même hé-

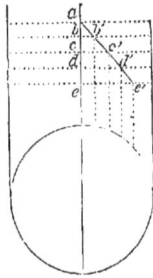

lice, on trace sur les bases des cylindres un profil de la dent correspondante, et l'on enlève le bois qui occupe la partie destinée à former les creux, en suivant le contour de l'hélice et en ménageant le bois nécessaire pour la dent.

M. Bréguet a imaginé une machine à tailler les dents de ce genre dans des noyaux cylindriques en métal, et dont le principe est facile à saisir. L'outil qui forme la dent a le profil du creux de l'engrenage à produire, et se meut alternativement en ligne droite, tandis que la roue à tailler est douée d'un mouvement alternatif de rotation, combiné de façon qu'elle se déplace angulairement, à chaque passage de l'outil, d'une quantité proportionnelle à l'avancement de celui-ci. Il est clair, d'après cela, que les sillons formés par l'outil dans le cylindre sont nécessairement des hélices dont l'inclinaison dépend du rapport du mouvement angulaire du noyau au mouvement de translation de l'outil. Selon qu'on fait varier ce rapport, on obtient des dentures plus ou moins inclinées. Pour le cas, dont nous venons de parler, d'axes qui ne se rencontrent pas et qui sont à angles droits, l'inclinaison doit être, comme nous l'avons dit, de $45°$; mais on se sert aussi quelquefois de dentures de ce genre pour des engrenages plans, quand on veut obtenir beaucoup de douceur et de continuité dans le mouvement et éviter les chocs qui, par l'effet des dents ordinaires, se produisent au moment où une dent cesse d'agir et où la suivante vient en prise. Dans ce genre d'engrenage les dents ne se touchent que par une très-petite partie de leur étendue ; il ne convient donc que pour des mécanismes légers.

Quelquefois, au lieu de roues cylindriques à dents hélicoïdes, on se sert de roues coniques, sur lesquelles on trace des dents analogues ; mais c'est ajouter à l'exécution de l'engrenage une nouvelle difficulté, qui ne paraît rachetée par aucun avantage important.

237. *Axes qui font entre eux un angle quelconque sans se* *rencontrer.* — Dans ce cas le problème de la transmission directe du mouvement d'un axe à l'autre présente des difficultés, mais il peut cependant être résolu par deux roues dentées. Nous nous bornerons à cette indication, et nous renverrons pour l'étude des méthodes graphiques au *Traité des Engrenages* de feu M. Th. Olivier, professeur de géométrie descriptive au Conservatoire des Arts et Métiers.

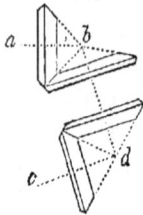

Il est assez rare que l'on ait de semblables transmissions à établir ; et, lorsqu'il s'agira de machines puissantes, il sera toujours plus facile et plus convenable de placer entre les deux axes donnés *ab* et *cd*, qui ne se rencontrent pas, un axe intermédiaire *bd*, qui, les rencontrant alors tous deux, permettra de transmettre, d'abord par un engrenage conique, le mouvement de l'arbre moteur *ab* à l'arbre intermédiaire, puis, par un second engrenage conique, de le transmettre de l'arbre intermédiaire à l'arbre qu'il s'agit de conduire.

238. *Axes qui se rencontrent ou ne se rencontrent pas, et qui font entre eux un assez petit angle.* — Pour des machines légères on se sert d'une disposition qu'on nomme *joint de Cardan*, du nom de son inventeur, géomètre italien du seizième siècle, ou *joint universel*, parce qu'elle permet de transmettre le mouvement pour ainsi dire en tous sens. Elle consiste en un croisillon à quatre branches perpendiculaires *abcd*, situées dans un même plan, terminées chacune par un tourillon. Les deux tourillons *a* et *b*, situés dans la même direction, sont embrassés par une fourche *aeb*, ménagée ou assemblée à l'extrémité de l'un des axes.

Les deux tourillons *c, d*, placés dans l'autre direction, sont articulés avec une autre fourche *cfd*, qui termine l'autre axe.

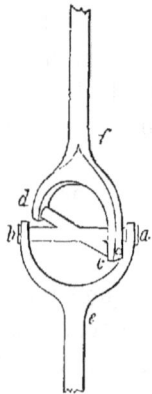

Par l'effet du jeu de ce système il peut se mouvoir en tout sens et transmettre le mouvement de l'un des axes à l'autre. Cet appareil peut servir, comme on l'a dit, pour des machines légères ou des transmissions provisoires de mouvement à des pompes, à des machines d'épuisement, etc., mais il ne convient pas pour des machines lourdes ni pour des directions formant de grands angles.

259. *Transmission du mouvement à de grandes distances.* — Pour transmettre simplement et économiquement un mouvement circulaire continu d'un atelier à un autre séparé par une cour, une rue, etc., on emploie quelquefois deux arbres coudés, à trois manivelles disposées parallèlement l'une à l'autre; les coudes opposés sont réunis deux à deux par des bielles légères en fil de fer qui agissent toujours en tirant. On se réserve la facilité de tendre convenablement, et à peu près également, les fils de fer par des écrous ou d'autres moyens.

240. *Des organes des machines animées à la fois d'un mouvement de rotation et d'un mouvement de transport.* — On a quelquefois besoin de transmettre à des pièces d'une machine animées d'un mouvement commun un autre mouvement particulier qui soit avec le premier dans un rapport donné. On y parvient de plusieurs manières, parmi lesquelles nous indiquerons les exemples suivants.

241. *Transmission d'un mouvement relatif entre des arbres parallèles au moyen d'un mouvement de rotation commun.* — Soient un arbre AA animé d'un mouvement de rotation, et BB un axe parallèle, faisant partie des pièces qui tournent avec l'arbre AA, et auquel on veut en outre communiquer un mouvement de rotation particulier. A cet effet, le moyen

le plus simple est de placer sur l'arbre AA une roue *cc* à
frottement doux sur cet arbre et sur l'arbre BB une roue *dd*
fixée sur cet arbre. Il est clair que, si, par
des arrêts convenablement disposés, on rend
la roue *cc* fixe, tandis que l'arbre AA tourne
dans son moyeu, la roue *dd*, emportée dans le
mouvement de rotation de l'arbre AA, passera
successivement toutes ses dents dans celles
de la roue *cc*, et fera, pour chaque tour de l'arbre, un
nombre de tours égal au rapport du nombre des dents
de la roue *cc* à celui des dents de la roue *dd*. Le mouvement de ce premier arbre une fois obtenu, on pourra,
comme dans tout autre cas, le transmettre, dans des rapports donnés, d'arbre en arbre.

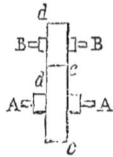

242. *Axes perpendiculaires l'un à l'autre ou qui ne se rencontrent pas.* — S'il s'agissait de communiquer le mouvement
relatif à un arbre dirigé dans le sens d'un rayon du premier, on emploierait des engrenages coniques; et pour le
cas où le nouvel axe ne rencontrerait pas le premier et
serait à angle droit avec lui, on se servirait d'engrenages
héliçoïdes.

Des mouvements différentiels.

243. On nomme ainsi le mouvement de certaines pièces d'une machine, quand il est très-lent par rapport à
celui d'autres pièces qui le lui communiquent. Tel est celui
des allésoirs, et de certains outils qui doivent avancer très-
lentement pour enlever à la fois très-peu de matière; celui
de quelques axes des horloges astronomiques, qui n'accomplissent leurs révolutions que dans un très-grand nombre
de jours. Il arrive alors que, par la méthode ordinaire, on
serait conduit à employer un très-grand nombre de rouages
pour obtenir le rapport voulu entre les organes extrêmes,
dont l'un doit marcher très-vite et l'autre très-lente-

ment, et que même, dans quelques cas, l'on ne pourrait parvenir à obtenir exactement entre les axes les rapports voulus de vitesses.

L'artifice général auquel on a recours dans les cas semblables consiste à imprimer simultanément à l'outil qui doit marcher très-lentement deux mouvements en sens contraire, de sorte qu'il en résulte un mouvement qui n'est que la différence des deux premiers; et comme la transmission de ceux-ci, qui peuvent avoir une certaine rapidité, n'offre pas de difficultés, on substitue deux communications de mouvement faciles à proportionner à celle qui présentait des difficultés. La différence des deux mouvements produits pouvant être d'ailleurs facilement rendue aussi petite qu'on le veut, on obtient au besoin des mouvements excessivement lents. Cette question a fait l'objet de recherches très-intéressantes entreprises par M. *Pecqueur*, habile mécanicien de Paris, qui a présenté sur ce sujet à l'Académie des Sciences plusieurs Mémoires dont cette illustre société a ordonné l'impression dans le Recueil des *Savants étrangers*. Sans entrer dans le détail des différentes solutions qu'il a proposées, nous en examinerons le principe général.

Concevons une roue d'engrenage BB recevant d'une autre roue MM un mouvement de rotation, de gauche à droite par exemple, en se rapportant à la figure. Cette roue est montée sur un canon *cc*, qui est libre de tourner à frottement doux sur l'arbre RR qu'il s'agit de conduire; et par conséquent, quand cette roue BB tourne, elle n'entraîne pas l'arbre dans son mouvement, mais elle porte un autre canon *aa*, traversé à frottement doux par un axe *bb*, aux deux extrémités duquel sont fixées deux roues *cc* et *dd*. La première *ee* engrène avec une autre roue *gg* fixe dans l'espace, c'est-à-dire ne tournant pas sur elle-même, et au travers du moyeu de laquelle l'arbre RR passe à frottement doux. L'autre roue *dd* engrène avec une dernière roue *ff*, qui est calée sur l'arbre RR, et qui, par conséquent, peut l'entraîner avec elle dans les mouvements qui lui sont communiqués.

Examinons maintenant ce qui se passe. Quand la roue BB vient à tourner, elle emporte dans son mouvement de rota-

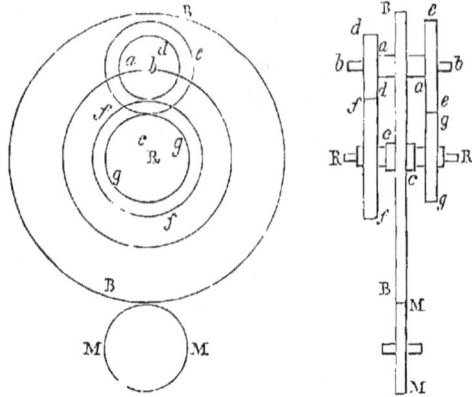

tion le canon *aa*, l'axe *bb*, et les deux roues *ee* et *dd*. La première, engrenée avec la roue fixe *gg*, est obligée de tourner sur son axe, puisque toutes ses dents viennent successivement en contact avec celles de la roue *gg*, qui est immobile. Si ces deux roues avaient, comme le suppose habituellement M. Pecqueur, les mêmes diamètres ou les mêmes nombres de dents, la roue *ee* ferait un tour sur elle-même pour un tour de la roue BB; mais généralement si nous désignons respectivement les nombres des dents des roues par les lettres qui représentent les roues elles-mêmes, *ee* fera $\frac{g}{e}$ tours sur son axe pour un tour de la roue BB, et d'ailleurs elle tournera dans le même sens que la roue BB.

Maintenant remarquons que, si l'axe *bb* était immobile, quand la roue *ee* et la roue *dd* tourneraient d'un tour, cette dernière *dd* ferait faire à la roue *ff*, et par conséquent à l'arbre RR, pour chaque tour de *ee* un nombre de tours indiqué par le rapport $\frac{d}{f}$ de leurs nombres de dents, et en sens contraire du mouvement de la roue BB; et comme, pour chaque tour de la roue BB, la roue *ee* et son arbre font un nombre de tours exprimé par $\frac{g}{e}$, en nommant x le nombre de tours qui en résulterait pour la roue ff, pour son canon et pour l'arbre RR, solidaire avec celui-ci, on aurait la proportion

$$1 : \frac{d}{f} :: \frac{g}{e} : x;$$

d'où
$$x = \frac{g}{e} \cdot \frac{d}{f}.$$

Ainsi par tour de la roue BB, l'arbre RR ferait en sens contraire du mouvement de BB le nombre de $\frac{g}{e} \cdot \frac{d}{f}$ de tours.

Si, au contraire, l'arbre bb, avec les roues ee et dd qu'il porte, ne tournait pas sur lui-même, ce qui supposerait que la roue gg n'existe pas, il est clair que, pour chaque tour de BB, la dent de dd qui serait en contact avec celle de ff ne varierait pas, pousserait cette roue comme une cheville placée à sa circonférence, et lui ferait faire ainsi qu'à l'arbre, dans le sens du mouvement de BB, un tour entier.

On voit donc que, pour chaque tour de BB, et par le mouvement de translation ou d'entraînement de son axe bb, la roue dd tend à faire faire à l'arbre RR un tour entier dans le sens du mouvement de BB; et que, par son mouvement de rotation sur elle-même, ou son mouvement relatif, elle tend à faire faire à ce même axe RR par tour de BB, et en sens contraire du mouvement de BB, un nombre de tours exprimé par $\frac{g}{e} \cdot \frac{d}{f}$.

Donc, en définitive, par l'effet des deux mouvements simultanés l'arbre RR fera $1 - \frac{g}{e} \cdot \frac{d}{f}$ tours pour un tour de BB. Donc le rapport du nombre de tours de l'arbre RR à celui des tours de BB sera celui de

$$\left(1 - \frac{g}{e} \cdot \frac{d}{f}\right) : 1 \quad \text{ou} \quad \frac{ef - gd}{ef}.$$

Or, comme on est maître de donner aux diamètres ou aux nombres de dents e, f, g, d, des valeurs telles, que la fraction

$$\frac{ef - gd}{ef}$$

soit aussi petite que l'on voudra, il s'ensuit que l'on pourra rendre le mouvement de l'arbre RR aussi lent qu'il sera nécessaire par rapport à celui de l'arbre BB.

On concevra facilement que, si la roue dd, au lieu d'engrener directement avec ff, lui transmettait son mouvement de rotation par l'intermédiaire d'un pignon, cela changerait le sens du mouvement de la roue ff, qui, au lieu de tourner dans le même sens que BB, tournerait en sens contraire, tout en faisant encore, ainsi que l'arbre RR, $\frac{g}{e} \cdot \frac{d}{f}$ tours par tour de BB ; donc par l'effet des deux mouvements qu'il recevrait simultanément, l'arbre RR ferait par tour de BB un nombre de tours exprimé par

$$1 + \frac{g}{e}\frac{d}{f}.$$

Sans employer des nombres de dents que la pratique ne puisse pas adopter, on est maître de faire varier dans des limites très-étendues le rapport $\frac{gd}{ef}$ en disposant convenablement de ses quatre facteurs ; par conséquent, on peut imprimer à l'arbre RR un mouvement qui surpasse celui de la roue BB de telle quantité que l'on voudra.

Si la roue BB, qui a un nombre de dents que nous désignons par B, est conduite par une autre roue M, montée sur un axe particulier AA, et ayant un nombre M de dents, pour un tour de cet arbre moteur MM la roue BB ne fera que $\frac{M}{B}$ tours, et par conséquent l'arbre ne fera RR que

$$\frac{M}{B} \cdot \frac{ef - gd}{ef}.$$

Tel sera le rapport des vitesses angulaires ou des nombres de tours des deux arbres MM et RR. Le rapport inverse

$$\frac{B}{M} \cdot \frac{ef}{ef - gd} = \frac{V}{V'}$$

sera celui de la vitesse de l'arbre RR à celle de l'arbre MM.

On voit que le dispositif adopté par M. Pecqueur consiste à joindre à l'action directe des deux roues MM et BB, montées sur les deux axes donnés, des rouages auxiliaires dont l'effet diminue ou augmente la vitesse transmise par les premiers.

244. *Emploi de ces rouages pour le cas où il y a des facteurs premiers très-grands dans le rapport des vitesses à transmettre.* — Un avantage important de ce dispositif est de permettre de transmettre des mouvements dont le rapport est représenté par des nombres parmi lesquels se trouvent des facteurs premiers trop grands ou trop petits pour que l'on puisse construire des roues qui aient ces nombres de dents. Pour arriver à la solution, l'auteur s'est fondé sur cette propriété des nombres, que tout nombre premier est la somme ou la différence de deux autres nombres qui ne sont pas premiers entre eux.

Empruntons à l'auteur l'exemple suivant, dans lequel il s'agirait d'établir entre les deux axes RR et MM un rapport de vitesses égal à

$$\frac{188190}{44609},$$

qui est celui du mois lunaire de $29^{jours},530\,588$ à la semaine de 7 jours.

En décomposant les deux termes en leurs facteurs premiers, on trouve

$$\frac{V}{V'} = \frac{188190}{44609} = \frac{2 \times 9 \times 317 \times 41 \times 15}{31 \times 1439},$$

19

où l'on voit que le facteur premier 1439 est trop grand pour que, dans .le cas actuel, où il s'agit d'horlogerie, il soit possible de faire une roue qui ait ce nombre de dents. On cherche à former avec les facteurs premiers du numérateur un nombre assez grand pour qu'on en puisse retrancher 1439, et tel que le reste soit décomposable en facteurs premiers. L'on adopte ce nombre pour la valeur du produit ef, et le reste pour celle du produit dg.

Ainsi, par exemple, si l'on choisit dans le numérateur les facteurs 5, 17 et 41, on a

$$ef = 5.17.41 = 85 \times 41 = 3485;$$

puis

$$dg = 3485 - 1439 = 2046 = 2 \times 3 \times 11 \times 31 = 33 \times 62.$$

On a donc

$$\frac{5 \times 17 \times 41}{1439} = \frac{ef}{ef - dg},$$

et l'on voit qu'en prenant $e = 85$, $f = 41$, $d = 33$, $g = 62$, on aura un rouage auxiliaire facile à exécuter quant au nombre de dents.

Cela fait, le rapport des vitesses des arbres RR et MM deviendra

$$\frac{V}{V'} = \frac{2 \times 9 \times 3}{31} \times \frac{ef}{ef - dg} = \frac{54}{31} \times \frac{ef}{ef - dg}.$$

De sorte qu'en faisant B = 54 et M = 31, ce qui n'offre pas de difficultés, on obtiendra pour les vitesses V et V' le rapport voulu. On aurait pu prendre $ef = 41.15.9 = 5535$, ce qui aurait donné pour

$$dg - ef = 1439 = 4096 = 8 \times 8 \times 8 \times 4 = 64 \times 32,$$

et par conséquent, en prenant $e = 41$, $f = 135$, $d = 64$, $g = 32$,

$$\frac{V}{V'} = \frac{2 \times 3 \times 17}{31} \times \frac{ef}{ef - dg} = \frac{102}{31} \times \frac{ef}{ef - dg}.$$

Mais cette solution conduit, comme on le voit, à des nombres de dents plus grands que ceux adoptés par M. Pecqueur. La solution donnée par cet habile ingénieur est donc préférable.

Nous nous contenterons de ces notions sur les engrenages différentiels de M. Pecqueur : elles suffisent pour faire voir tout le parti que l'on peut tirer de ces rouages additionnels doués de mouvements de transport en même temps que d'un mouvement relatif.

245. *Emploi de la vis et des engrenages pour la transmission des mouvements différentiels.* — On a vu n° **232** que l'usage de la vis sans fin transmettant le mouvement à une roue dentée produisait un mouvement déjà assez lent, et que l'on utilise cette propriété dans la construction des compteurs. Ainsi, lorsqu'une vis à un seul filet conduit une roue de 100 dents, chaque dent correspond à un tour de la vis, et la roue ne fait un tour qu'après 100 tours de la vis. Mais si la vis est d'un assez grand diamètre pour pouvoir conduire à la fois deux roues minces placées sur le même arbre, et dont l'une, ayant 100 dents, soit calée sur cet arbre, et que l'autre, ayant 101 dents, soit simplement à frottement doux, on voit qu'après 101 révolutions de la vis la première roue, ayant passé ses 100 dents entre les filets de la vis, aura fait un tour, tandis que l'autre, qui n'aura aussi passé que 101 dents, se trouvera en retard d'une dent, ou de $\frac{1}{101}$ de sa circonférence, sur la première. Cette différence servira donc à compter le nombre de révolutions de la première, ou les centaines de tours de la vis, au moyen d'un point de repère fixe, qui à l'origine correspondait aux premières divisions de deux roues marquées d'un zéro.

Cette disposition est en usage dans quelques compteurs.

246. *Célérimètres pour mesurer les distances.* — Le mouvement de translation en ligne droite peut être utilisé pour mesurer la distance même qui a été parcourue, au moyen de différents appareils. Parmi ceux qui ont été proposés nous citerons le célérimètre de M. Vaussin Chardanne.

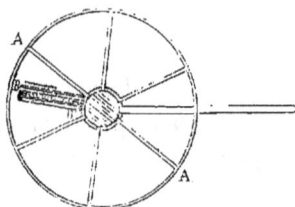

Cet appareil consiste en une sorte de chariot à deux roues AA, dont la circonférence a exactement un mètre de développement, de sorte qu'elles font un tour par chaque mètre de chemin parcouru. L'essieu de ces roues porte une vis sans fin, qui engrène avec deux roues superposées B et B'. Celle de dessus B a 100 dents, et celle de dessous B' 101 dents. La roue supérieure B porte sur son canon un disque, sur lequel sont tracées deux zones concentriques ou limbes, divisés, celui du dehors en 100 parties, celui de l'intérieur en 101. La roue inférieure, qui a 101 dents, porte au centre un pivot, qui traverse le canon de la roue supérieure et qui reçoit une aiguille.

La roue supérieure ayant 100 dents et la vis un seul filet, il s'ensuit qu'il passe une dent de la roue supérieure par tour des roues du chariot ou par mètre parcouru ; et comme le cercle du couvercle de la boîte du compteur porte un trait, qui au départ coïncide avec le zéro du limbe extérieur, il en résulte que le nombre des tours de roue de 1 à 100 sera indiqué précisément par le rang de la division du limbe extérieur qui correspond à ce trait. Lorsque la roue supérieure et son limbe auront fait un tour, la roue inférieure, qui a 101 dents, n'en aura engrené que 100 avec la vis, et par conséquent sera en retard sur la roue supérieure de $\frac{1}{101}$. L'aiguille que porte cette roue inférieure sera pareillement en retard sur le cercle divisé du limbe de $\frac{1}{101}$, et correspondra donc à l'avant-dernière division du limbe intérieur partagé en 101 parties. Il résulte de là que le limbe extérieur donne les unités et dizaines de tours de roues, et que l'aiguille indique sur le limbe intérieur les centaines, les mille, et jusqu'à 10100 tours des roues, et que cette aiguille sera revenue au zéro du cercle extérieur lorsque les roues motrices auront fait 10100 tours ou parcouru 10100 mètres

Le moyeu d'une des roues porte un cercle divisé en 100 parties, dont chacune correspond par conséquent à $\frac{1}{100}$ de tour de roue ou 0^m. 01 de chemin parcouru. Un index fixe, placé sur la monture de la boîte, indique le nombre de divisions de ce cercle qui sont passées devant lui, ou le nombre de centimètres parcourus.

On voit donc que cet instrument peut servir à mesurer avec une précision bien suffisante pour les arpentages les distances parcourues, pourvu que le sol soit assez uni pour que les roues développent exactement à sa surface des arcs égaux aux chemins décrits. Devant les roues, et en travers de la flèche qui sert à conduire l'instrument, est disposé un décrottoir, qui nettoie leur circonférence, afin que leur développement reste toujours le même.

Pour mettre l'instrument au repos, au zéro, après que l'on s'en est servi, on desserre une vis de pression, qui le fixe, on retire un peu la boîte, que l'on ouvre, et l'on fait tourner les engrenages à la main pour les mettre au zéro, après quoi l'on rapproche les roues de la vis, pour les engrener de nouveau, et on fixe la boîte dans cette position.

La flèche qui sert à conduire l'instrument est un bâton métrique, qui peut se dévisser et servir à prendre des mesures, et qui porte au milieu un arc gradué, muni d'un fil à plomb, pour mesurer l'inclinaison du sol que l'on parcourt: à cet effet l'extrémité de la flèche est armée d'une béquille perpendiculaire à sa direction, et dont la hauteur est égale au rayon des roues.

247. *Compteur à pendule de Wagner. Compteur de tours à contre-poids.* — Pour déterminer le nombre d'oscillations d'une bielle ou d'un balancier de machine à vapeur ou de pompe, on emploie quelquefois des compteurs à contre-poids, montés sur la pièce oscillante elle-même.

L'appareil est renfermé dans une boîte, qui peut être fermée à clef, et se compose d'un pendule assez lourd, qui oscille à chaque mouvement de la bielle. La tige de ce pendule est mobile, à frottement doux sur un axe, aux deux extrémités duquel sont deux roues à rochet de dix dents chacune. Cette tige A porte un cliquet à ressort *b*, qui entraîne la roue à rochet extérieure quand le pendule oscille de droite à gauche, tandis que ce cliquet glisse avant de prendre une autre dent quand il revient de gauche à droite. L'amplitude des oscillations du balancier est limitée par deux arrêts, pour que le cliquet ne fasse passer qu'une dent à la fois.

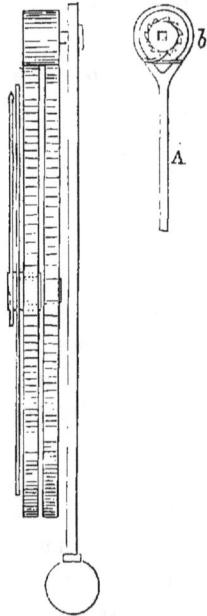

La roue à rochet intérieure est un pignon, qui tourne en même temps que l'autre, et qui engrène avec deux roues parallèles, dont l'une à 100 dents et l'autre à 101 dents. Chaque dent du pignon ou chaque oscillation du pendule fait passer une dent de chacune de ces roues; celle de dessus porte sur son canon un cercle, qui présente deux divisions, l'une extérieure en 100 parties, l'autre intérieure en 101 parties. Le zéro de la première correspond à un cran marqué sur le rebord du couvercle. La roue inférieure porte un axe qui traverse le canon de la première et qui reçoit une aiguille. Or, comme cette roue retarde sur la première de $\frac{1}{101}$ de sa circonférence quand la première a fait un tour, il s'ensuit que, pour un tour de la première roue, ou pour 100 oscillations du pendule ou de la bielle, l'aiguille retarde d'une division sur le limbe intérieur, et qu'elle ne sera revenue à la coïncidence avec le zéro du premier limbe qu'après 101 fois 100 ou 10 100 oscillations doubles du pendule ou de la bielle.

Les machines à vapeur donnant au plus 30 à 36 oscillations doubles en une minute ou 1 800 à 2 160 par heure, ou 43 200 à 51 840 par 24 heures, il s'ensuit qu'avec l'addition d'un simple rouage donnant les dizaines de mille, cet appareil est plus que suffisant pour compter le nombre total des oscillations d'un balancier en 24 heures. Il suffirait alors de le visiter et de le ramener au zéro une fois par jour.

248. *Compteurs à contre-poids pour mouvements circulaires. Autre disposition.* — L'appareil que nous venons de décrire ne s'adapte qu'à des pièces douées d'un mouvement alternatif d'oscillation; mais on applique aussi l'usage du contre-poids au cas où il s'agit d'un mouvement de rotation continu.

La boîte du compteur étant fixée excentriquement sur la roue dont on veut connaître le nombre de tours, le contre-poids qu'elle renferme tend toujours à se rapprocher de la verticale, de sorte que le pignon qu'il porte reste à peu près immobile. Le pignon, qui a 10 dents, engrène avec une roue de 100 dents, et, comme celle-ci tourne autour du pignon, elle fait un tour pour 10 tours de la roue. Cette roue porte sur son axe un pignon de 10 dents, qui engrène à la fois avec deux roues parallèles, l'une de 100, l'autre de 101 dents.

Le reste de la disposition du compteur est semblable à celle du précédent. Le limbe extérieur donne les unités et les dizaines de tours de roue et le limbe intérieur les centaines jusqu'à 101, de sorte que l'instrument peut compter 10 100 tours de roue.

249. *Mouvement de translation différentielle d'un outil.* — Lorsqu'il s'agit de transmettre à un outil, tel qu'un alésoir, un couteau de tour, un mouvement de translation très-lent, en même temps qu'un mouvement de rotation, on emploie des dispositifs particuliers, parmi lesquels nous indiquerons le suivant, appliqué au tournage extérieur d'une partie cylindrique, et en particulier à celui des tourillons des canons.

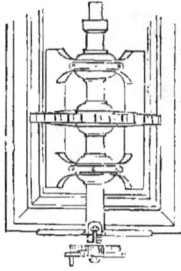

Le tourillon qu'il s'agit de tourner est entouré par un couteau en forme de fer à cheval, qui travaille aux deux extrémités d'un même diamètre. L'arbre qui porte ces deux couteaux repose sur deux tourillons, par des collets; il est creux, et porte un mécanisme qui produit le mouvement de translation de l'outil. Le détail de ce mécanisme est représenté dans la figure ci-dessous. Le couteau est monté sur un arbre CC, engagé dans un autre arbre creux DD, avec lequel il est solidaire, au moyen d'une languette, quant au mouvement de rotation, mais dans l'intérieur duquel il peut glisser longitudinalement. L'arbre DD repose par deux collets MM sur deux paliers, et reçoit le mouvement de rotation par l'intermédiaire d'un engrenage.

L'arbre intérieur CC porte à son extrémité opposée au couteau un écrou, qui en fait partie, et qui est traversé par une vis FF, qui tourne avec lui en même temps que l'arbre creux DD. A travers cette vis, qui est creuse, passe un arbre KK, qui y peut tourner à frottement doux; l'extrémité de cet arbre KK sort de la vis et porte un pignon GG, qui engrène avec une roue HH, placée en dehors de l'arbre creux. Sur le même moyeu que cette roue HH est un pignon II qui engrène avec une autre roue JJ, calée sur l'arbre de la vis FF. On conçoit facilement que, quand l'arbre KK tourne sur lui-même avec l'arbre creux DD et l'arbre intérieur CC, il en de même du pignon GG, puis de la roue

HH conduite par celui-ci, du pignon II, et enfin de la roue
JJ. Mais celle-ci force la vis creuse FF à tourner sur elle-

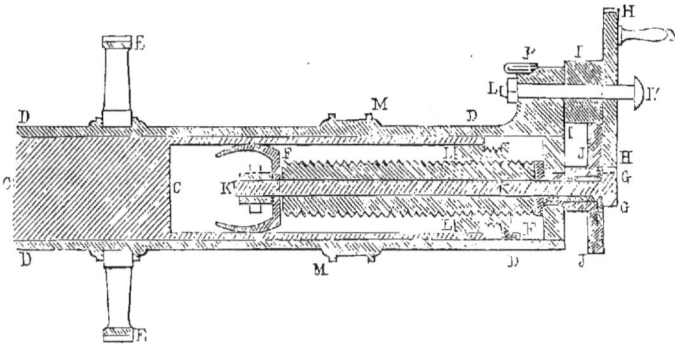

même; et comme cette vis est contenue par des collets à
l'extrémité de l'arbre creux, et qu'elle ne peut que tourner
sur elle-même, elle oblige son écrou, qui fait corps avec
l'arbre intérieur CC, porteur du couteau, à avancer d'une
quantité qui dépend du rapport des engrenages, et qui peut
être rendue aussi petite que l'on veut.

Si, par exemple, le pignon GG a 28 millimètres, la roue
HH 135 millimètres, le pignon II 51 millimètres, la roue
JJ 111 millimètres de diamètre, et si le pas de la vis est de
2,5 millimètres, pour chaque tour de l'arbre creux DD,
l'outil avancera de

$$\frac{28}{135} \times \frac{51}{111} \times 2^{\text{mill}},50 = 0^{\text{mill}},238.$$

Et l'on conçoit qu'avec d'autres proportions on pourrait
avoir un mouvement de translation de l'outil encore beaucoup plus lent.

Mais une disposition particulière, fort ingénieuse, a été
introduite dans une machine de ce genre par M. G. Napier
de Londres.

Elle consiste en ce que l'arbre intérieur KK, au lieu
d'être solidaire avec l'arbre CC, dont il reçoit le mouve-

ment de rotation, ne lui est lié que par le frottement que
produit contre la paroi de cet arbre la pression d'un ressort à quatre branches, assemblé à son extrémité.

Il résulte de cette disposition que le mouvement de rotation de l'arbre CC se transmet, par l'intermédiaire du ressort, à l'arbre KK, qui produit le mouvement de transport
de l'outil ; mais que, si, par une circonstance accidentelle,
l'outil, ét par suite l'arbre KK, éprouvent une résistance
trop grande, le frottement des branches du ressort contre
les parois internes de l'arbre CC n'est plus suffisant pour
la vaincre, et qu'alors l'arbre KK cesse de tourner et l'outil d'avancer.

Par cette disposition on évite les accidents, les ruptures
d'outils ou d'engrenages, qui se produiraient si la transmission du mouvement de translation de l'outil était faite
par des organes très-rigides.

Afin de laisser à l'ouvrier la facilité de conduire au
besoin l'outil à la main, la roue HH a été montée à frottement sur le bouton LL', qui lui sert d'axe, et a reçu une
manivelle N ; en levant le petit ressort P, on peut la
retirer dans le sens longitudinal de son axe vers la tête
L', de sorte qu'elle cesse alors d'engrener avec le pignon
GG ; mais comme le pignon II est plus large que la roue
JJ, il continue à engrener avec cette roue, et, quand on
agit à la main sur la manivelle N, on peut manœuvrer
l'arbre porte-outil.

Ce dispositif ingénieux, appliqué à une machine à tourner les tourillons établie à l'arsenal de Woolwich, y a
très-bien réussi, et peut être fort utile dans tous les cas
analogues.

250. *Mouvement différentiel des couteaux des machines à
aléser.* — Dans les machines à aléser, les couteaux sont
fixés sur un disque ou manchon très-solide auquel on communique un mouvement de rotation assez lent pour que
la vitesse des outils ne dépasse pas la limite qui convient

à la nature du travail et que nous avons indiquée au n° **28**. Mais ils doivent en outre recevoir un mouvement de translation très-lent dans le sens de l'axe du corps cylindrique qu'il s'agit d'aléser. Ces deux mouvements sont transmis simultanément au moyen de dispositifs analogues au suivant.

L'arbre AA, sur lequel est monté le manchon porte-outil, reçoit son mouvement de rotation par un engrenage DD, et il occupe exac-tement le centre de la pièce à aléser.

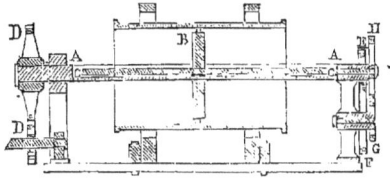

Cet arbre est évidé, et reçoit dans la direction de son axe une vis cc à filets carrés, dont l'un des collets est reçu par un palier ménagé dans l'extrémité de l'arbre, du côté de l'engrenage moteur ; l'autre collet de cette vis cc traverse l'arbre à frottement doux, et le dépasse ainsi que son palier. En dehors de ce palier sont montées sur l'arbre AA, la roue E sur le prolongement de la vis, et la roue H ; puis, sur un axe parallèle fixé sur le palier, tourne un manchon portant deux roues : l'une F, qui engrène avec la roue E ; l'autre G, qui transmet le mouvement à la roue H. Il est facile de voir que, par cette combinaison d'engrenages, les roues E et H tourneront dans le même sens, et, par conséquent, aussi l'arbre AA et la vis cc. Or, si l'arbre qui porte le manchon et l'écrou de la vis tour-naient dans le même sens et à la même vitesse que la vis, il est clair que, la vis étant d'ailleurs fixe dans le sens longitudinal, l'écrou et les outils n'avanceraient pas du tout. Mais si l'on donne aux roues E et F le même nombre de dents, et que la roue G en ait 100 et H 101, on voit que, quand G, ou, ce qui revient au même, l'arbre AA, aura fait 100 tours, la vis n'aura fait qu'un tour moins $\frac{1}{101}$, par conséquent l'écrou aura avancé de $\frac{1}{101}$ du pas de la vis. Si ce pas est de 10 millimètres, l'outil marchera donc à chaque tour de $\frac{10}{101}$ ou de $\frac{1}{10,1}$ de millimètre.

On voit donc que, par ce dispositif fort simple, le mouvement de rotation de l'arbre AA sert à transmettre à l'outil un mouvement de translation différentiel aussi lent qu'on le veut.

Des dispositifs analogues sont employés pour les diverses machines à aléser verticales, pour les machines à percer et à façonner les métaux et les bois ; et quoiqu'ils offrent quelques variétés, ils reposent sur des considérations du genre de celles que nous venons d'indiquer.

FIN.

TABLE DES MATIÈRES.

De la direction des mouvements.

De la transformation du mouvement rectiligne continu
en rectiligne continu.

De la transformation du mouvement rectiligne continu en circulaire, et
réciproquement du mouvement circulaire continu en rectiligne continu.

*De la transformation du mouvement circulaire continu en rectiligne
alternatif, et vice versa.*

FIN DE LA TABLE DES MATIÈRES.

20 500. Typographie Lahure, rue de Fleurus, 9, à Paris.

www.ingramcontent.com/pod-product-compliance
Lightning Source LLC
Chambersburg PA
CBHW060422200326

41518CB00009B/1455